Python图像处理经典实例

Python Image Processing Cookbook

【印】桑迪潘·戴伊（Sandipan Dey） 著

王燕 王存珉 译

人民邮电出版社
北京

图书在版编目（CIP）数据

Python图像处理经典实例 / （印）桑迪潘·戴伊
(Sandipan Dey) 著 ; 王燕, 王存岷译. -- 北京 : 人民
邮电出版社, 2023.1
ISBN 978-7-115-58895-1

Ⅰ. ①P… Ⅱ. ①桑… ②王… ③王… Ⅲ. ①图象处
理软件 Ⅳ. ①TP391.413

中国版本图书馆CIP数据核字(2022)第044116号

版权声明

◆ 著　　　［印］桑迪潘·戴伊（Sandipan Dey）
　译　　　王　燕　王存岷
　责任编辑　吴晋瑜
　责任印制　王　郁　焦志炜

◆ 人民邮电出版社出版发行　　北京市丰台区成寿寺路 11 号
　邮编　100164　　电子邮件　315@ptpress.com.cn
　网址　https://www.ptpress.com.cn
　临西县阅读时光印刷有限公司印刷

◆ 开本：800×1000　1/16
　印张：19.75　　　　2023 年 1 月第 1 版
　字数：408 千字　　　2023 年 1 月河北第 1 次印刷

著作权合同登记号　图字：01-2021-3947 号

定价：119.80 元

读者服务热线：(010)81055410　印装质量热线：(010)81055316
反盗版热线：(010)81055315
广告经营许可证：京东市监广登字 20170147 号

内容提要

本书提供了相关工具和算法，能帮助读者实现分析和可视化图像处理。本书给出了 60 余个具体实例的解决方法，采用“菜谱式”方式组织内容，以期指导读者快速实践图像的分析和可视化处理，应对图像处理中的常见挑战，并学习如何执行复杂的任务，如对象检测、图像分割和使用大型混合数据集的图像重建，以及各种图像增强和图像修复技术，如卡通化、梯度混合和稀疏字典学习。

本书适合计算机视觉工程师、图像处理工程师、软件工程师和机器学习工程师等专业人士阅读，也适合具有一定 Python 编程基础并希望进一步了解图像处理的细节和复杂性的读者参考。

前言

随着人类在无线设备和移动技术领域的进步，人们对数字图像处理技术——一种用来从不断增长的图像集中提取可用信息的技术——提出了越来越高的要求。通过本书，读者可以全面学习相关工具和算法，了解图像处理分析及可视化方法。

通过书中60余个实例的解决方法，读者能够学会应对图像处理过程中遇到的常见挑战，并掌握如何执行复杂任务，比如应用大型混合数据集进行图像检测、图像分割以及图像重建。此外，有针对性的专门章节还能帮助读者熟悉如何运用各种图像增强技术和图像恢复技术，例如卡通化、梯度混合、稀疏字典学习等。随着学习的深入，读者将能掌握人脸变形和图像分割技术，并对应用基于深度学习的各种技术来解决现实问题有进一步了解。

学完本书，读者能够熟练而有效地应用图像处理技术，能够更充分地利用Python生态环境来解决问题。

读者对象

本书适读对象包括图像处理工程师、计算机视觉工程师、软件工程师、机器学习工程师，以及其他想要通过使用“实例”熟悉图像处理技术和方法的任何人。虽然阅读本书不要求具备图像处理方面的相关知识，但要理解本书所涵盖的主要概念，读者需要具备一些Python相关的编码经验。

各章内容概述

在第1章中，我们将介绍如何用NumPy、SciPy、scikit-image、OpenCV和Matplotlib等Python库来进行图像处理和变换。通过学习本章内容，读者可以知道如何通过Python代码来执行点变换（对数变换/伽马变换、Gotham滤波器、颜色空间变换和增强亮度/对比度）以及几何变换（螺旋变换、透视变换和单应性变换）。

在第2章中，我们将介绍如何用NumPy、SciPy、scikit-image、OpenCV、MedPy等Python库对图像进行去噪，如使用线性/非线性滤波器、快速傅里叶变换（FFT）和自动编码器。通过学习本章内容，读者可以知道如何实现图像增强技术，如直方图均衡化/匹配、

草图绘制 / 卡通化、金字塔融合 / 梯度融合和基于零交叉的边缘检测。

在第 3 章中，我们将介绍如何通过反卷积（逆向、维纳、LMS）滤波器实现图像修复（通过使用 NumPy、scikit-image、OpenCV 和 scikit-learn 库）。通过学习本章内容，读者可以知道如何通过图像修复、变分方法和稀疏字典学习实现图像修复，还可以了解如何实现隐写术 / 隐写分析技术。

在第 4 章中，我们将介绍如何用 NumPy、SciPy、scikit-image 和 OpenCV 等 Python 库进行二值图像处理（使用数学形态学）。通过学习本章内容，读者可以知道如何实现形态学运算、滤波器和模式匹配，以及如何将其应用于图像分割、指纹图像增强、对象计数和 Blob 分离。

在第 5 章中，我们将介绍如何用 NumPy、scikit-image、OpenCV 等 Python 库进行图像匹配、配准、拼接。通过学习本章内容，读者可以知道如何使用基于图像扭曲 / 特征（SIFT/SURF/ORB）的方法和 RANSAC 算法来实现图像配准技术，还可以了解如何实现全景图创建、人脸变形，以及如何实现基本的图像搜索引擎。

在第 6 章中，我们将介绍如何用 NumPy、scikit-image、OpenCV、Simpletik 和 DeepLab 等 Python 库来进行图像分割。通过学习本章内容，读者可以知道如何使用基于图的方法 / 聚类方法、超像素和机器学习算法来实现图像分割技术，还可以了解如何使用 DeepLab 来实现语义分割。

在第 7 章中，我们将介绍如何用 scikit-learn、OpenCV、TensorFlow、Keras 和 PyTorch 等 Python 库进行图像分类。通过学习本章内容，读者可以知道如何实现基于深度学习的技术，例如迁移学习 / 微调，还可以了解如何实现全景图像创建和人脸变形，以及如何实现基于深度学习的适用于手势和交通信号灯的分类技术。

在第 8 章中，我们将介绍如何用 scikit-learn、OpenCV、TensorFlow、Keras 和 PyTorch 等 Python 库进行图像中的目标检测。通过学习本章内容，读者可以知道如何实现经典的机器学习算法——方向梯度直方图 / 支持向量机以及深度学习模型，进而检测目标。读者还可以了解如何从图像中实现条形码检测和文本检测。

在第 9 章中，我们将介绍如何用 scikit-learn、OpenCV、dlib、TensorFlow、Keras、PyTorch、DeepFace 和 FaceNet 等 Python 库在图像中进行人脸检测。读者还可以了解如何用深度学习来实现面部关键点识别以及面部、情绪、性别的识别。

如何更有效地学习本书的内容

理解和运行本书代码，除了需要具备 Python 和图像处理的基本知识，读者还需要访问一些在线图像数据集以及相关 GitHub 链接。

对于 Windows 用户，最好选择安装 Anaconda Python 3.5 以上版本（本书代码已通过 Python 3.7.4 测试）以及 Jupyter（用于查看 / 运行笔记）。

本书所有代码均在 Windows 10（专业版）系统上完成测试。系统配置为：32GB 内存和英特尔（Intel）i7 系列处理器。若要在 Linux 系统上运行本书代码，则需进行少量更改 / 或不进行更改（根据需要）。

读者需要使用 pip 3 工具来安装运行代码所必需的 Python 包。

建议读者使用 GPU，以便更加快速地运行涉及使用深度学习进行训练（涉及诸如 TensorFlow、Keras 和 PyTorch 等 Python 库上的训练）的实例。在 GPU 上运行最好的代码已在配备有 NVIDIA Tesla K80 GPU（搭配 CUDA 10.1）图形卡的 Ubuntu 16.04 系统上通过测试。

要理解本书中的概念，读者还需要具备基本的数学知识。

本书中所涉及的软 / 硬件	操作系统要求
• Python 3.7.4	Windows 10 系统
• Anaconda 2019.10 (py37_0)	Windows 10 系统
• 针对 GPU，读者需要配备一块英伟达（NVIDIA）图形卡，或者获取亚马逊（AWS）的 GPU 实例或谷歌（Google）Colab 的使用权。	Windows 10 系统 /Linux 系统（Ubuntu 16）

我们建议读者尽可能手动输入本书代码，或者通过 GitHub 存储库访问本书代码。

如有需要，读者可安装 Python 3.7 以及必要的第三方 Python 库。安装 Anaconda/Jupyter，并针对每个章节打开相应的笔记，运行每个实例的相应代码。按照每个实例的说明进行其他操作（例如，读者可能需要下载预先训练过的模型或图像数据集）。

在“更多实践”的大部分实例中，我们另外给出了一些练习，供读者测评自己对相应内容的掌握程度。

下载实例代码文件

读者可以登录异步社区，下载本书的实例代码文件。

完成文件下载后，请确保使用以下软件的最新版本解压缩或提取文件夹：

- 对于 Windows 系统，请使用 WinRAR/7-Zip；
- 对于 macOS，请使用 Zipeg/iZip/UnRarX；
- 对于 Linux 系统，请使用 7-Zip/PeaZip。

读者也可以登录 GitHub，搜索“Python-Image-Processing-Cookbook”，查找并下载本书的实例代码文件。如果代码有更新，更新内容将会出现在现有 GitHub 存储库中。

体例约定

本书所采用的体例约定如下。

`CodeInText`：表示文本中的代码字、数据库表名、文件夹名、文件名、文件扩展名、路径名、虚拟 URL、用户输入和 Twitter 句柄。例如：用于在每个图像通道上进行插值操作的函数为 `bilinear_interpolate()`。

代码设置如下：

```
def get_grid_coordinates(points):
  xmin, xmax = np.min(points[:, 0]), np.max(points[:, 0]) + 1
  ymin, ymax = np.min(points[:, 1]), np.max(points[:, 1]) + 1
  return np.asarray([(x, y) for y in range(ymin, ymax)
         for x in range(xmin, xmax)], np.uint32)
```

所有命令行输入或输出编写如下：

```
$ pip install mtcnn
```

黑体：表示新术语、重要的单词或者读者在屏幕上看到的语句。菜单或对话框中的单词会以粗体形式出现在文本中。例如：**人脸对齐**是一个数据归一化过程，它是许多人脸识别算法的重要预处理步骤。

警告或重要提示以这种图标标注。

提示和技巧以这种图标标注。

体例说明

读者会在本书中发现几个重复出现的标题（准备工作、执行步骤、工作原理、更多实践），各部分的作用如下。

准备工作

这一部分旨在告诉读者可以从实例中得到什么，并且描述了如何设置实例所需要的软件或如何进行初始设置。

执行步骤

这一部分包含遵循实例所需要的步骤。

工作原理

这一部分通常包含针对前一节内容的详细解释。

更多实践

这一部分内容可以帮助读者更多地了解实例，进而拓展性地实践。

目录

第 1 章　图像处理与变换

通过图像处理与变换，我们可以改善图像的外观。图像处理与变换也可用作更复杂图像处理任务（例如图像分类或图像分割——读者将在后续章节中进一步了解）的预处理步骤。在本章中，读者将学习如何使用不同的 Python 库（NumPy、SciPy、scikit-image、OpenCV-Python、Mahotas 和 Matplotlib）来进行图像处理和变换。通过不同的实例，读者将学习如何编写 Python 代码来实现颜色空间变换、几何变换、透视变换 / 单应性变换等。

本章将涵盖以下实例：

- 变换颜色空间（RGB → Lab）；
- 应用仿射变换；
- 应用透视变换和单应性变换；
- 基于图像创建铅笔草图；
- 创建卡通图像；
- 模拟光艺术 / 长曝光；
- 在 HSV 颜色模型中使用颜色进行目标检测。

1.1　技术要求

为避免在运行代码期间出现错误，请先安装 Python 3（例如 Python 3.6）和所需的 Python 库——如果还没有安装。如果使用的是 Windows 系统，建议安装 Anaconda 发行版。此外，为了使用 Notebook（交互式笔记本应用程序），读者还需要安装 Jupyter 库。

本书涉及的所有代码以配套资源的形式给出。读者如需要，请登录异步社区网站进行下载，并将存储库复制到本地的工作目录下。每一章会有一个对应的文件夹。该文件夹包含一个带有完整代码（针对每一章的所有实例）的 Notebook 程序文件；一个名为 `images` 的子文件夹，其中包含对应章所需的所有输入图像（以及相关文件）；部分文件夹还包含一个名为 `models` 的子文件夹，其中包含用于对应章中实例的模型和相关文件。

1.2 变换颜色空间（RGB → Lab）

CIELAB（缩写为“Lab”）颜色空间由 3 个颜色通道组成，进而将像素颜色表示为 3 个元组（L、a、b）。其中 L 通道表示光度 / 照明度 / 强度（亮度），a 通道和 b 通道则分别代表“绿 - 红”和“蓝 - 黄”颜色分量。此颜色模型将强度与颜色完全分离。该颜色空间独立于设备，并且具有很大的色域。在第一个实例中，读者将看到应如何从 RGB 颜色空间转换到 Lab 颜色空间（从 Lab 颜色空间转换到 RGB 颜色空间的原理相同），以及这个颜色模型的作用。

1.2.1 准备工作

在这个实例中，我们将一朵花的 RGB 图像用作输入。首先，使用以下代码导入所需的 Python 库：

```
import numpy as np
from skimage.io import imread
from skimage.color import rgb2lab, lab2rgb
import matplotlib.pylab as plt
```

1.2.2 执行步骤

在这个实例中，读者将看到 Lab 颜色空间的一些神奇用法，以及它是如何让某些图像操作变得简单而优雅的。

1. 通过将 Lab 颜色空间的颜色通道设置为零，实现 RGB 图像到灰度图像的转换

我们使用 Lab 颜色空间和 scikit-image 库的函数，按照以下步骤来将 RGB 图像转换为灰度图像。

（1）读取输入图像。执行从 RGB 颜色空间到 Lab 颜色空间的转换：

```
im = imread('images/flowers.png')
im1 = rgb2lab(im)
```

（2）将颜色通道（Lab 颜色空间的第二通道和第三通道）数值设置为零：

```
im1[...,1] = im1[...,2] = 0
```

（3）将图像从 Lab 颜色空间转换回 RGB 颜色空间，获得灰度图像：

```
im1 = lab2rgb(im1)
```

（4）绘制输入和输出图像（如以下代码所示）：

```
plt.figure(figsize=(20,10))
plt.subplot(121), plt.imshow(im), plt.axis('off'),
plt.title('Original image', size=20)
plt.subplot(122), plt.imshow(im1), plt.axis('off'), plt.title('Grayscale image', size=20)
plt.show()
```

运行上述代码，输出如图 1-1 所示。

图 1-1

2. 通过改变亮度通道，改变图像的亮度

使用 Lab 颜色空间和 `scikit-image` 库函数，执行以下步骤来更改彩色图像的亮度。

（1）将输入图像从 RGB 颜色空间转换到 Lab 颜色空间，并增加第一个通道（L 通道）的值（增加 50）：

```
im1 = rgb2lab(im)
im1[...,0] = im1[...,0] + 50
```

（2）将其从 Lab 颜色空间转换回 RGB 颜色空间，获得更亮的图像：

```
im1 = lab2rgb(im1)
```

（3）类似上述步骤，将图像从 RGB 颜色空间转换到 Lab 颜色空间，并仅减少第一个通道值（减少 50，如以下代码所示），然后将图像转换回 RGB 颜色空间，得到一个更暗的图像：

```
im1 = rgb2lab(im)
im1[...,0] = im1[...,0] -50
im1 = lab2rgb(im1)
```

运行上述代码，并绘制输入和输出图像，则得到图 1-2 所示的输出。

图 1-2

1.2.3 工作原理

使用 scikit-image 库 `color` 模块的 `rgb2lab()` 函数可以将图像从 RGB 颜色空间转换到 Lab 颜色空间。

使用 scikit-image 库 `color` 模块的 `lab2rgb()` 函数可以将之前被转换的图像从 Lab 颜色空间转换回 RGB 颜色空间。

由于颜色通道 a 和颜色通道 b 是分离的，依据 L 通道的亮度，通过将颜色通道值设置为零，能够从 Lab 空间中的颜色图像获得相应的灰度图像。

无须对颜色通道进行任何操作，仅更改 Lab 空间中的 L 通道值（不同于 RGB 颜色空间，需要更改所有通道值），便可以改变输入颜色图像的亮度。

1.2.4 更多实践

Lab 颜色空间还有许多其他用途。例如，在 Lab 颜色空间中仅需要反转光度通道，便可以获得更自然的反转图像，如下所示：

```
im1 = rgb2lab(im)
im1[...,0] = np.max(im1[...,0]) -im1[...,0]
im1 = lab2rgb(im1)
```

运行上述代码，显示输入图像以及在 Lab 颜色空间和 RGB 颜色空间中所生成的反转图像，则可以得到图 1-3 所示的图像。

反转图像（Lab颜色空间）

图 1-3

可以看到，Lab 颜色空间中的反转图像，比 RGB 颜色空间中的反转图像显得更加自然。

1.3 应用仿射变换

仿射变换是一种保留了点、直线和平面的几何变换。在变换前平行的线，在变换后仍保持平行。对于图像中的每个像素 x，仿射变换可以用映射“$x \mid\rightarrow \boldsymbol{M}x+\boldsymbol{b}$”表示，其中 $\boldsymbol{M}$ 是线性变换（矩阵），而 $\boldsymbol{b}$ 是偏移向量。

在本实例中，我们将使用 SciPy 库的 `ndimage` 模块的 `affine_transform()` 函数在图

像上实现这样一个转换。

1.3.1 准备工作

首先，导入在灰度图像上实现仿射变换所需要的库和函数：

```
import numpy as np
from scipy import ndimage as ndi
from skimage.io import imread
from skimage.color import rgb2gray
```

1.3.2 执行步骤

通过使用 SciPy 库的 ndimage 模块的函数，执行以下步骤来对图像应用仿射变换。

1. 读取彩色图像，将其转换成灰度图像，获得灰度图像形状：

```
img = rgb2gray(imread('images/humming.png'))
w, h = img.shape
```

2. 应用恒等变换：

```
mat_identity = np.array([[1,0,0],[0,1,0],[0,0,1]])
img1 = ndi.affine_transform(img, mat_identity)
```

3. 应用反射变换（沿着 x 轴）：

```
mat_reflect = np.array([[1,0,0],[0,-1,0],[0,0,1]]) @
np.array([[1,0,0],[0,1,-h],[0,0,1]])
img1 = ndi.affine_transform(img, mat_reflect) # offset=(0,h)
```

4. 缩放变换（沿着 x 轴缩放 0.75 倍，沿着 y 轴缩放 1.25 倍）：

```
s_x, s_y = 0.75, 1.25
mat_scale = np.array([[s_x,0,0],[0,s_y,0],[0,0,1]])
img1 = ndi.affine_transform(img, mat_scale)
```

5. 将图像逆时针旋转 30° 。这是一个多步骤组合操作，先将图像移位 / 居中，应用旋转变换，然后对图像应用逆向移位：

```
theta = np.pi/6
mat_rotate = np.array([[1,0,w/2],[0,1,h/2],[0,0,1]]) @
np.array([[np.cos(theta),np.sin(theta),0],[np.sin(theta),-np.cos(theta),
0],[0,0,1]]) @ np.array([[1,0,-w/2],[0,1,-h/2],[0,0,1]])
img1 = ndi.affine_transform(img1, mat_rotate)
```

6. 对图像应用剪切变换：

```
lambda1 = 0.5
mat_shear = np.array([[1,lambda1,0],[lambda1,1,0],[0,0,1]])
```

```
img1 = ndi.affine_transform(img1, mat_shear)
```

7. 按顺序将所有变换一并应用于图像：

```
mat_all = mat_identity @ mat_reflect @ mat_scale @ mat_rotate @
mat_shear
ndi.affine_transform(img, mat_all)
```

仿射变换操作的每一个矩阵（***M***）如图 1-4 所示。

恒等变换 $$\begin{bmatrix} x' \\ y' \\ 1 \end{bmatrix} = \begin{bmatrix} 1 & 0 & 0 \\ 0 & 1 & 0 \\ 0 & 0 & 0 \end{bmatrix} \begin{bmatrix} x \\ y \\ 1 \end{bmatrix}$$

反射变换 $$\begin{bmatrix} x' \\ y' \\ 1 \end{bmatrix} = \begin{bmatrix} 1 & 0 & 0 \\ 0 & -1 & 0 \\ 0 & 0 & 1 \end{bmatrix} \begin{bmatrix} x \\ y \\ 1 \end{bmatrix}$$

位移变换 $$\begin{bmatrix} x' \\ y' \\ 1 \end{bmatrix} = \begin{bmatrix} 1 & 0 & \mathrm{d}x \\ 0 & 1 & \mathrm{d}y \\ 0 & 0 & 1 \end{bmatrix} \begin{bmatrix} x \\ y \\ 1 \end{bmatrix}$$

缩放变换 $$\begin{bmatrix} x' \\ y' \\ 1 \end{bmatrix} = \begin{bmatrix} S_x & 0 & 0 \\ 0 & S_y & 0 \\ 0 & 0 & 1 \end{bmatrix} \begin{bmatrix} x \\ y \\ 1 \end{bmatrix}$$

旋转变换 $$\begin{bmatrix} x' \\ y' \\ 1 \end{bmatrix} = \begin{bmatrix} \cos(\theta) & -\sin(\theta) & 0 \\ \sin(\theta) & \cos(\theta) & 0 \\ 0 & 0 & 1 \end{bmatrix} \begin{bmatrix} x \\ y \\ 1 \end{bmatrix}$$

x轴剪切变换 $$\begin{bmatrix} x' \\ y' \\ 1 \end{bmatrix} = \begin{bmatrix} 1 & \lambda_x & 0 \\ 0 & 1 & 0 \\ 0 & 0 & 1 \end{bmatrix} \begin{bmatrix} x \\ y \\ 1 \end{bmatrix}$$

y轴剪切变换 $$\begin{bmatrix} x' \\ y' \\ 1 \end{bmatrix} = \begin{bmatrix} 1 & 0 & 0 \\ \lambda_y & 1 & 0 \\ 0 & 0 & 1 \end{bmatrix} \begin{bmatrix} x \\ y \\ 1 \end{bmatrix}$$

图 1-4

1.3.3　工作原理

注意，对于图像而言，x 轴是垂直（+ve 向下）轴，y 轴是水平（+ve 从左到右）轴。

使用 `affine_transform()` 函数，输出（变换后）图像中位置“o”的像素值是由输入图像中位置“np.dot(matrix, o) + offset”处的像素值来确定的。因此，提供用作函数输入项的矩阵实际上是逆向变换矩阵。

在某些情况下，为了将变换后的图像置于可视区域内，需要使用附加矩阵对图像进行平移。

上述代码演示了如何使用 `affine_transform()` 函数来实现不同的仿射变换，例如反射、缩放、旋转和剪切。针对每种变换，需要（使用齐次坐标）提供适当的变换矩阵 ***M***（见图 1-4）。

通过使用所有变换矩阵的乘积，可以同时执行所有仿射变换的组合（例如，如果想要在完成变换 ***T*1** 之后再执行变换 ***T*2**，需要使用“输入图像”乘矩阵“***T*2 · *T*1**”）。

如果依次应用所有变换并且逐个绘制变换后图像，将得到图 1-5 所示的输出。

图 1-5

1.3.4 更多实践

针对上一实例，我们对灰度图像应用 `affine_transform()` 函数。把该函数应用于彩色图像也能获得同样的效果，例如通过对每个图像通道同时且独立地应用映射函数。`scikit-image` 图像库还提供了 `AffineTransform` 类和 `PiecewiseAffineTransform` 类，可供读者实现仿射变换。

1.4 应用透视变换和单应性变换

透视（投影）变换的目标是从两个图像之间的点对应估算单应性矩阵（矩阵 ***H***）。由于矩阵的景深（DOF）为 8，因此至少需要 4 对匹配点来计算两幅图像的单应性矩阵。计算单应性矩阵所需要的基本概念如图 1-6 所示。

幸运的是，读者不需要计算奇异值分解（SVD），并且矩阵 ***H*** 也是通过 scikit-image 库的 `transform` 模块中的 `ProjectiveTransform()` 函数自动计算的。在本实例中，我们会用该函数来计算单应性矩阵。

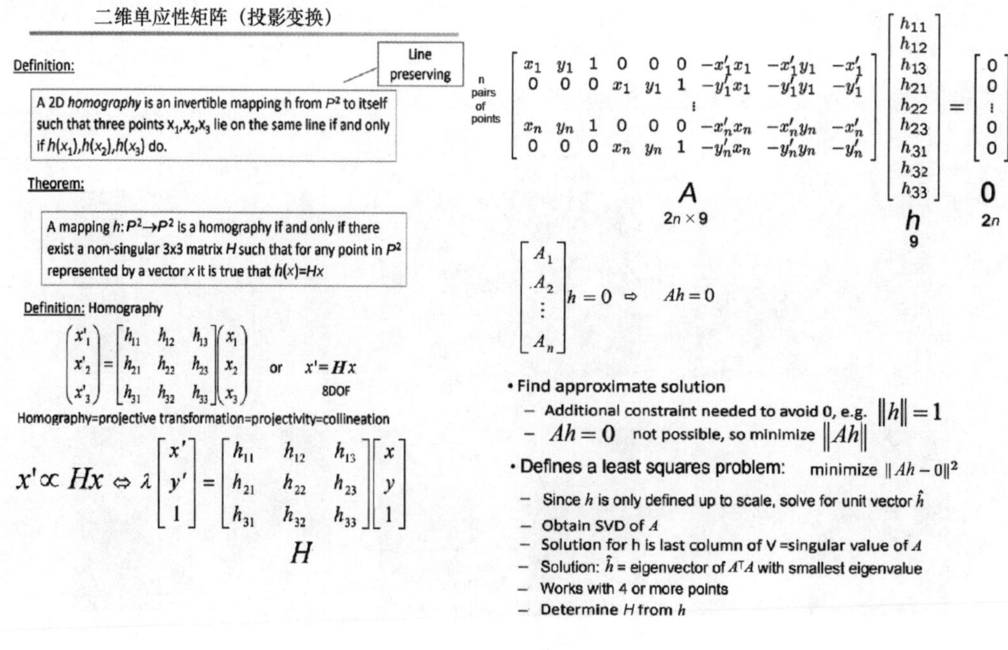

图 1-6

1.4.1 准备工作

在该实例中，我们会用到一幅“蜂鸟”图像和一幅“月球上的宇航员”图像。我们还是按照常规的做法，先导入所需要的 Python 库：

```
from skimage.transform import ProjectiveTransform
from skimage.io import imread
import numpy as np
import matplotlib.pylab as plt
```

1.4.2 执行步骤

使用 scikit-image 库的 `transform` 模块，我们执行以下步骤，来对图像应用投影变换。

1. 首先读取源图像，并使用 `np.zeros()` 函数创建目标图像：

```
im_src = (imread('images/humming2.png'))
height, width, dim = im_src.shape
im_dst = np.zeros((height, width, dim))
```

2. 创建一个 `ProjectiveTransform` 类的实例：

```
pt = ProjectiveTransform()
```

3．要自动估算单应性矩阵 $\boldsymbol{H}$，只需在源图像和目标图像之间提供 4 对匹配点。在这里，我们将目标图像的 4 个拐角点和输入蜂鸟图像的 4 个拐角点作为匹配点，如下所示：

```
src = np.array([[ 295., 174.],
 [ 540., 146. ],
 [ 400., 777.],
 [ 60., 422.]])
dst = np.array([[ 0., 0.],
 [height-1, 0.],
 [height-1, width-1],
 [ 0., width-1]])
```

4．获取目标图像中每个像素索引所对应的源图像像素索引：

```
x, y = np.mgrid[:height, :width]
dst_indices = np.hstack((x.reshape(-1, 1), y.reshape(-1,1)))
src_indices = np.round(pt.inverse(dst_indices), 0).astype(int)
valid_idx = np.where((src_indices[:,0] < height) &
(src_indices[:,1] < width) &
                    (src_indices[:,0] >= 0) & (src_indices[:,1] >=0))
dst_indicies_valid = dst_indices[valid_idx]
src_indicies_valid = src_indices[valid_idx]
```

5．把像素从源图像复制到目标图像：

```
im_dst[dst_indicies_valid[:,0],dst_indicies_valid[:,1]] =
im_src[src_indicies_valid[:,0],src_indicies_valid[:,1]]
```

运行上述代码，输出如图 1-7 所示。

图 1-7

图 1-8 所示的是“月球上的宇航员”的源图像和显示在画布上的目标图像。通过在源图像（拐角点）和画布上的目标图像（拐角点）之间给出 4 对匹配点，该操作执行起来非常简单。

图 1-8

执行投影变换后的输出图像如图 1-9 所示。

图 1-9

1.4.3 工作原理

在上述两种情况下，输入图像被投影到输出图像的理想位置。为了对图像应用透视变换，我们首先需要创建 `ProjectiveTransform` 对象。

我们需要将源图像中的一组 4 像素位置和相应的目标图像中匹配的 4 像素位置连同 `ProjectiveTransform` 对象实例一起传递给 `estimate()` 函数，后者将计算单应性矩阵 $\boldsymbol{H}$（如果单应性矩阵 $\boldsymbol{H}$ 可通过计算得到，则函数返回 `True`）。

在 `ProjectiveTransform` 对象上调用 `inverse()` 函数，该函数将提供与所有目标像素索引相对应的源像素索引。

1.4.4 更多实践

warp() 函数（而不是 inverse() 函数）可以用于实现单应性 / 投影变换。

1.5 基于图像创建铅笔草图

基于图像生成草图，实际上就是检测图像的边缘。在本实例中，我们将学习如何使用不同的技术从图像中获取草图，这类技术包括**高斯**差分（及其扩展版本 XDOG）、各向异性扩散和局部遮光（应用高斯模糊 + 反转 + 阈值）。

1.5.1 准备工作

让我们先导入以下 Python 库：

```
import numpy as np
from skimage.io import imread
from skimage.color import rgb2gray
from skimage import util
from skimage import img_as_float
import matplotlib.pylab as plt
from medpy.filter.smoothing import anisotropic_diffusion
from skimage.filters import gaussian, threshold_otsu
```

1.5.2 执行步骤

要从图像中创建铅笔草图，我们需要执行以下步骤。

1. 定义 normalize() 函数来实现图像的最小值、最大值归一化：

```
def normalize(img):
    return (img-np.min(img))/(np.max(img)-np.min(img))
```

2. 实现 sketch() 函数。该函数以图像及其所提取的图像的边缘作为输入参数：

```
def sketch(img, edges):
    output = np.multiply(img, edges)
    output[output>1]=1
    output[edges==1]=1
    return output
```

3. 实现 edges_with_anisotropic_diffusion() 函数。该函数通过各向异性扩散从图像中提取边缘：

```
def edges_with_anisotropic_diffusion(img, niter=100, kappa=10,
gamma=0.1):
    output = img - anisotropic_diffusion(img, niter=niter, \
             kappa=kappa, gamma=gamma, voxelspacing=None, \
```

```
                option=1)
        output[output > 0] = 1
        output[output < 0] = 0
        return output
```

4. 实现 sketch_with_dodge() 函数和 edges_with_dodge2() 函数。所实现的函数通过局部遮光操作从图像中提取边缘（代码提供了函数的两个实现版本）：

```
def sketch_with_dodge(img):
 orig = img
 blur = gaussian(util.invert(img), sigma=20)
 result = blur / util.invert(orig)
 result[result>1] = 1
 result[orig==1] = 1
 return result

def edges_with_dodge2(img):
 img_blurred = gaussian(util.invert(img), sigma=5)
 output = np.divide(img, util.invert(img_blurred) + 0.001)
 output = normalize(output)
 thresh = threshold_otsu(output)
 output = output > thresh
 return output
```

5. 实现 edges_with_DOG() 函数。利用该函数，使用**高斯差分**（DOG）运算来从图像中提取边缘：

```
def edges_with_DOG(img, k = 200, gamma = 1):
    sigma = 0.5
    output = gaussian(img, sigma=sigma) - gamma*gaussian(img, \
                        sigma=k*sigma)
    output[output > 0] = 1
    output[output < 0] = 0
    return output
```

6. 实现 sketch_with_XDOG() 函数。利用该函数，使用**扩展高斯差分**（XDOG）运算从图像中生成草图：

```
def sketch_with_XDOG(image, epsilon=0.01):
    phi = 10
    difference = edges_with_DOG(image, 200, 0.98).astype(np.uint8)
    for i in range(0, len(difference)):
        for j in range(0, len(difference[0])):
            if difference[i][j] >= epsilon:
                difference[i][j] = 1
            else:
```

```
            ht = np.tanh(phi*(difference[i][j] - epsilon))
        difference[i][j] = 1 + ht
difference = normalize(difference)
return difference
```

运行上述代码并绘制输入及输出的图像，将得到图 1-10 所示的输出。

图 1-10

1.5.3 工作原理

从前文中可以看到，许多草图绘制技术都是通过模糊图像的边缘（例如，使用高斯滤波器或扩散）并在一定程度上去除细节，然后减去原始图像来得到草图轮廓。

通过调用 scikit-image 库 `filter` 模块中的 `gaussian()` 函数来模糊图像。通过调用 `medpy` 库中 `filter.smoothing` 模块的 `anisotropic_diffusion()` 函数来查找具有各向异性扩散（一种变分方法）的图像边缘。

局部遮光操作（使用 `np.divide()` 函数）会将反转的模糊图像从图像中分割出来，通过该操作，将突出显示图像中最醒目的边缘。

1.5.4 更多实践

还有一些其他边缘检测技术可供选择，如通过 Canny 边缘检测（带有滞后阈值），读者可以尝试从图像中生成草图。读者可以尝试各种算法，并对比使用不同算法所获得的草图有何区别。此外，通过使用以下代码——调用 OpenCV-Python 库函数，如 `pencilSketch()` 和 `sylization()` 函数，可以生成黑白的和彩色的铅笔草图，以及类似水彩效果的图像：

```
import cv2
import matplotlib.pylab as plt
src = cv2.imread('images/bird.png')
#dst = cv2.detailEnhance(src, sigma_s=10, sigma_r=0.15)
dst_sketch, dst_color_sketch = cv2.pencilSketch(src, sigma_s=50,
sigma_r=0.05, shade_factor=0.05)
dst_water_color = cv2.stylization(src, sigma_s=50, sigma_r=0.05)
```

运行上述代码并绘制图像，将得到图 1-11 所示的输出。

图 1-11

1.6 创建卡通图像

在本实例中，我们将介绍如何用图像创建卡通风格的平面纹理图像。同样，有很多方法可以实现这一目的。在本实例中，我们将学习如何使用边缘保持双边滤波器来实现卡通风格的平面纹理图像。

1.6.1 准备工作

让我们先导入以下 Python 库：

```
import cv2
import numpy as np
import matplotlib.pylab as plt
```

1.6.2 执行步骤

在本实例中，我们将用到 OpenCV-Python 库的 bilateralFilter() 函数。我们先对图像进行下采样以创建图像金字塔（更多内容参见第 7 章），然后重复应用小双边滤波器（用以去除不重要的细节）并将图像上采样到图像原始大小，而后需要应用中值模糊（来使纹理变平），最后使用自适应阈值算法所获得的二值图像来对原始图像添加掩膜。具体步骤如下。

1. 读取输入图像，并初始化后面代码所要用到的参数：

```
img = plt.imread("images/bean.png")

num_down = 2 # number of downsampling steps
num_bilateral = 7 # number of bilateral filtering steps

w, h, _ = img.shape
```

2. 使用高斯金字塔下采样来减小图像尺寸（并使得后续运算更快）：

```
img_color = np.copy(img)
for _ in range(num_down):
 img_color = cv2.pyrDown(img_color)
```

3. 迭代地应用双边滤波器（使用较小直径值）。其中，参数 d 表示每个像素的邻域直径，参数 sigmaColor 表示颜色空间中的滤波器 sigma，而参数 sigmaSpace 则表示坐标空间：

```
for _ in range(num_bilateral):
 img_color = cv2.bilateralFilter(img_color, d=9, sigmaColor=0.1,
sigmaSpace=0.01)
```

4. 使用上采样将图像放大到原始尺寸：

```
for _ in range(num_down):
 img_color = cv2.pyrUp(img_color)
```

5. 将通过以上步骤所得到的图像转换为输出图像，并使用中值滤波器对图像进行模糊处理：

```
img_gray = cv2.cvtColor(img, cv2.COLOR_RGB2GRAY)
img_blur = cv2.medianBlur(img_gray, 7)
```

6. 检测并增强图像边缘：

```
img_edge = cv2.adaptiveThreshold((255*img_blur).astype(np.uint8), \
            255, cv2.ADAPTIVE_THRESH_MEAN_C, cv2.THRESH_BINARY, \
            blockSize=9, C=2)
```

7. 将灰度边缘图像转换回 RGB 彩色图像，并与 RGB 彩色图像进行按位与(and)计算，得到最终输出的卡通图像：

```
img_edge = cv2.cvtColor(img_edge, cv2.COLOR_GRAY2RGB)
img_cartoon = cv2.bitwise_and(img_color, img_edge)
```

1.6.3 工作原理

如前所述，在本实例中，我们分别调用了 OpenCV-Python 库中的 bilateralFilter() 函数、medianBlur() 函数、adaptiveThreshold() 函数和 bitwise_and() 函数。也就是说，先去除图像的弱边缘，然后将图像转换为平面纹理，最后增强图像中的突出边缘。

调用 OpenCV-Python 库中的 bilateralFilter() 函数来平滑图像纹理，同时保持图像边缘足够清晰。

- 参数 sigmaColor 的值越大，邻域中的像素颜色就会越多地混合在一起。这样，就会在输出图像中产生更大的半等色区域。
- 参数 sigmSpace 的值越大，颜色相似的像素之间的相互影响就会越大。

通过对图像下采样，我们就可以创建一个图像金字塔（更多内容参见第 7 章）。

随后，我们重复应用小双边滤波器来去除不重要的细节，并通过上采样将图像调整为其原始尺寸；最后，应用中值模糊（来使纹理变平），并随后使用自适应阈值算法所获得的二值图像来对原始图像添加掩膜。

运行上述代码，将得到图 1-12 所示的卡通图像输出。

原始图像

卡通图像

图 1-12

1.6.4 更多实践

请读者使用 OpenCV 库函数的不同参数值来查看这些参数值对所生成的输出图像的影响。此外，正如前文中所提到的，达到相同效果的方法有多种。例如可尝试使用各向异性扩散来获得平面纹理图像。读者会得到图 1-13 所示的图像（使用 medpy 库中的 anisotropic_diffusion() 函数）。

图 1-13

1.7 模拟光艺术 / 长曝光

长曝光（或**光艺术**）指的是捕捉到时间流逝效果的照片的拍摄过程。长曝光照片的一些流行应用实例包括如绸缎般光滑的水、高速公路上汽车前灯形成的单一的连续运动照明带。在本实例中，我们将通过平均化视频中的图像帧来模拟长曝光。

1.7.1 准备工作

在本实例中，我们将从视频中提取图像帧，然后平均化图像帧来模拟光艺术。让我们先导入所需要的 Python 库：

```
from glob import glob
import cv2
import numpy as np
import matplotlib.pylab as plt
```

1.7.2 执行步骤

要模拟光艺术 / 长曝光，我们需要执行以下步骤。

1. 实现 extract_frames() 函数，通过该函数从输入参数（传递给函数的视频中）提取前 200（最多）帧图像：

```
def extract_frames(vid_file):
 vidcap = cv2.VideoCapture(vid_file)
 success,image = vidcap.read()
 i = 1
 success = True
 while success and i <= 200:
  cv2.imwrite('images/exposure/vid_{}.jpg'.format(i), image)
  success,image = vidcap.read()
  i += 1
```

2. 调用上述函数，把从 Godafost（冰岛）瀑布视频中所提取的所有帧图像（扩展名为 .jpg 的文件）保存到 exposure 文件夹中：

```
extract_frames('images/godafost.mp4') #cloud.mp4
```

3. 从 exposure 文件夹中读取所有扩展名为 .jpg 的文件，以 float 类型来读取每个文件的内容，将每个图像分成 B、G 和 R 这 3 个颜色通道；计算颜色通道的当前和；最后，计算颜色通道的平均值：

```
imfiles = glob('images/exposure/*.jpg')
nfiles = len(imfiles)
R1, G1, B1 = 0, 0, 0
for i in range(nfiles):
 image = cv2.imread(imfiles[i]).astype(float)
 (B, G, R) = cv2.split(image)
 R1 += R
 B1 += B
 G1 += G
R1, G1, B1 = R1 / nfiles, G1 / nfiles, B1 / nfiles
```

4. 合并所得到的颜色通道的平均值，并保存最终输出图像：

```
final = cv2.merge([B1, G1, R1])
cv2.imwrite('images/godafost.png', final)
```

图 1-14 显示了从视频中所提取的一个输入帧。

图 1-14

运行上述代码，将得到图 1-15 所示的一幅长曝光图像。

请注意观察云和瀑布中的连续效果。

输出图像

图 1-15

1.7.3 工作原理

调用 OpenCV-Python 库中的 `VideoCapture()` 函数，通过该函数，我们可以创建一个以视频文件作为输入的 `VideoCapture` 对象。然后，使用该对象的 `read()` 方法来从视频中捕获图像帧。

通过 OpenCV-Python 库的 `imread()` 和 `imwrite()` 函数分别从 / 向磁盘读取 / 写入图像。

调用 `cv2.split()` 函数，通过该函数将 RGB 图像拆分为单独的颜色通道；调用 `cv2.merge()` 函数，通过该函数将单独的颜色通道组合回 RGB 图像。

1.7.4 更多实践

焦点叠加（也称为扩展景深）是（在图像处理 / 计算摄影中的）一种技术 / 技巧，该技术采用多张图像（对同一对象在不同焦距处进行拍摄）作为输入，然后通过组合输入图像来创建一个比任何单个源图像都具有更高景深（DOF）的输出图像。读者可以在 Python 中模拟焦点叠加技术。以下是一个使用 `mahotas` 库对从视频中提取的灰度图像帧实现焦点叠加的例子。

使用 Mahotas 库来扩展景深

使用 `mahotas` 库函数，通过执行以下步骤来实现焦点叠加。

1. 通过从夜间高速公路交通视频中提取灰度图像帧来创建图像堆栈：

```
import mahotas as mh
def create_image_stack(vid_file, n = 200):
 vidcap = cv2.VideoCapture(vid_file)
```

```
    success,image = vidcap.read()
    i = 0
    success = True
    h, w = image.shape[:2]
    imstack = np.zeros((n, h, w))
    while success and i < n:
      imstack[i,...] = cv2.cvtColor(image, cv2.COLOR_BGR2GRAY)
      success,image = vidcap.read()
      i += 1
    return imstack
image = create_image_stack('images/highway.mp4') #cloud.mp4
stack,h,w = image.shape
```

2. 使用 mahotas 库的 sobel() 函数，将其计算结果作为聚焦的像素级度量：

```
focus = np.array([mh.sobel(t, just_filter=True) for t in image])
```

3. 在每个像素位置，选择最佳切片（最大聚焦）并创建最终图像：

```
best = np.argmax(focus, 0)
image = image.reshape((stack,-1)) # image is now (stack, nr_pixels)
image = image.transpose() # image is now (nr_pixels, stack)
final = image[np.arange(len(image)), best.ravel()] # Select the
right pixel at each location
final = final.reshape((h,w)) # reshape to get final result
```

图 1-16 所示的是在图像堆栈中所用到的其中一幅输入图像。

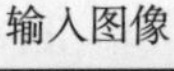

图 1-16

由算法实现所生成的最终输出图像如图 1-17 所示。

输出图像

图 1-17

1.8 在 HSV 颜色模型中使用颜色进行目标检测

在本实例中，我们将介绍如何利用 OpenCV-Python 库在 HSV 颜色空间中使用颜色来进行目标检测。首先，由读者指定一个颜色值范围，然后本实例可以通过该颜色值范围识别和提取读者感兴趣的目标。实例可以更改被检测目标的颜色，甚至可以使所检测到的目标变得透明。

1.8.1 准备工作

在本实例中，我们会用到的输入图像是水族馆中一条橙色的鱼，而（实例）感兴趣的目标就是这条鱼。实例将检测这条鱼，改变它的颜色，并使用 HSV 空间中鱼的颜色范围来使其变得透明。让我们先导入所需要的 Python 库：

```
import cv2
import numpy as np
import matplotlib.pylab as plt
```

1.8.2 执行步骤

要执行该实例，需要执行以下步骤。

1. 读取输入图像和背景图像。将 BGR 输入图像转换为 HSV 颜色空间中的图像：

```
bck = cv2.imread("images/fish_bg.png")
img = cv2.imread("images/fish.png")
hsv = cv2.cvtColor(img, cv2.COLOR_BGR2HSV)
```

2. 通过选择鱼的 HSV 颜色范围，为鱼创建一个掩膜图像：

```
mask = cv2.inRange(hsv, (5, 75, 25), (25, 255, 255))
```

3. 使用掩膜图像将鱼图像进行图像分片处理：

```
imask = mask>0
orange = np.zeros_like(img, np.uint8)
orange[imask] = img[imask]
```

4. 仅通过改变色调通道值（加 20）将橙色的鱼的颜色改为黄色，并将图像转换回 BGR 颜色空间：

```
yellow = img.copy()
hsv[...,0] = hsv[...,0] + 20
yellow[imask] = cv2.cvtColor(hsv, cv2.COLOR_HSV2BGR)[imask]
yellow = np.clip(yellow, 0, 255)
```

5. 先在没有鱼的输入图像中提取背景，然后从背景图像中提取出前景对象（鱼）所对应的区域，将这两幅图像叠加起来创建透明鱼图像：

```
bckfish = cv2.bitwise_and(bck, bck, mask=imask.astype(np.uint8))
nofish = img.copy()
nofish = cv2.bitwise_and(nofish, nofish,
mask=(np.bitwise_not(imask)).astype(np.uint8))
nofish = nofish + bckfish
```

1.8.3 工作原理

图 1-18 所示的是一幅用于快速查找颜色的 HSV 色图。*x* 轴表示色调，取值范围为 (0,180)；*y* 轴 (1) 表示饱和度，取值范围为 (0,255)；*y* 轴 (2) 表示 S =255 和 V=255 时所对应的色调值。要在色图中找到一个特定的颜色，只需查找所对应的 H 和 S 值的范围，然后设置 V 值的范围为 (25,255)。实例感兴趣的鱼的橙色可以从 (5,75,25) 到 (25,255,255) 的 HSV 范围中搜索，具体如下所示。

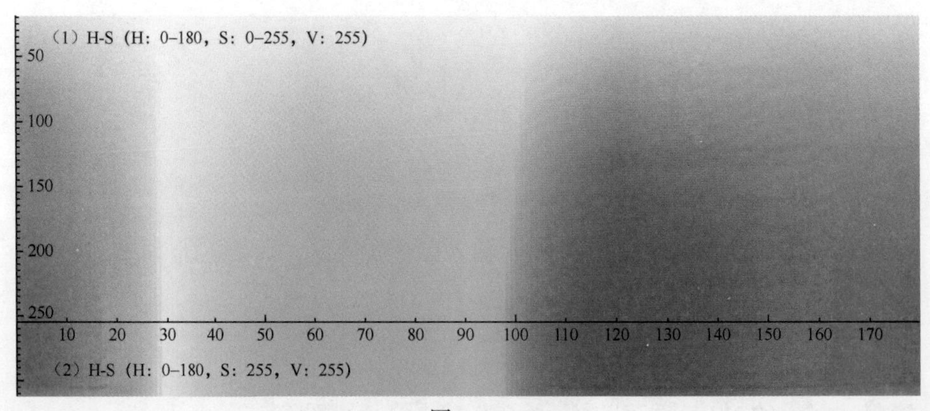

图 1-18

调用 OpenCV-Python 库中的 `inRange()` 函数，通过该函数进行颜色检测。函数接收 HSV 颜色模型的输入图像以及输入图像的颜色范围（需提前确定）作为参数。

`cv2.inRange()` 接收 3 个参数，分别为输入图像、所检测的颜色的下限值和上限值。该函数会返回一个二值掩膜图像，其中，白色像素代表指定范围内的像素，黑色像素代表指定范围外的像素。

要改变所检测到的鱼的颜色，只需改变色调（颜色）通道值。本实例不涉及饱和度和值通道的修改。

通过 OpenCV-Python 库中的按位运算提取前景图像 / 背景图像。

注意：透明鱼的背景图像与鱼图像的背景的颜色略有不同，否则透明鱼就真的消失了（隐形障眼法！）。

运行上述代码并绘制图像，则会得到图 1-19 所示的输出。

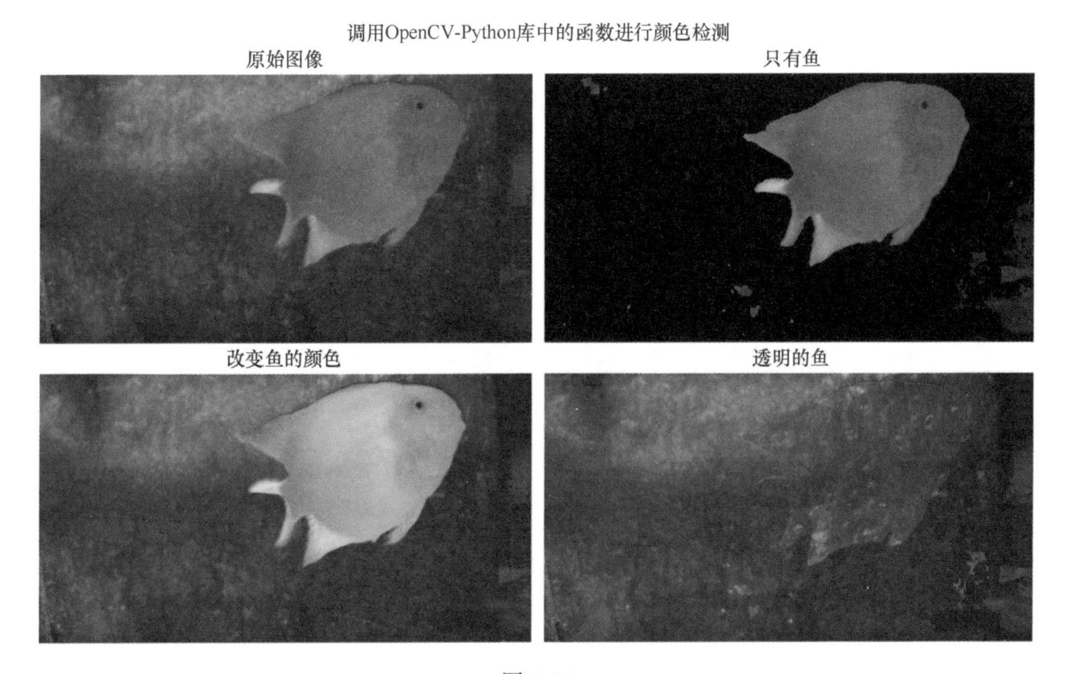

图 1-19

注意，在 OpenCV-Python 库中，RGB 颜色空间中的图像以 BGR 格式存储。如果读者想以适当的颜色显示图像，例如在使用 Matplotlib 中的 `imshow()` 函数（该函数需要 RGB 格式的图像）显示图像之前，必须使用 `cv2.cvtColor(image, cv2.COLOR_BGR2RGB)` 来转换图像格式。

第2章　图像增强

图像增强的作用是提高图像的质量或使特定的特征显得更加突出，其所用到的技术通常都更为通用，并且不会采用退化过程强模型（不同于我们在第3章中会讲到的“图像修复”过程中的模型）。有关图像增强技术的实例包括去噪/平滑（使用不同的经典图像处理技术、无监督机器学习以及深度学习技术）、对比度改善和锐化。

本章内容将涵盖有关图像增强方面的以下实例（以及它们使用Python库完成的实现）：

- 使用滤波器去除图像中不同类型的噪声；
- 基于去噪自编码器的图像去噪；
- 基于PCA/DFT/DWT的图像去噪；
- 基于各向异性扩散的图像去噪；
- 利用直方图均衡化改善图像对比度；
- 执行直方图匹配；
- 执行梯度融合；
- 基于Canny、LoG/零交叉以及小波的边缘检测。

2.1　使用滤波器去除图像中不同类型的噪声

噪声是指会导致图像质量恶化的图像强度的随机变化。噪声的引入发生在捕捉图像或传输图像时。因此，对大部分图像处理应用程序而言，图像去噪（噪声去除）是一项重要任务。在本实例中，我们将讨论具有不同分布的不同类型的噪声（例如高斯噪声、椒盐噪声、斑点噪声、泊松噪声和指数噪声）以及图像去噪。具体的工作原理是：使用来自SciPy库的图像处理模块，利用几个特殊滤波技术（均值和中值滤波器）对不同类型的噪声执行图像去噪。针对所有类型的噪声，进行去噪结果的比较。

2.1.1　准备工作

使用Lena灰度图像将不同类型的随机噪声添加到原始图像中（通过从不同分布中提取随机样本的做法）。对所获得的噪声图像应用一个流行的线性（平均值）滤波器和一个流行的非线性（中值）滤波器。我们还将通过计算**峰值信噪比（PSNR）**来对比滤波器的性能。

首先，使用以下代码来导入所需的Python库：

```
%matplotlib inline
from skimage.io import imread
from skimage.util import random_noise
from skimage.color import rgb2gray
from skimage.measure import compare_psnr
from scipy.ndimage import uniform_filter, median_filter
import numpy as np
import matplotlib.pylab as plt
```

2.1.2 执行步骤

让我们按照如下步骤对图像中不同类型的噪声执行去噪处理。

1. 定义 `plt_hist()` 函数来绘制被添加到图像中的噪声的直方图：

```
def plt_hist(noise, bins=None):
    plt.grid()
    plt.hist(np.ravel(noise), bins=bins, alpha=0.5, color='green')
    plt.tick_params(labelsize=15)
    plt.title('Noise Historgram', size=25)
```

2. 定义 `plt_images()` 函数来绘制所有的图像，即原始图像、噪声图像和去噪图像[使用均值（mean）/ 中值（median）滤波器进行去噪]，并通过调用前面所定义的 `plt_hist()` 函数来绘制噪声的直方图。同样，使用带有 PSNR 的滤波器对去噪后的图像质量进行比较：

```
def plt_images(im, im_noisy, noise, noise_type, i):
    im_denoised_mean = uniform_filter(im_noisy, 5)
    im_denoised_median = median_filter(im_noisy, 5)
    plt.subplot(7,4,i), plt.imshow(im_noisy), \
        plt.title('Noisy ({}), PSNR={}'.format(noise_type, \
        np.round(compare_psnr(im, im_noisy),3)), size=25), \
        plt.axis('off')
    plt.subplot(7,4,i+1), plt.imshow(im_denoised_mean), \
        plt.title('Denoised (mean), PSNR={}'.format(np.round\
        (compare_psnr(im, im_denoised_mean),3)), size=25), \
        plt.axis('off')
    plt.subplot(7,4,i+2), plt.imshow(im_denoised_median), \
        plt.title('Denoised (median), PSNR={}'.format(np.round\
        (compare_psnr(im, im_denoised_median),3)), size=25), \
        plt.axis('off')
    plt.subplot(7,4,i+3), plt_hist(noise)
```

3. 加载原始的 Lena 彩色图像，并将其转换为灰度图像：

```
im = rgb2gray(imread('images/lena.png'))
```

4. 通过抽取不同噪声分布中的样本以及设置适当的参数（为每个噪声分布设置一个参

数），将随机噪声添加到原始图像中，然后调用前面所定义的 plt_images() 函数来绘制图像和噪声分布：

```
im1 = random_noise(im, 'gaussian', var=0.15**2)
plt_images(im, im1, im1-im, 'Gaussian', 1)

im1 = random_noise(im, 's&p', amount=0.15)
plt_images(im, im1, im1[((im1==0)|(im1==1))&((im!=0)&(im!=1))],
'Impulse', 5)

noise = np.random.poisson(lam=int(np.mean(255*im)),
size=im.shape)/255 - np.mean(im)
im1 = np.clip(im + noise, 0, 1)
plt_images(im, im1, noise, 'Poisson', 9)

im1 = random_noise(im, 'speckle', var=0.15**2)
plt_images(im, im1, im1-im, 'Speckle', 13)

noise = np.random.rayleigh(scale=0.15, size=im.shape) - 0.15
im1 = np.clip(im + noise, 0, 1)
plt_images(im, im1, noise, 'Rayleigh', 17)

noise = np.random.exponential(scale=0.15, size=im.shape) - 0.15
im1 = np.clip(im + noise, 0, 1)
plt_images(im, im1, noise, 'Exponential', 21)

noise = np.random.uniform(0, 0.5, size=im.shape) - 0.25
im1 = np.clip(im + noise, 0, 1)
plt_images(im, im1, noise, 'Uniform', 25)
```

2.1.3 工作原理

先用 SciPy 库的 ndimage 模块中的 uniform_filter() 函数将均值滤波器应用于噪声图像；然后用同一模块中的 median_filter() 函数将中值滤波器应用于噪声图像。为了应用 5×5 的卷积核（box kernel），所用到的两个滤波器的大小均为 5。

请用 skimage.measure 模块中的 compare_psnr() 函数对用滤波器去噪后的图像质量加以比较。用 scikit-image.io 模块中的 imread() 函数读取 Lena 在 RGB 颜色空间的图像，用 scikit-image.color 模块中的 rgb2gray() 函数将该图像转换为灰度图像。用 scikit-image.util 模块中的 random_noise() 函数或 NumPy 库 random 模块中相应的分布函数（例如 np.random.possion()）抽取来自不同分布的随机噪声样本（例如高斯噪声、泊松噪声和指数噪声），并为每个噪声分布设置适当参数（例如，设置高斯噪声的均值 μ 和方差 $\sigma2$，设置泊松噪声的均值 λ 等）。

plt_images() 函数接收 3 个参数：第一个参数是原始图像；第二个参数是噪声图像；第三个参数是所添加的噪声。注意，针对脉冲（s&p）噪声，为了计算噪声矩阵，必须找到原始图像中像素值从“0”变为“1”（盐，即白色）或从“1”变为“0”（椒，即黑色）的位置。

运行 2.1.2 节中第 4 步中的代码，得到的部分输出如图 2-1 所示。

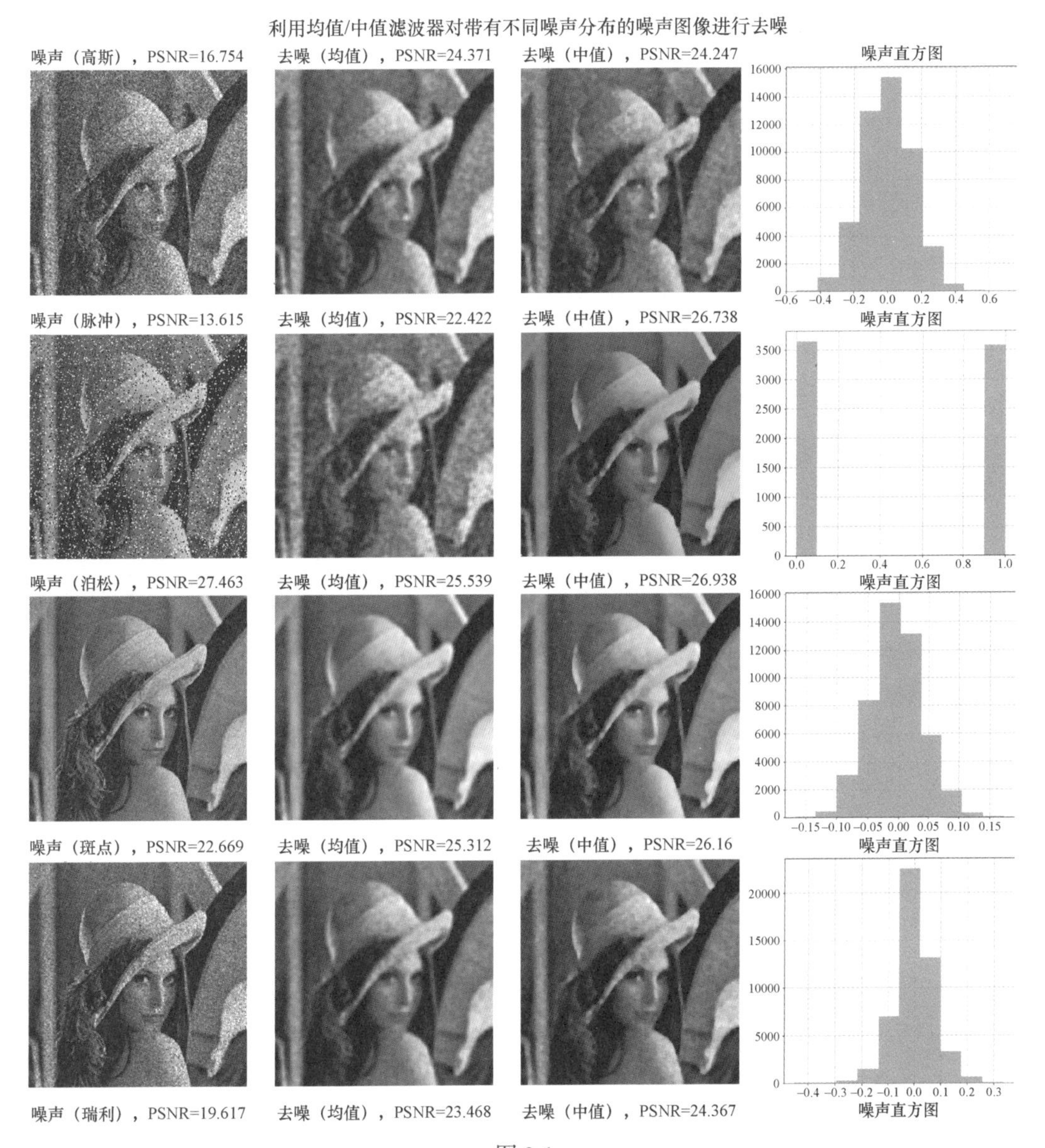

图 2-1

从以上输出可以看出，中值滤波器对脉冲噪声（椒盐噪声）的处理效果特别好，对斑点噪声、泊松噪声和瑞利噪声的处理效果也比较好，而对其他类型的噪声分布而言，则是均值滤波器的处理效果更佳。另外需要注意，对于每个噪声分布，随机噪声直方图的形状都是如何变化的（类似于概率密度函数的形状）。

2.1.4 更多实践

我们还可以用 scikit-image 库来实现均值滤波器（例如，使用库中的 `rank.mean()` 函数、`rank.mean_percentile()` 函数以及 `rank.mean_bilateral()` 函数）和中值滤波器（使用库中的 `filters.median()` 函数）。请读者自行尝试将这些函数应用于噪声图像，并计算去噪图像的 PSNR 值。

2.2 基于去噪自编码器的图像去噪

自编码器是一种神经网络，通常用来以无监督方式学习输入数据（通常经过降维）的有效表示。去噪自编码器是自编码器的随机版本，该编码器接收（相似的）被噪声破坏的输入图像，经过训练可修复原始输入图像（通常使用某些深度学习库函数）并获得良好的图像表示。使用去噪自编码器，可以从一组相似的（被噪声破坏的）输入图像中学习鲁棒性的图像表示，然后生成去噪图像。

2.2.1 准备工作

需要用到来自 scikit-learn 包的户外脸部检测数据库（`lfw`）人脸数据集（包含 7 位非常著名的政治家的人脸图像），通过给这些人脸图像添加一些随机噪声，并将这些图像用作自编码器的输入数据，训练自编码器去学习消除噪声。使用 PyTorch 库函数来进行深度学习。还是采用通常做法，首先导入所需的 Python 库：

```
import os
import numpy as np
import matplotlib.pylab as plt
import torch
from torch import nn
from torch.autograd import Variable
from torch.utils.data import DataLoader
from torchvision import transforms
from torchvision.utils import save_image
from sklearn.datasets import fetch_lfw_people
```

2.2.2 执行步骤

要用去噪自编码器进行去噪，我们需要执行如下步骤。

1. 定义 to_img() 函数和 plot_sample_img() 函数，将 lfw 人脸数据集中的每个 PyTorch 张量转换为一幅图像（每幅灰度图像的大小为 50 像素 ×37 像素），并将图像分别保存到磁盘中：

```
def to_img(x):
    x = x.view(x.size(0), 1, 50, 37)
    return x

def plot_sample_img(img, name):
    img = img.view(1, 50, 37)
    save_image(img, './sample_{}.png'.format(name))
```

2. 定义 add_noise() 函数，将随机高斯噪声添加到图像中：

```
def add_noise(img):
    noise = torch.randn(img.size()) * 0.2
    noisy_img = img + noise
    return noisy_img
```

3. 执行 min_max_normalization() 预处理函数和 tensor_round() 预处理函数，归一化张量并对其取整。同时，使用以下定义的函数来创建变换管道：

```
def min_max_normalization(tensor, min_value, max_value):
    min_tensor = tensor.min()
    tensor = (tensor - min_tensor)
    max_tensor = tensor.max()
    tensor = tensor / max_tensor
    tensor = tensor * (max_value - min_value) + min_value
    return tensor

def tensor_round(tensor):
    return torch.round(tensor)

img_transform = transforms.Compose([
    transforms.ToTensor(),
    transforms.Lambda(lambda tensor:min_max_normalization(tensor, \
                      0, 1)),
    transforms.Lambda(lambda tensor:tensor_round(tensor))
])
```

4. 下载 lfw 人脸数据集并创建一个批处理大小为 8 的数据加载器对象（dataloader）：

```
batch_size = 8 # 16
dataset = fetch_lfw_people(min_faces_per_person=70, \
                           resize=0.4).images / 255
dataloader = DataLoader(dataset, batch_size=batch_size, \
                        shuffle=True)
```

5. 实现 autoencoder 类、该类的编码器和解码器成员以及该类的 forward() 方法：

```
class autoencoder(nn.Module):
    def __init__(self):
        super(autoencoder, self).__init__()
        self.encoder = nn.Sequential(
            nn.Linear(50 * 37, 512),
            nn.ReLU(True),
            nn.Linear(512, 128),
            nn.ReLU(True))
        self.decoder = nn.Sequential(
            nn.Linear(128, 512),
            nn.ReLU(True),
            nn.Linear(512, 50 * 37),
            nn.Sigmoid())

    def forward(self, x):
        x = self.encoder(x)
        x = self.decoder(x)
        return x
```

6. 用以下代码实例化 autoencoder 类，然后将损失函数定义为二值交叉熵（BCE）损失函数，并用以下代码将优化器定义为 Adam 优化器：

```
learning_rate = 1e-3
cuda = False #True
model = autoencoder()
if cuda:
model = model.cuda()
criterion = nn.BCELoss()
optimizer = torch.optim.Adam(model.parameters(), \
            lr=learning_rate, weight_decay=1e-5)
```

7. 训练自编码器 100 个轮次。在每个轮次中，使用前向（或称为正向）传播进行自编码器的预测（以及损失函数的计算），使用反向传播更新不同层中的权重：

```
num_epochs = 100
for epoch in range(1, num_epochs+1):
 for data in dataloader:
 img = data
 #...
 if cuda: noisy_img = noisy_img.cuda()
 img = Variable(img)
 if cuda: img = img.cuda()
 output = model(noisy_img) # forward-prop
```

```
 loss = criterion(output, img)
 MSE_loss = nn.MSELoss()(output, img)
 optimizer.zero_grad()
 loss.backward() # back-prop
 optimizer.step()
 print('epoch [{}/{}], loss:{:.4f}, MSE_loss:{:.4f}'
 .format(epoch, num_epochs, loss.data.item(),
MSE_loss.data.item()))
 if epoch % 10 == 0:
 x = to_img(img.cpu().data)
 x_hat = to_img(output.cpu().data)
 x_noisy = to_img(noisy_img.cpu().data)
 weights = to_img(model.encoder[0].weight.cpu().data)
```

8. 输出模型以查看神经网络的架构：

```
print(model)
# autoencoder(
#   (encoder): Sequential(
#     (0): Linear(in_features=1850, out_features=512, bias=True)
#     (1): ReLU(inplace)
#     (2): Linear(in_features=512, out_features=128, bias=True)
#     (3): ReLU(inplace)
#   )
#   (decoder): Sequential(
#     (0): Linear(in_features=128, out_features=512, bias=True)
#     (1): ReLU(inplace)
#     (2): Linear(in_features=512, out_features=1850, bias=True)
#     (3): Sigmoid()
#   )
#)
```

图 2-2 给出了神经网络的架构，以及前述的去噪自编码器是如何利用 `lfw` 人脸数据集的。

2.2.3　工作原理

利用 PyTorch 库的 `nn.Sequential()` 函数，通过循序渐进地指定构建模块（`nn.Module`）来构建自编码器。由来自噪声图像的每一个像素构成一个输入层节点，因此输入端共有 50×37 个节点。这样，输出端也有相同的节点数（50×37）。

调用 `nn.Linear(50 * 37,512)` 函数实例化大小为 1850×512 的全连接层。在输入层/隐藏层之间调用 `nn.ReLU(True)` 函数并直接应用 ReLU 非线性，然后在最后层之前调用 `nn.Sigmoid()` 函数来对输出层应用 S 型函数。使用 `nn.BCEloss()` 来调用二值交叉熵损失函数。

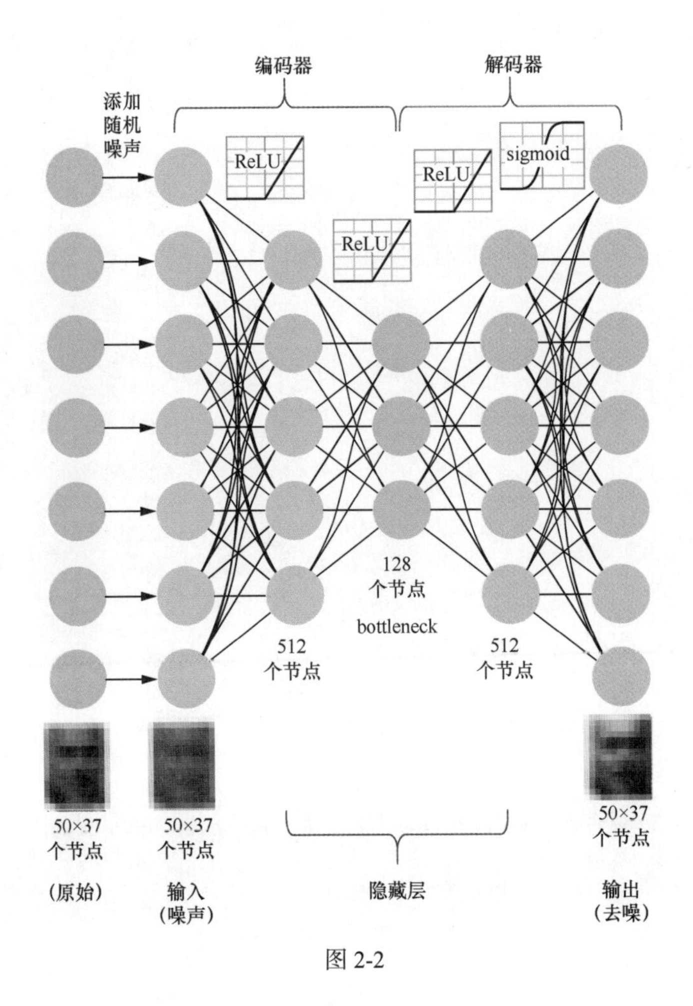

图 2-2

`backward()` 函数可用于进行反向传播的训练并重新计算神经网络中的权重。

为了使上述代码运行得更快，我们可以通过设置 `cuda=True` 在 GPU 上运行代码。

在两个不同轮次结束时，编码器在第一个隐藏层中会学到一些特征。

随着轮次的推进，自编码器输出的去噪图像与相应的原始图像越来越相似。

2.2.4　更多实践

对彩色图像重复前述去噪过程（通过设置 `fetch_lfw_people()` 函数的参数 `color = True`）。使用噪声图像来训练过完备自编码器（过完备自编码器具有单一隐藏层，并且隐藏层节点数量大于输入层节点数量）。如果在输入层节点和输出层节点都使用原始图像来训练自编码器，会发生什么呢？现在，尝试在输入端和输出端使用原始图像来训练一个稀疏过完备自编码器，不过，在隐藏层使用 L1 正则化。

2.3 基于 PCA/DFT/DWT 的图像去噪

主成分分析（PCA）、**离散傅里叶变换**（DFT）和**离散小波变换**（DWT）都是用于图像去噪的传统机器学习技术。每种技术都可以学习图像空间的表示（一个近似），将图像的大部分信息内容保留下来并去除噪声。

2.3.1 准备工作

本实例用到了 Olivetti 人脸数据集。该数据集共包含 400 幅灰度人脸图像（每幅图像大小为 64 像素 ×64 像素），也就是说，对应 40 个人，每人 10 幅图像。我们还是按照常规的做法，先导入所需的 Python 库：

```
import numpy as np
from numpy.random import RandomState
import matplotlib.pyplot as plt
from sklearn.datasets import fetch_olivetti_faces
from sklearn import decomposition
from skimage.util import random_noise
from skimage import img_as_float
from time import time
import scipy.fftpack as fp
import pywt
```

2.3.2 执行步骤

要实现滤波器，需要执行如下步骤。

1. 下载 faces（人脸）数据图像：

```
dataset = fetch_olivetti_faces(shuffle=True, random_state=rng)
original = img_as_float(dataset.data)
faces = original.copy()
print(faces.shape)
# (400, 4096)
```

2. 向图像添加方差为 0.005 的随机高斯噪声：

```
image_shape = (64, 64)
rng = RandomState(0)
n_samples, n_features = faces.shape
faces = random_noise(faces, var=0.005)
```

3. 应用主成分分析（PCA），仅使用 50 个主要主成分来重建图像：

```
n_components = 50 # 256
estimator = decomposition.PCA(n_components=n_components,
```

```
svd_solver='randomized', whiten=True)
print("Extracting the top %d PCs..." % (n_components))
t0 = time()
faces_recons =
estimator.inverse_transform(estimator.fit_transform(faces)) #.T #+
mean_face #.T
train_time = (time() - t0)
print("done in %0.3fs" % train_time)
```

4. 随机选择 5 个图像索引并显示这些图像的原始图像、噪声图像以及 PCA 重建的图像:

```
indices = np.random.choice(n_samples, 5, replace=False)
plt.figure(figsize=(20,4))
for i in range(len(indices)):
    plt.subplot(1,5,i+1),
plt.imshow(np.reshape(faces_recons[indices[i],:], image_shape)),
plt.axis('off')
  plt.suptitle('PCA reconstruction with {} components
  (eigenfaces)'.format(n_components), size=25)
  plt.show()
```

5. 应用 FFT 低通滤波器（LPF），即通过丢弃所有成分（除 30 个最低频率成分外），用这些基向量来重建噪声图像，显示重建后的图像:

```
n_components = 30
plt.figure(figsize=(20,4))
for i in range(len(indices)):
    freq = fp.fftshift(fp.fft2((np.reshape(faces[indices[i],:],
image_shape)).astype(float)))
    freq[:freq.shape[0]//2 - n_components//2,:] =
freq[freq.shape[0]//2 + n_components//2:,:] = 0
    freq[:,:freq.shape[1]//2 - n_components//2] = freq[:,
freq.shape[1]//2 + n_components//2:] = 0
    plt.subplot(1,5,i+1),
plt.imshow(fp.ifft2(fp.ifftshift(freq)).real), plt.axis('off')
plt.suptitle('FFT LPF reconstruction with {} basis
vectors'.format(n_components), size=25)
plt.show()
```

6. 通过使用 DWT，并丢弃第 7 个波段来重建图像，显示重建后的图像:

```
plt.figure(figsize=(20,4))
wavelet = pywt.Wavelet('haar')
for i in range(len(indices)):
    wavelet_coeffs = pywt.wavedec2((np.reshape(faces[indices[i],:],
image_shape)).astype(float), wavelet)
    plt.subplot(1,5,i+1),
plt.imshow(pywt.waverec2(wavelet_coeffs[:-1], wavelet)),
```

```
    plt.axis('off')
plt.suptitle('Wavelet reconstruction with {}
subbands'.format(len(wavelet_coeffs)-1), size=25)
plt.show()
```

2.3.3 工作原理

调用 scikit-learn 库的 decomposition.PCA() 函数，以实例化 PCA 对象。先使用 fit_transform() 函数将图像投影到低维空间（从 4096 维降到 50 维），然后使用 inverse_transform() 函数来重建来自低维空间中的图像。

调用 scipy.fftpack 模块中的 fft2() 函数，通过将所有高频基向量变成零（除了 30 个最低分量），将图像从空间域转换到频域，然后调用 ifft2() 来重建图像。

最后，调用 pywt.Wavelet('haar') 函数来实例化 Haar 小波对象。调用 pywt.wavedec2() 函数来获取所有小波系数，然后调用 pywt.waverec2() 函数，通过丢弃最后一个波段，从系数中重建图像。

运行上述代码，将得到图 2-3 所示的输出。

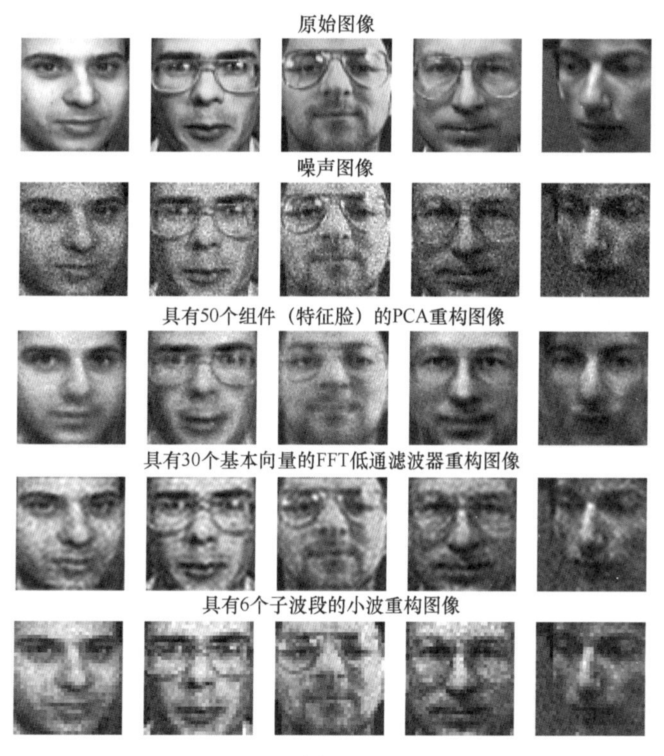

图 2-3

可以看到，就图像重建而言，看上去 PCA 的去噪效果最好。

2.3.4 更多实践

请读者自己尝试使用奇异值分解（SVD）执行 PCA，然后在主奇异向量上投影图像（使用 scikit-learn 库的 `TruncatedSVD()` 函数）。使用 PSNR 的值来对比不同技术输出的（去噪）图像质量。

2.4 基于各向异性扩散的图像去噪

在本实例中，我们将学习如何使用各向异性（热）扩散方程进行图像去噪，并使用 `medpy` 库函数来保留图像的边缘。另外，正如我们已经看到的，与高斯噪声滤波器类似，应用各向同性扩散也不保留图像的边缘。

2.4.1 准备工作

本实例将用到 cameraman 数据集的灰度图像。我们还是按照常规的做法，先导入所需的 Python 库：

```
from medpy.filter.smoothing import anisotropic_diffusion
from skimage.util import random_noise
from skimage.io import imread
from skimage import img_as_float
import matplotlib.pylab as plt
import numpy as np
```

2.4.2 执行步骤

通过执行 Perona-Malik 各向异性扩散对图像进行去噪，具体步骤如下。

1. 从磁盘读取 cameraman 数据集的灰度图像，并向图像添加随机高斯噪声（方差为 `0.005`）。剪裁噪声图像，使其值完全落于 `0` 和 `1` 之间（含 0 和 1）：

```
img = img_as_float(imread('images/cameraman.png'))
noisy = random_noise(img, var=0.005)
noisy = np.clip(noisy, 0, 1)
```

2. 绘制原始图像和噪声图像：

```
plt.figure(figsize=(15,18))
plt.gray()
plt.subplots_adjust(0,0,1,1,0.05,0.05)
plt.subplot(221), plt.imshow(img), plt.axis('off'),
plt.title('Original', size=20)
plt.subplot(222), plt.imshow(noisy), plt.axis('off'),
plt.title('Noisy', size=20)
```

3. 应用各向异性扩散（根据 Perona-Malik 方程 1）对噪声图像进行去噪（参数 kappa=20，niter=20），绘制平滑图像：

```
diff_out = anisotropic_diffusion(noisy, niter=20, kappa=20,
option=1)
plt.subplot(223), plt.imshow(diff_out), plt.axis('off'), \
      plt.title(r'Anisotropic Diffusion (Perona Malik eq 1, \
      iter=20, $\kappa=20$)', size=20)
```

4. 同样，应用各向异性扩散（根据 Perona-Malik 方程 2）对噪声图像进行去噪（其中，参数 kappa=50，niter=50），绘制平滑图像：

```
diff_out = anisotropic_diffusion(noisy, niter=50, kappa=50,
option=2)
plt.subplot(224), plt.imshow(diff_out), plt.axis('off'), \
        plt.title(r'Anisotropic Diffusion (Perona Malik eq 2, \
        iter=50, $\kappa=50$)', size=20)
plt.show()
```

运行上述代码，输出如图 2-4 所示。

图 2-4

可以看到，随着 kappa 参数值和迭代次数的增加，图像变得越发模糊起来。

2.4.3 工作原理

各向异性扩散通常是通过保持图像边缘不变（甚至锐化）来平滑（去噪）图像。如图 2-5 所示，根据 Perona-Malik 方程 1，在各向异性扩散过程中（该过程是一个迭代过程），高斯核（Gaussian kernel）函数被用作传导函数。

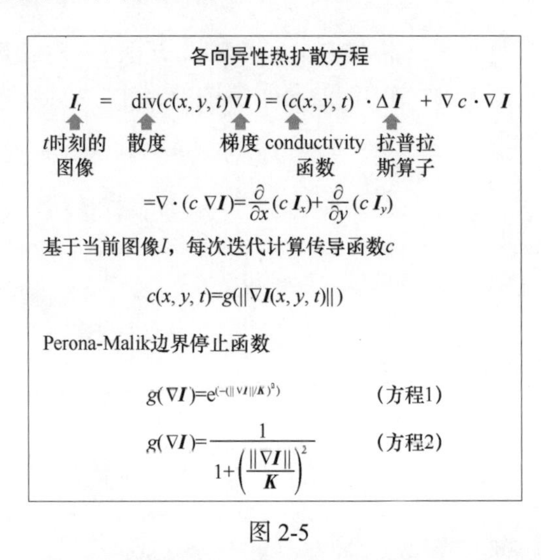

图 2-5

调用 medpy 库的 filter.smoothing 模块中的 anisotropic_diffusion() 函数来执行扩散过程。niter 参数是指在该函数上运行扩散过程的迭代次数。

kappa 参数值（K）是代表传导系数的一个整数（例如，取值在 20 和 100 之间）。K 值用于控制一个梯度函数，即传导函数。如果 K 值很小，在陡峭边缘的传导和扩散将被阻止；如果 K 值较高，则会减小强度梯度对传导的影响。伽马（gamma）参数值用于控制扩散速度，并且为了稳定性，应使用小于等于 0.25 的 gamma 参数值。

2.4.4 更多实践

我们将应用各向异性扩散所得到的去噪图像与应用高斯核函数的卷积（也被称为各向同性扩散）所得到的去噪图像进行比较。使用 PSNR 的值来对质量进行比较。请读者自己尝试执行各向异性扩散。

2.5 利用直方图均衡化改善图像对比度

使用对比度拉伸操作可增加图像的对比度。但是，这只是应用于图像像素值的一个线性标定函数，因此它的图像增强效果不如复杂性更高的函数（直方图均衡化）那样强烈。本实例将展示如何使用直方图均衡化来执行对比度拉伸。此外，它也是使用非线性映射的点变换，即该点变换会重新分配输入图像中的像素强度值，以便使得输出图像具有均匀的强度分布（平坦直方图），从而增加图像的对比度。

2.5.1 准备工作

在本实例中，我们将执行自定义函数来实现直方图均衡化。从 RGB 图像开始，我们还会使用 scikit-image 库的全局和局部（自适应）直方图均衡化函数。还是采用通常做法，首先导入所需的 Python 库：

```
import numpy as np
import matplotlib.pylab as plt
from skimage.io import imread
from skimage.exposure import equalize_hist, equalize_adapthist
```

2.5.2 执行步骤

执行本实例，具体步骤如下。

1. 定义 `plot_image()` 和 `plot_hist()` 函数来分别显示图像，并返回图像的**累积分布函数**（`cdf`）:

```
def plot_image(image, title):
 plt.imshow(image)
 plt.title(title, size=20)
 plt.axis('off')

def plot_hist(img):
 colors = ['r', 'g', 'b']
 cdf = np.zeros((256,3))
 for i in range(3):
  hist, bins = np.histogram(img[...,i].flatten(),256,[0,256], \
               normed=True)
  cdf[...,i] = hist.cumsum()
  cdf_normalized = cdf[...,i] * hist.max() / cdf.max()
  plt.plot(cdf_normalized, color = colors[i], \
               label='cdf ({})'.format(colors[i]))
  binWidth = bins[1] - bins[0]
  plt.bar(bins[:-1], hist*binWidth, binWidth,
               label='hist ({})'.format(colors[i]))
  plt.xlim([0,256])
  plt.legend(loc = 'upper left')
 return cdf
```

2. 通过重新分配像素值与像素相应的 cdf 值来执行直方图均衡化：

```
img = imread('images/train.png')
cdf = plot_hist(img)
img2 = np.copy(img)
for i in range(3):
 cdf_m = np.ma.masked_equal(cdf[...,i],0)
 cdf_m = (cdf_m - cdf_m.min())*255/(cdf_m.max()-cdf_m.min())
           # min-max normalize
 cdf2 = np.ma.filled(cdf_m,0).astype('uint8')
 img2[...,i] = cdf2[img[...,i]]
```

3. 通过调用执行全局和局部（自适应）直方图均衡化的 sikit-image 库函数来对相同的输入图像执行直方图均衡化：

```
equ1 = (255*equalize_hist(img)).astype(np.uint8)
equ2 = (255*equalize_adapthist(img)).astype(np.
uint8)
```

对于每个图像通道，需要针对像素使用相应的 cdf 值来重新分配像素值，如图 2-6 所示。

$$s_k=T(r_k)=\sum_{j=0}^{k}P_r(r_j)=\sum_{j=0}^{k}n_j/N$$

$$0\leqslant r_k\leqslant 1,\quad k=0,1,2,\cdots,255$$

N：总像素数

n_j：带有灰度级别j的像素的出现频率

图 2-6

请调用 scikit-image.exposure 模块中的 equalize_hist() 函数和 equalize_adapthist() 函数，以获取全局和局部对比度增强图像。

如果运行上述代码，并绘制输入和输出图像以及相应的直方图和累积分布函数图，则将得到图 2-7 所示的输出（只是输出内容的某一部分）。

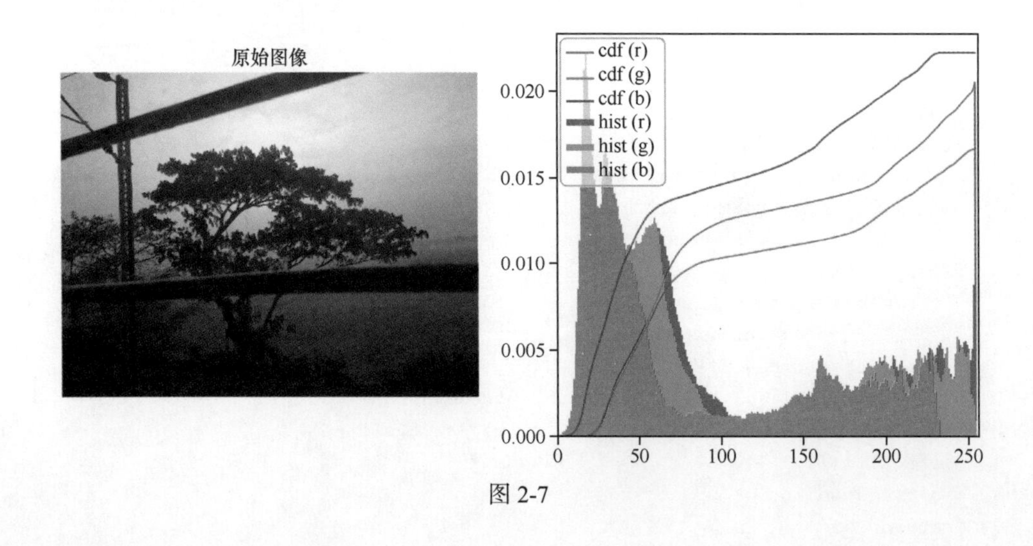

图 2-7

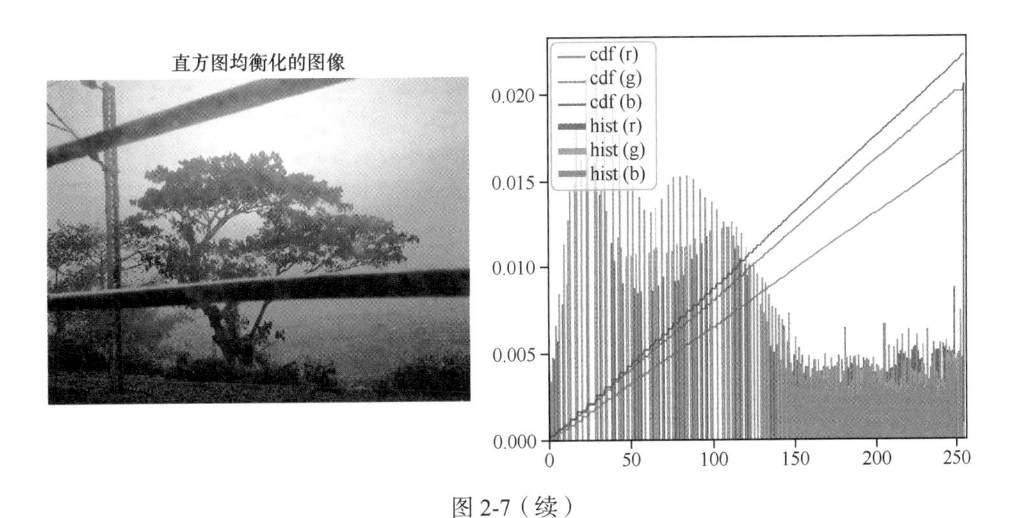

图 2-7（续）

2.5.3 更多实践

调用 OpenCV-Python 库中的 `createCLAHE()` 函数，执行局部自适应直方图均衡化；对使用不同实现方法所获得的输出结果的质量进行比较；对一些不同低对比度图像执行全局和局部（自适应）直方图均衡化。

2.6 执行直方图匹配

直方图匹配是一项图像处理任务。在该任务中，通过图像直方图匹配其参考（模板）图像直方图的形式来对图像进行更改。算法描述如下。

1. 计算每个图像（包括原始图像、参考图像）的累积直方图。
2. 针对输入图像中的任何给定的像素值 x_i，通过将输入图像的直方图与模板图像的直方图进行匹配（$G(x_i)=H(x_j)$），在输出图像中找到相应的像素值 x_j，如图 2-8 所示。
3. 将输入图像中的像素值 x_i 替换为 x_j，如图 2-8 所示。

当前代码在本范例中，自行执行彩色图像的直方图匹配。

2.6.1 准备工作

按照常规的做法，首先导入所需的 Python 库：

```
from skimage.exposure import cumulative_distribution
from skimage.color import rgb2gray
import matplotlib.pylab as plt
import numpy as np
```

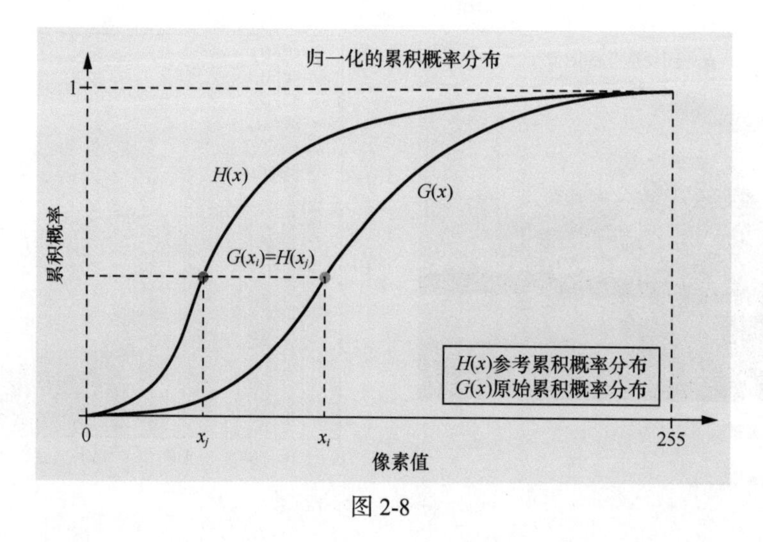

图 2-8

2.6.2 执行步骤

让我们按照如下步骤执行直方图匹配。

1. 调用 `hist_matching()` 函数，以实现直方图匹配算法，即该函数接收原始图像和模板图像的 cdf 值以及原始图像本身作为参数：

```
def hist_matching(c, c_t, im):
 b = np.interp(c, c_t, np.arange(256))
             # find closest matches to b_t
 pix_repl = {i:b[i] for i in range(256)}
             # dictionary to replace the pixels
 mp = np.arange(0,256)
 for (k, v) in pix_repl.items():
  mp[k] = v
 s = im.shape
 im = np.reshape(mp[im.ravel()], im.shape)
 im = np.reshape(im, s)
 return im
```

2. 调用以下函数，计算图像的 cdf 值：

```
def cdf(im):
 c, b = cumulative_distribution(im)
 for i in range(b[0]):
  c = np.insert(c, 0, 0)
 for i in range(b[-1]+1, 256):
  c = np.append(c, 1)
 return c
```

3. 读取输入图像和模板图像，计算它们的 cdf 值，并调用 hist_matching() 函数来创建输出图像；绘制输入图像、模板图像以及输出图像，具体代码如下：

```
im = imread('images/goddess.png').astype(np.uint8)
im_t = imread('images/leaves.png')

im1 = np.zeros(im.shape).astype(np.uint8)
for i in range(3):
 c = cdf(im[...,i])
 c_t = cdf(im_t[...,i])
  im1[...,i] = hist_matching(c, c_t, im[...,i])

plt.figure(figsize=(20,17))
plt.subplots_adjust(left=0, top=0.95, right=1, bottom=0, \
                    wspace=0.05, hspace=0.05)
plt.subplot(221), plt.imshow(im), plt.axis('off'), \
                    plt.title('Input Image', size=25)
plt.subplot(222), plt.imshow(im_t), plt.axis('off'), \
                    plt.title('Template Image', size=25)
plt.subplot(223), plt.imshow(im1[...,:3]), plt.axis('off'), \
                    plt.title('Output Image', size=25)
plt.show()
```

2.6.3 工作原理

使用 scikit-image.exposure 模块中的 cumulative_distribution() 函数来计算图像的 cdf 值。

cumulative_distribution() 函数按连续图像像素值的递增顺序 / 升序（从存在于图像中的最小像素值到最大像素值）返回集合（2.6.2 节步骤 2 代码内的变量 c）。

由于代码需要所有的像素值均处于 0 和 255 之间，因此调用了具有适当 cdf 值的 np.insert() 函数（函数不返回较小像素值 0 和较高像素值 1）。

对于每个颜色通道，通过调用 cdf() 函数分别计算输入图像和模板图像的 cdf 值，然后调用 hist_matching() 函数，将这些 cdf 值以及输入图像作为参数，在输出图像中构建相应的颜色通道。

图 2-9 所示的是这些给定输入图像和模板图像所生成的输出图像。

图 2-9

2.6.4 更多实践

使用适当的模板图像，利用直方图匹配可以将白天拍摄的图像更改为夜视图像，如图 2-10 所示。下一个实例将展示直方图匹配的类似有趣应用。

图 2-10

2.7 执行梯度融合

泊松图像编辑的目标是：对原始图像（由掩膜图像提取）中的对象或纹理与目标图像进行无缝（梯度）融合（克隆）。使用泊松图像编辑，我们可以将图像区域粘贴到新的背景上，进而实现蒙太奇（photomontage）效果。这个想法来自 Perez 等人在 SIGGRAPH 2003 上发表的论文《泊松图像编辑》（*Poisson Image Editing*），该论文表明，使用图像梯度进行融合可以产生更加逼真的图像效果。

在完成无缝克隆之后，原始图像和输出图像在掩膜图像区域的梯度是相同的。此外，目标图像和输出图像在掩膜图像区域边界处的强度也是相同的。图 2-11 显示了如何将原始图像补丁 g 与目标图像 f^*（在区域 Ω 上）进行无缝集成，并且作为泊松解算器的解决方案，获得一个新的图像补丁 f（在区域 Ω 上）：

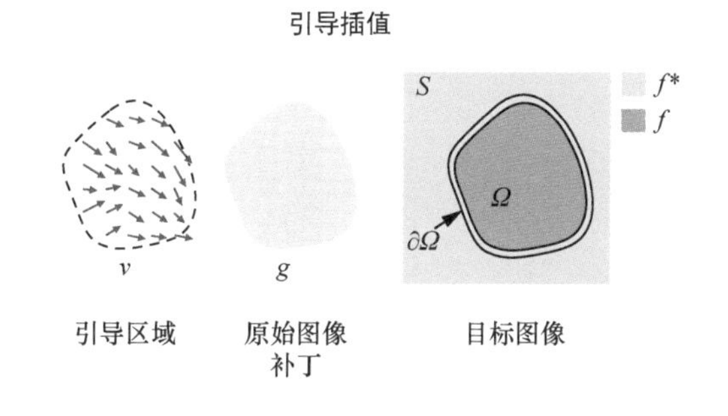

目标图像 f^*（在区域 Ω 上）上掩膜插值获得的图像补丁 f

解算 $\min_{f}\iint_{\Omega}|\nabla f-v|^2 \text{ with } f|_{\partial\Omega}=f^*|_{\partial\Omega}$

通过欧拉-拉格朗日方程

$$\Delta f=\nabla\cdot v \text{ over } \Omega, \text{ with } f|_{\partial\Omega}=f^*|_{\partial\Omega},$$

泊松方程　　　　狄利克雷边界条件

图 2-11

本实例用 OpenCV-Python 库来演示如何进行无缝克隆。

2.7.1 准备工作

我们将自由女神像（Statue of Liberty）的图像用作原始图像，将维多利亚纪念堂（Victoria Memorial Hall）的图像用作目标图像。首先，导入所需的 Python 库。确保 OpenCV-Python 库的主版本至少为版本 3（不低于版本 3）：

```
import cv2
```

```
import numpy as np
print(cv2.__version__)
# 3.4.2
```

2.7.2 执行步骤

让我们按照如下步骤执行梯度融合。

1. 读取原始图像、目标图像和掩膜图像：

```
src = cv2.imread("images/liberty.png")
dst = cv2.imread("images/victoria.png")
src_mask = cv2.imread("images/cmask.png")
print(src.shape, dst.shape, src_mask.shape)
# (480, 698, 3) (576, 768, 3) (480, 698, 3)
```

2. 调用无缝克隆函数 seamlessClone() 来围绕目标图像的中心融合掩膜图像，并保存输出图像：

```
center = (275,250)
output = cv2.seamlessClone(src, dst, src_mask, center, \
                                    cv2.MIXED_CLONE)
cv2.imwrite("images/liberty_victoria.png", output)
```

应用于梯度融合的目标图像、源图像和掩膜图像如图 2-12 所示。

图 2-12

该经典做法是，调用带有 flags 参数值为 cv2.MIXED_CLONE 的 cv2.seamlessClone() 函数。此函数用来实现泊松图像编辑，即仅仅通过保持边缘位置（作为狄利克雷边界条件）的梯度，使用泊松解算器来求解泊松方程组。

运行上述代码，将获得图 2-13 所示的输出图像。

图 2-13

2.8 基于 Canny、LoG/ 零交叉以及小波的边缘检测

边缘检测是一种预处理技术。在该技术中，输入的通常是二维（灰度）图像，而输出的通常是一组曲线（称为边缘）。构成图像边缘的像素是图像强度函数中突然发生（不连续）快速变化的像素，边缘检测的目的是识别这些变化。通常的做法是，通过找到图像的一阶导数（梯度）的局部极值，或者找到图像的二阶导数（拉普拉斯）的零交叉（zero-crossing）来检测边缘。在本实例中，我们先实现两种非常流行的边缘检测技术，即 Canny 边缘检测和 Marr-Hildreth 边缘检测（基于 LoG 算子的零交叉），然后实现基于小波的边缘检测。

2.8.1　准备工作

我们还是按照常规的做法，先导入所需的 Python 库：

```
import numpy as np
from scipy import ndimage, misc
import matplotlib.pyplot as plt
from skimage.color import rgb2gray
from skimage.filters import threshold_otsu
import pywt
import SimpleITK as sitk
```

2.8.2 执行步骤

首先从最流行的边缘检测器（Canny 边缘检测器）开始。对于标量值的图像（例如灰度图像）的边缘检测，代码使用基于 Canny 边缘检测器在 SimpleITK 模块上的实现。该实现利用二阶方向导数和零交叉来查找边缘。

1. Canny 边缘检测 / 滞后阈值

使用 `SimpleITK` 模块的库函数来实现 Canny 边缘检测，具体步骤如下。

（1）读取输入的灰度图像并将其转换为 `float64` 数据类型：

```
image = sitk.ReadImage('images/cameraman.png')
        # 8-bit cameraman grayscale image
image = sitk.Cast(image, sitk.sitkFloat64)
```

（2）针对两个具有相同滞后阈值（hysteresis thresholding）的高斯模糊 σ 值（1 和 3）计算 Canny 滤波器：

```
edges1 = sitk.CannyEdgeDetection(image, lowerThreshold=5, \
                    upperThreshold=10, variance=[1, 1])
edges2 = sitk.CannyEdgeDetection(image, lowerThreshold=5, \
                    upperThreshold=10, variance=[3, 3])
```

（3）将输出转换为 NumPy 数组用于显示：

```
image = sitk.GetArrayFromImage(image)
edges1 = sitk.GetArrayFromImage(edges1)
edges2 = sitk.GetArrayFromImage(edges2)
```

（4）显示输入图像和边缘图像：

```
fig = plt.figure(figsize=(20, 6))
plt.subplot(131), plt.imshow(image, cmap=plt.cm.gray), \
                    plt.axis('off')
plt.title('Input image', fontsize=20)
plt.subplot(132), plt.imshow(edges1, cmap=plt.cm.gray), \
                    plt.axis('off')
plt.title('Canny filter, $\sigma=1$', fontsize=20)
plt.subplot(133), plt.imshow(edges2, cmap=plt.cm.gray), \
                    plt.axis('off')
plt.title('Canny filter, $\sigma=3$', fontsize=20)
fig.tight_layout()
plt.show()
```

运行上述代码，将得到图 2-14 所示的输出。

从前述图像中可以看到，高斯模糊 σ 值越小，输出图像的边缘越细致；高斯模糊 σ 值越大，输出图像的边缘越显著。

接下来，使用另一种流行的算法——Marr-Hildreth 算法来实现边缘检测。为此，需要计算高斯拉普拉斯（LoG）卷积图像中的零交叉。边缘像素可以通过将 LoG 平滑图像看作二值图像，然后确定像素的符号来完成识别。

图 2-14

2. LoG/ 零交叉

让我们使用 LoG/ 零交叉来实现 Canny 边缘检测，具体步骤如下。

（1）定义 `any_neighbor_zero()` 函数。该函数会将图像中的某个像素作为输入，如果该像素的（8 个连接的）相邻像素任何一个为 0，则函数返回 `True`：

```
def any_neighbor_zero(img, i, j):
 for k in range(-1,2):
   for l in range(-1,2):
     if k == 0 and l == 0: continue # skip the input pixel
     if img[i+k, j+k] == 0:
        return True
return False
```

（2）定义 `zero_crossing()` 函数：

```
def zero_crossing(img):
 img[img > 0] = 1
 img[img < 0] = 0
 out_img = np.zeros(img.shape)
 for i in range(1,img.shape[0]-1):
  for j in range(1,img.shape[1]-1):
    if img[i,j] > 0 and any_neighbor_zero(img, i, j):
       out_img[i,j] = 255
 return out_img
```

（3）对经过 LoG 卷积处理的输入图像调用 `zero_crossing()` 函数，并绘制输出图像：

```
img = rgb2gray(misc.imread('images/tiger.png'))
```

```
fig = plt.figure(figsize=(25,15))
plt.gray() # show the filtered result in grayscale
for sigma in range(2,10, 2):
 plt.subplot(2,2,sigma/2)
 result = ndimage.gaussian_laplace(img, sigma=sigma)
 result = zero_crossing(result)
 plt.imshow(result)
 plt.axis('off')
 plt.title('LoG with zero-crossing, sigma=' + str(sigma), size=30)
plt.tight_layout()
plt.show()
```

用于边缘检测的输入图像如图 2-15 所示。

图 2-15

运行上述代码，则将得到图 2-16 所示的输出（使用前述输入图像）。

经过LoG卷积处理的输入图像在调用
zero_crossing()函数后的输出图像，sigma=2

经过LoG卷积处理的输入图像在调用
zero_crossing()函数后的输出图像，sigma=4

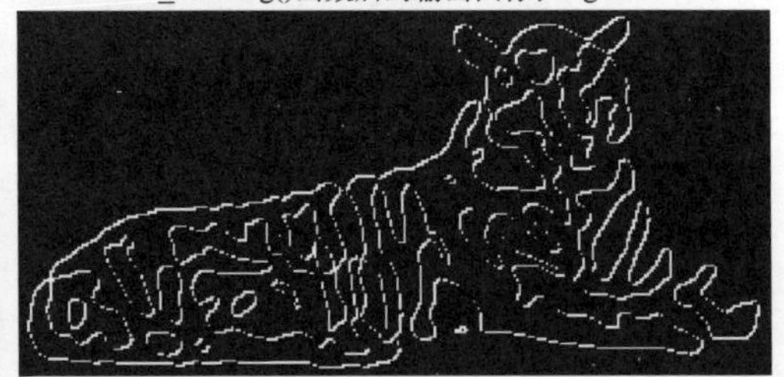

经过LoG卷积处理的输入图像在调用
zero_crossing()函数后的输出图像，sigma=6

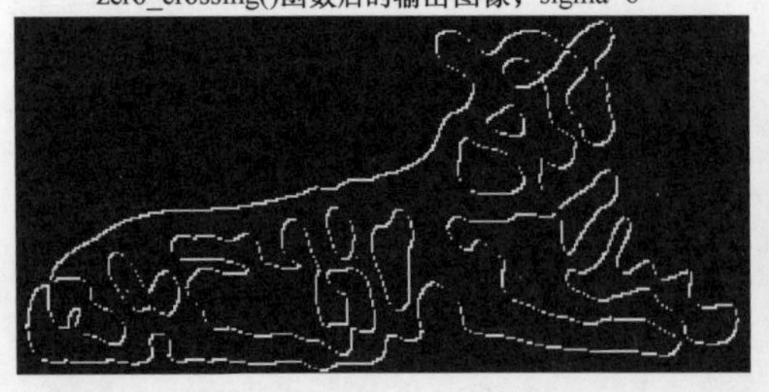

经过LoG卷积处理的输入图像在调用
zero_crossing()函数后的输出图像，sigma=8

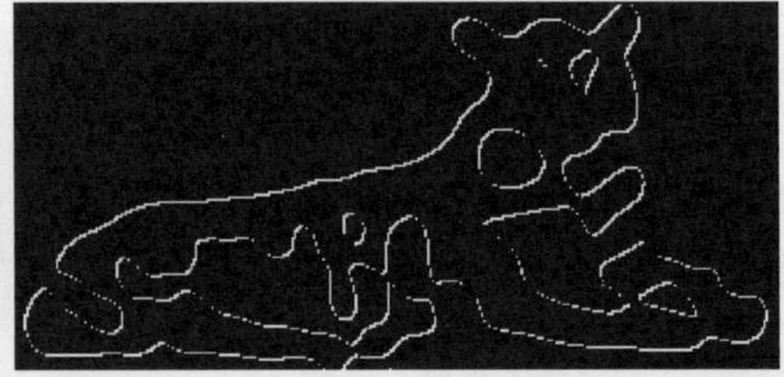

图 2-16

3. 小波边缘检测

让我们使用 pywt 模块的库函数来实现小波（wavelet）边缘检测，具体步骤如下。

（1）加载输入图像并将其转换为灰度图像：

```
original = rgb2gray(imread('images/bird.png'))
```

（2）对灰度图像应用 haar 小波进行 2D-DWT 变换（调用 pywt.dwt2() 函数），该函数将返回小波系数：

```
coeffs2 = pywt.dwt2(original, 'haar')
```

（3）使用以下代码分别提取近似图像，以及水平细节（边缘）、垂直细节（边缘）和对角线细节（边缘）：

```
titles = ['Approximation', ' Horizontal detail', 'Vertical detail',
\
          'Diagonal detail']
LL, (LH, HL, HH) = coeffs2
```

（4）绘制近似图像以及所检测到的水平细节（边缘）、垂直细节（边缘）和对角线细节（边缘）：

```
fig = plt.figure(figsize=(15, 20))
for i, a in enumerate([LL, LH, HL, HH]):
    ax = fig.add_subplot(2, 2, i + 1)
    a = abs(a)
    if i > 0:
        th = threshold_otsu(a)
        a[a > th] = 1
        a[a <= th] = 0
    ax.imshow(a, interpolation="nearest", cmap=plt.cm.gray)
    ax.set_title(titles[i], fontsize=20)
    ax.set_xticks([])
    ax.set_yticks([])
fig.tight_layout()
plt.show()
```

原始输入图像如图 2-17 所示。

运行前述代码，将获得图 2-18 所示的输出图像。

图 2-17

图 2-18

2.8.3　工作原理

使用 SimpleITK 模块中的 `CannyEdgeDetection()` 函数进行边缘检测，算法如下。

1. 使用高斯滤波器进行平滑处理（去除噪声，因为边缘检测对噪声敏感）。此函数的方差参数用于高斯平滑。
2. 计算上一步处理所获得的图像的二阶（方向）导数。
3. 应用非极大值抑制（Non-Maximum Suppression，NMS）（来细化边缘并去除不需要的像素），找到二阶导数的零交叉，并使用三阶导数的符号找到正确的极值。
4. 将滞后阈值应用于梯度幅值（乘零交叉），以查找并链接边缘。此函数的 `lowerThreshold` 和 `upperThreshold` 参数是滞后阈值。确定边缘（sure edge）拥有高于上限阈值（`upperThreshold`）参数的强度梯度值（intensity gradient）。确定非边缘（sure non-edges）拥有低于下限阈值（`lowerThreshold`）参数的强度梯度值。根据边缘是否连接到确定边缘像素，其强度梯度值落在滞后阈值间的边缘被归类为边缘或者非边缘。

使用 SciPy 库的 `ndimage` 模块的 `gaussian_laplace()` 函数（该函数接收 σ 作为高斯平滑的参数）来对输入图像应用 LoG 卷积。

计算零交叉的算法（由 `zero_crossing()` 函数实现）如下所述。

1. 从 LoG 卷积图像创建一个二值图像：分别用 1 和 0 代替正像素值和负像素值。
2. 考虑使用所得到的二值图像中非零像素的直接邻域来计算零交叉像素。
3. 通过查找具有紧邻的零像素值（0）的任何非零像素来标记边界。
4. 总之，针对二值图像中的每个非零像素，检查其相邻（8 个）像素中的任何一个是否为零，并且如果答案为"是"，则将（中心）像素标记为边缘像素——此过程通过使用 `any_neighbor_zero()` 函数来实现。

使用 `pywt` 库模块的 `dwt2()` 函数来实现 DWT。作为参数被传递的小波对象是 Haar 特征小波。

调用 `scikit-image.filters` 模块中的 `threshold_otsu()` 函数对使用 DWT 所获得的边缘（细节）图像进行二值化处理。

2.8.4 更多实践

尝试使用来自不同小波族的不同小波对象（db 小波、sym 小波、bior 小波等）来提取边缘（读者也可以定义自己的自定义小波对象）。执行近似 LoG 的高斯差分（DoG）操作，以进行边缘检测，并在速度和质量方面比较检测结果。使用各向异性扩散来查找图像中的边缘，并将检测结果与 Canny 边缘检测的结果加以比较（使用各向异性扩散查找边缘，将获得图 2-19 所示的输出）。

使用各向异性扩散查找图像边缘（Perona Malik，K=20）

图 2-19

第 3 章 图像修复

图像修复是一种图像处理技术。该技术首先尝试通过使用先验知识对退化过程进行建模来修复被损坏图像（例如，在大多数情况下都假定退化滤波器是已知的）。然后，通过对原始图像应用逆处理来改善图像质量。与图像增强技术相比，该技术的不同之处是：在图像修复技术中需要进行退化过程建模。这样，便可以在很大程度上消除退化过程的影响。图像修复技术所面临的挑战是：图像信息的损失以及噪声。图 3-1 所示的是一个基本的图像退化模型。在该模型中，所观察到的（退化的）图像被假定为退化内核卷积的原始图像（无噪声的）与附加噪声分量的一个总和。

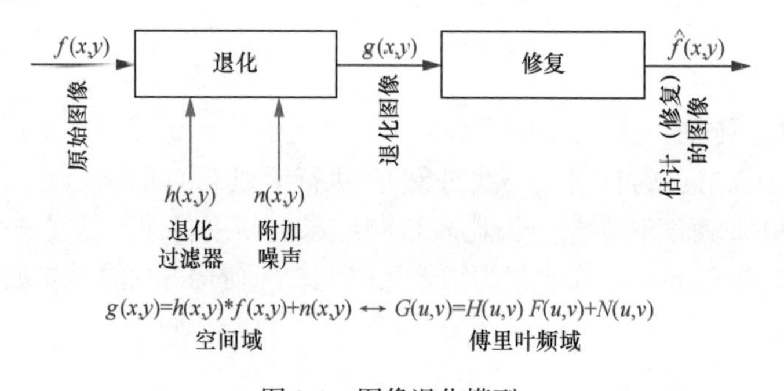

图 3-1　图像退化模型

在本章中，我们将介绍用于图像修复的以下实例：

- 使用维纳滤波器来修复图像；
- 使用约束最小二乘法滤波器来修复图像；
- 使用马尔可夫随机场来修复图像；
- 图像修补；
- 基于深度学习的图像修复；
- 基于字典学习的图像修复；
- 使用小波进行图像压缩；
- 使用隐写术和隐写分析技术。

3.1 使用维纳滤波器来修复图像

维纳滤波器（Wiener filter）是**均方误差**（**MSE**）滤波器，该滤波器同时体现了退化函数和噪声统计特性。其基本假设是：噪声和图像是不相关的。它优化了滤波器，使得 MSE 得以最小化。通过本实例，我们将学习如何使用来自 scikit-image 图像修复模块中的函数来实现维纳滤波器，以及如何应用该滤波器通过有监督和无监督的方式来修复退化图像。

3.1.1 准备工作

在本实例中，我们将使用仙人掌图像作为输入，使用噪声 / 模糊对其进行破坏。还是采用通常做法，使用以下代码导入所需的 Python 库：

```
from skimage.io import imread
import numpy as np
import matplotlib.pylab as plt
from matplotlib.ticker import LinearLocator, FormatStrFormatter
```

3.1.2 执行步骤

要实现维纳滤波器并用其修复被模糊 / 噪声损坏的图像，需要执行如下步骤。

1. 读取图像并将其转换成灰度图像：

```
im = color.rgb2gray(imread('images/cactus.png'))
```

2. 定义 `convolve2d()` 函数，在频域中执行卷积（根据卷积定理，与在空间域中执行卷积相比，在频域中执行卷积要快得多）。构建 7×7 平均（方框模糊）点扩散函数，并将其作为卷积核来对图像进行模糊处理，代码如下：

```
def convolve2d(im, psf, k):
    M, N = im.shape
    freq = fp.fft2(im)
    # assumption: min(M,N) > k > 0, k odd
    psf = np.pad(psf, (((M-k)//2,(M-k)//2+1), \
                      ((N-k)//2,(N-k)//2+1)), mode='constant')
    freq_kernel = fp.fft2(fp.ifftshift(psf))
    return np.abs(fp.ifft2(freq*freq_kernel))
k = 5
psf = np.ones((k, k)) / k**2 # box blur
im1 = convolution2d(im, psf, k)
```

3. 对模糊图像添加噪声，获得退化图像：

```
im1 += 0.2 * im.std() * np.random.standard_normal(im.shape)
```

4. 在退化图像上应用无监督维纳滤波器，并将卷积核作为输入来修复图像：

```
im2, _ = restoration.unsupervised_wiener(im1, psf)
```

5. 在退化图像上应用无监督维纳滤波器，并将卷积核以及 balance 参数作为输入来修复图像：

```
im3 = restoration.wiener(im1, psf, balance=0.25)
```

如果绘制输入图像和输出图像，则将得到图 3-2 所示的图像。

图 3-2

可以看到，从图像修复效果来看，带有 balance 参数的维纳滤波器要比无监督维纳滤波器更好一些。我们可以使用 **PSNR** 来测量修复图像的质量。

6. 用以下代码在三维（3D）空间中绘制输入 / 输出图像以及核函数的频谱：

```
def plot_freq_spec_3d(freq):
    fig = plt.figure(figsize=(10,10))
    ax = fig.gca(projection='3d')
    Y = np.arange(-freq.shape[0]//2,freq.shape[0]-freq.shape[0]//2)
    X = np.arange(-freq.shape[1]//2,freq.shape[1]-freq.shape[1]//2)
    X, Y = np.meshgrid(X, Y)
```

```
    Z = (20*np.log10( 0.01 + fp.fftshift(freq))).real
    surf = ax.plot_surface(X, Y, Z, cmap=plt.cm.coolwarm, \
                           linewidth=0, antialiased=True)
    ax.zaxis.set_major_locator(LinearLocator(10))
    ax.zaxis.set_major_formatter(FormatStrFormatter('%.02f'))
    plt.show()

plot_freq_spec_3d(fp.fft2(im))
plot_freq_spec_3d(fp.fft2(im1))
plot_freq_spec_3d(fp.fft2(im2))
plot_freq_spec_3d(fp.fft2(im3))
```

运行上述代码，所获得的部分输出图像如图 3-3 所示。

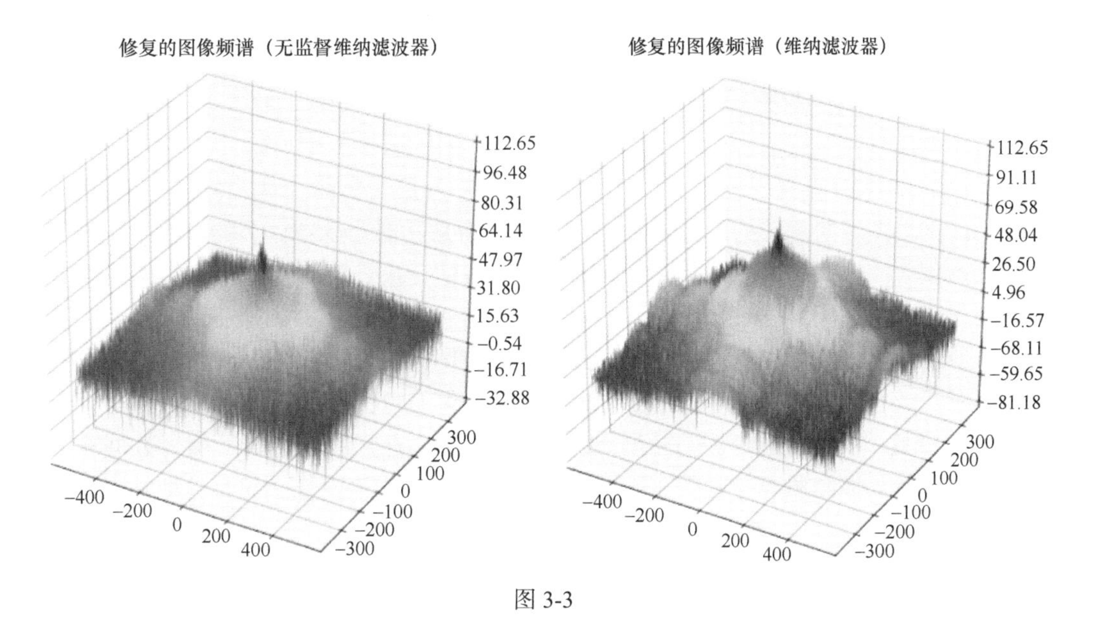

图 3-3

图 3-4 显示了如何计算维纳滤波器。可以看出，维纳滤波器是具有目标函数的滤波器，该函数可以最小化修复图像和原始图像之间的 MSE。

可以看到，当没有噪声添加到输入图像时（$N = 0$），维纳滤波器简化为逆滤波器。此时的 K 值是一个根据噪声的先验知识所选择的常数（也就是说，它不依赖于 u、v 变量）。

采用维纳-亨特反卷积方法，调用 `scikit-image.restoration` 模块中的 `unsupervised_wiener()` 函数对退化图像进行去噪，在此期间超参数自动进行估计。针对无监督维纳滤波器算法，估计的图像被定义为来自贝叶斯分析的后验均值。而均值被定义为根据图像的概率进行加权的所有可能图像的总数。由于精确的和是不容易处理的，因此采用了**马尔可夫链蒙特卡洛**（**MCMC**）方法（Gibbs sampler）绘制后验法则下的图像。

维纳滤波器

目标 $\min_{W} E[(f-\hat{f})^2]$

$=\min_{W} E[|F(u,v)-\hat{F}(u,v)|^2]$

s.t. $\hat{F}(u,v)=G(u,v)\,W(u,v)$

求解：

$$W(u,v)=\frac{H^*(u,v)}{|H(u,v)|^2+\dfrac{|N(u,v)|^2}{|F(u,v)|^2}}=\frac{H^*(u,v)}{|H(u,v)|^2+K}$$

$$=\frac{1}{H(u,v)}\cdot\frac{|H(u,v)|^2}{|H(u,v)|^2+\dfrac{|N(u,v)|^2}{|F(u,v)|^2}}$$

逆滤波器　　1/SNR

$$W(u,v)=\frac{H^*(u,v)}{|H(u,v)|^2+\lambda|\Lambda_D|^2}$$

scikit-image.restoration 模块中的 wiener() 函数

图 3-4

因为高概率图像对均值的贡献更大，所以吉布斯采样器会绘制更多的高概率图像（而不是低概率图像）。这些样本的经验平均值被用作均值估计值。默认情况下，拉普拉斯算子被用作正则化算子。调用 `scikit-image.restoration` 模块中的 `wiener()` 函数，在这次调用中，使用维纳滤波器，通过额外的 `balance` 参数来对退化图像进行去噪处理。再一次，该滤波器返回带有维纳 - 亨特方法（使用傅里叶对角化）的反卷积。

正则化参数（`balance` 或 λ）值会改变数据和先验充分性之间的平衡。数据充分有助于改善频率修复，而先验充分有助于减少频率修复以避免噪声伪像。拉普拉斯算子被用作默认的正则化算子。

3.2 使用约束最小二乘法滤波器来修复图像

在本实例中，我们将在频域中演示一个名为**约束最小二乘法**（CLS）的滤波器。正如其名，该滤波器是一个具有附加平滑度约束的逆（最小二乘）滤波器，通过施加平滑度约束，禁止在修复图像中出现任意的高频波动。现在我们将学习如何实现 CLS 滤波器，以及如何通过对图像应用该滤波器来修复退化图像。我们还要使用不同的频域滤波器（如逆滤波器、维纳滤波器和 CLS）实现来比较修复图像的质量。

3.2.1 准备工作

使用以下代码导入所需的 Python 库：

```
import numpy as np
import scipy.fftpack as fp
from skimage.io import imread
from skimage.color import rgb2gray
from skimage.restoration import wiener, unsupervised_wiener
from skimage.measure import compare_psnr
import matplotlib.pylab as plt
```

3.2.2　执行步骤

执行以下步骤来实现 CLS 滤波器，并将由此得到的修复图像与使用不同频域滤波器得到的修复图像进行比较。

1. 定义 `cls_filter()` 函数，实现 CLS 滤波器：

```
def cls_filter(y,h,c,lambd):
    Hf = fp.fft2(fp.ifftshift(h))
    Cf = fp.fft2(fp.ifftshift(c))
    Hf = np.conj(Hf) / (Hf*np.conj(Hf) + lambd*Cf*np.conj(Cf))
    Yf = fp.fft2(y)
    I = Yf*Hf
    im = np.abs(fp.ifft2(I))
    return (im, Hf)
```

2. 读取输入图像并将其转换为灰度图像。使用卷积核模糊输入灰度图像（在频域中完成），并使用给定标准偏差（σ）的**白高斯噪声**（**WGN**）降低图像质量：

```
x = rgb2gray(imread('images/building.png'))
M, N = x.shape
h = np.ones((4,4))/16 # blur filter
h = np.pad(h, [(M//2-2, M//2-2), (N//2-2, N//2-2)], \
                mode='constant')
sigma = 0.05
Xf = fp.fft2(x)
Hf = fp.fft2(fp.ifftshift(h))
Y = Hf*Xf
y = fp.ifft2(Y).real + sigma*np.random.normal(size=(M,N))
```

3. 对退化图像应用 `pseudo_inverse_filter()` 函数，随着 `pseudo_inverse_filter()` 函数对高斯核的频率响应，得到修复图像：

```
epsilon = 0.25
pix, F_pseudo = pseudo_inverse_filter(y, h, epsilon)
```

4. 应用 `balance` 参数为 `0.25` 的维纳（`wiener()` 函数）滤波器来修复图像：

```
wx = wiener(y, h, balance=0.25)
```

5. 应用 `unsupervised_wiener()` 滤波器函数来获取修复图像：

```
uwx, _ = unsupervised_wiener(y, h)
```

6. 构造高通滤波器（2D-拉普拉斯）并将其转换到频域，将其作为约束核。使用所创建的约束核和正则化参数（λ）值来对退化图像应用 CLS 滤波器：

```
c = np.array([[0,1/4,0],[1/4,-1,1/4],[0,1/4,0]])
c = np.pad(c, [(M//2-1, M//2-2), (N//2-2, N//2-1)], \
                mode='constant')
Cf = fp.fft2(fp.ifftshift(c))
lambd = 20
clx, F_restored = cls_filter(y, h, c, lambd)
print(r'Restored (CLS, $\lambda=${}) PSNR: {}'.format(lambd, \
                np.round(compare_psnr(x, clx),3)))
# Restored (CLS, λ=20) PSNR: 28.924
```

运行上述代码，并绘制所有输入/输出图像和滤波器的频率响应，将得到如图 3-5 所示的输出（只是输出内容的某些部分）。

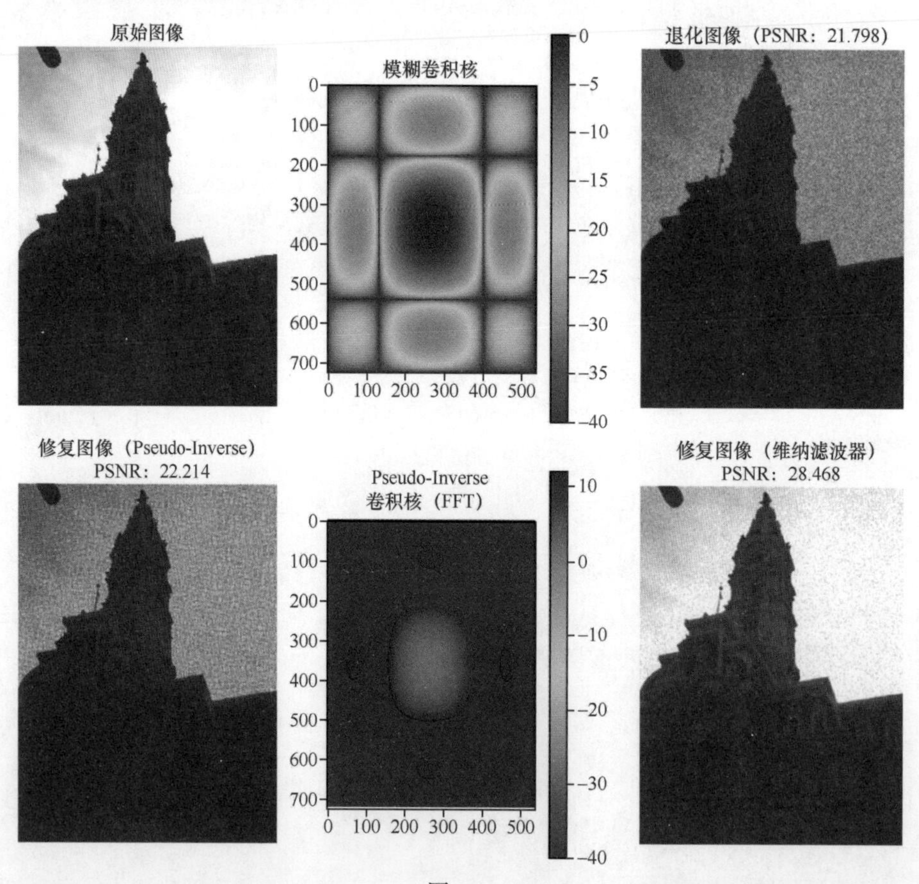

图 3-5

可以看到，就所修复的图像的质量而言，CLS 滤波器（带有较高的 λ 值）和维纳滤波器表现得相当好。

7. 使用以下代码在三维空间中绘制核函数的频率响应：

```
plot_freq_spec_3d(F_restored) # frequency response of CLS filter \
                               kernel
plot_freq_spec_3d(fp.fft2(x))
plot_freq_spec_3d(fp.fft2(y))
plot_freq_spec_3d(fp.fft2(clx))
plot_freq_spec_3d(fp.fft2(uwx))
```

部分输出图像如图 3-6 所示。

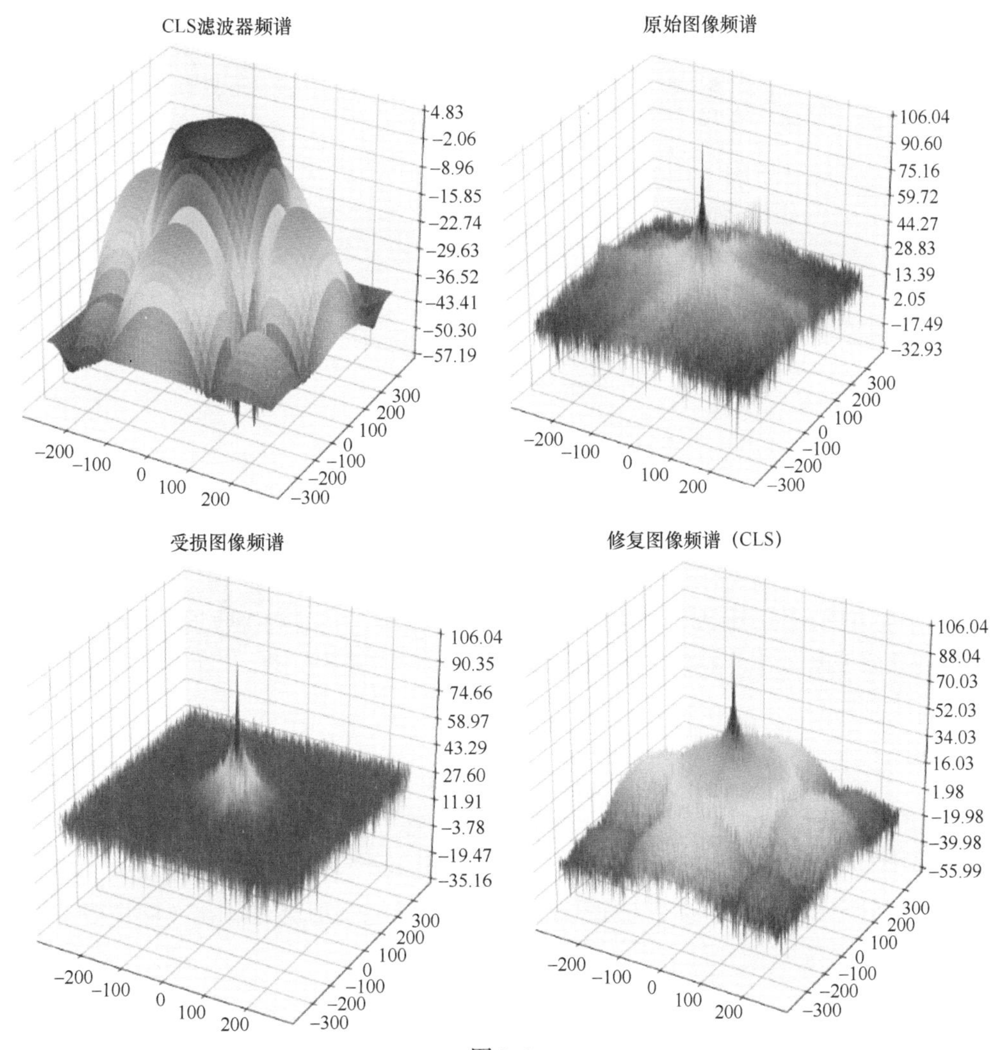

图 3-6

3.2.3　工作原理

图 3-7 显示了如何计算 CLS 滤波器，以及在频域中如何使用该滤波器修复退化图像。

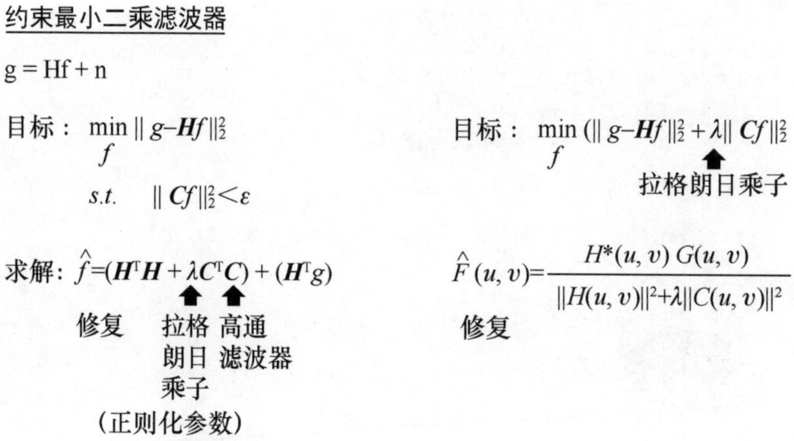

约束最小二乘滤波器

$g = Hf + n$

目标：$\min_{f} \| g - \boldsymbol{H}f \|_2^2$

$s.t.\quad \| Cf \|_2^2 < \varepsilon$

目标：$\min_{f} (\| g - \boldsymbol{H}f \|_2^2 + \lambda \| Cf \|_2^2)$

拉格朗日乘子

求解：$\hat{f} = (\boldsymbol{H}^{\mathrm{T}}\boldsymbol{H} + \lambda \boldsymbol{C}^{\mathrm{T}}\boldsymbol{C}) + (\boldsymbol{H}^{\mathrm{T}}g)$

修复　拉格朗日乘子（正则化参数）　高通滤波器

$\hat{F}(u, v) = \dfrac{H^*(u, v)\, G(u, v)}{\|H(u, v)\|^2 + \lambda \|C(u, v)\|^2}$

修复

图 3-7

可以看到，在 λ=0 的情况下，CLS 滤波器成为逆滤波器。参数 λ（约束器）控制平滑度——λ 值越高，修复图像越平滑。

对于 CLS 滤波器，二维拉普拉斯核 `[[0,1/4,0],[1/4, -1,1/4],[0,1/4,0]]` 被用作高通滤波器约束核（C）。使用 `skimage.measure` 模块中的 `compare_psnr()` 函数来比较恢复图像质量，即通过将修复（估计的）图像（使用不同的滤波器获得）与原始图像进行比较。

调用 `cls_filter()` 函数来实际地实现 CLS 滤波器。该函数接收退化图像、模糊卷积核，约束高通滤波器（拉普拉斯核）和正则化参数 λ 作为输入，然后返回修复图像以及 CLS 滤波器的频率响应。

3.2.4　更多实践

对 CLS 滤波器应用不同的正则化参数值，从低值（如 0）到高值（如 100），并观察修复图像的质量是如何变化的。对比维纳滤波器和 CLS 滤波器在修复带有运动模糊的退化图像（例如图 3-8 所示的封面图像）方面的表现。得到如图 3-8 所示的输出（同样使用 MSE 指标来测试图像质量）。

原始图像

退化图像（运动模糊+噪声）PSNR：16.592

修复图像（使用维纳滤波器）PSNR：19.045

修复图像（使用CLS，λ=7.5）PSNR：20.916

图 3-8

3.3 使用马尔可夫随机场来修复图像

在本实例中，我们将讨论如何使用**马尔可夫随机场**（MRF）对图像进行去噪。假设有一个带噪声的二值图像“X”，其中，像素值为 $X_{ij} \in \{-1, +1\}$，并且假设想要修复无噪声图像“Y”。如果假设噪声量较小，那么在 X 中的像素和在 Y 中的相应像素之间就会有一个很好的相关性，并且在 4 连通邻域中，X 中的像素也会有很好的相关性。可以建模成如图 3-9（带有想要最小化的总能量函数）所示的 MRF。

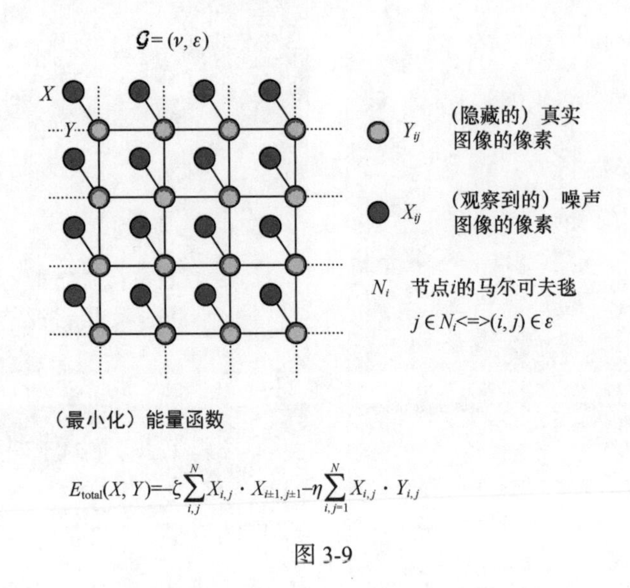

图 3-9

3.3.1 准备工作

本实例将使用 cameraman 数据集的灰度图像，并使用噪声来破坏图像。接下来，使用 MRF 通过最小化能量函数来对图像进行去噪处理。导入所需的 Python 库：

```
import numpy as np
from skimage.color import rgb2gray
import matplotlib.pylab as plt
```

3.3.2 执行步骤

使用 MRF 对图像进行去噪，具体步骤如下。

1. 实现 `read_image_and_binarize()` 函数，以读取图像和对图像进行二值化处理（作为预处理步骤）。注意，输出的二值图像将具有值的范围为 {-1,1} 的像素：

```
def read_image_and_binarize(image, threshold=128):
  im = (rgb2gray(plt.imread(image))).astype(int)
  im[im < threshold] = -1
  im[im >= threshold] = 1
  return im
```

2. 实现 compute_energy_helper() 函数，作为噪声输入图像“X”和要生成的输出图像“Y”的能量函数：

```
def compute_energy_helper(Y, i, j):
  try:
    return Y[i][j]
  except IndexError:
    return 0

def compute_energy(X, Y, i, j, zeta, eta, Y_i_j):
  energy = -eta * X[i][j] * Y_i_j
  for (k, l) in [(-1,0),(1,0),(0,-1),(0,1)]: # 4-connected nbd
      energy -= zeta * Y_i_j * compute_energy_helper(Y, i+k, j+l)
  return energy
```

3. 实现一个给图像添加噪声的函数，该函数通常会给图像添加 10% 的噪声：

```
def add_noise(im):
  im_noisy = im.copy()
  for i in range(im_noisy.shape[0]):
    for j in range(im_noisy.shape[1]):
      r = np.random.rand()
      if r < 0.1:
        im_noisy[i][j] = -im_noisy[i][j]
  return im_noisy
```

4. 实现 denoise_image() 函数，该函数实际上以迭代方式对图像进行去噪（迭代次数通常为图像大小的 10 倍）：

```
def denoise_image(O, X, zeta, eta):
  m, n = np.shape(X)
  Y = np.copy(X)
  max_iter = 10*m*n
  iters = []
  errors = []
  for iter in range(max_iter):
    # randomly pick a location
    i, j = np.random.randint(m), np.random.randint(n)
```

5. 计算 $Y_{ij}=+1$ 和 $Y_{ij}=-1$ 的能量：

```
energy_neg = compute_energy(X, Y, i, j, zeta, eta, -1)
energy_pos = compute_energy(X, Y, i, j, zeta, eta, 1)
```

6. 为 Y_{ij} 赋值最小能量值：

```
if energy_neg < energy_pos:
  Y[i][j] = -1
else:
  Y[i][j] = 1
```

7. 当迭代次数是 100000 的整数倍时，输出重建图像中的误差。绘制误差是如何随迭代而变化的，并返回所修复的输出图像：

```
    if iter % 100000 == 0:
        print ('Completed', iter, 'iterations out of', max_iter)
        error = get_mismatched_percentage(O, Y)
        iters.append(iter)
        errors.append(error)
plot_error(iters, errors)
return Y
```

8. 调用函数来读取输入图像并对其进行二值化；向图像添加 10% 的噪声，并且在初始化参数 ς 和 η 之后，调用前面所定义的函数，使用最小化能量函数的 MRF 进行去噪处理：

```
orig_image = read_image_and_binarize('images/cameraman.png')
zeta = 1.5
eta = 2

noisy_image = add_noise(orig_image)
denoised_image = denoise_image(orig_image, noisy_image, w_e, w_s)

print ('Percentage of mismatched pixels: ', \
        get_mismatched_percentage(orig_image, denoised_image))
plot_images(orig_image, noisy_image, denoised_image)
```

3.3.3 工作原理

compute_energy() 函数取特定像素的位置作为输入，并针对输出像素的不同值计算能量。能量的类型通常有以下两种。

- 如果特定位置的输入和输出像素值相匹配，则第一种类型能量保持为“低（负）”；否则，第一种类型能量升高。参数 η 被用来放大这种能量。
- 如果噪声输入图像中的像素值与其邻域值相匹配，则第二种类型能量保持为“低（负）”；否则，第二种类型升高。参数 ς 被用来放大这种能量。

在每次去噪迭代中，随机选择一个像素位置，然后在输出图像中的该位置上，选择一个像素值——该值会实现输入图像、输出图像的能量最小化。

图 3-10 显示了能量如何在去噪的同时随迭代的进程而减少。

最后，如果绘制原始图像、噪声输入图像以及去噪后的输出图像，将得到图 3-11 所示的输出。

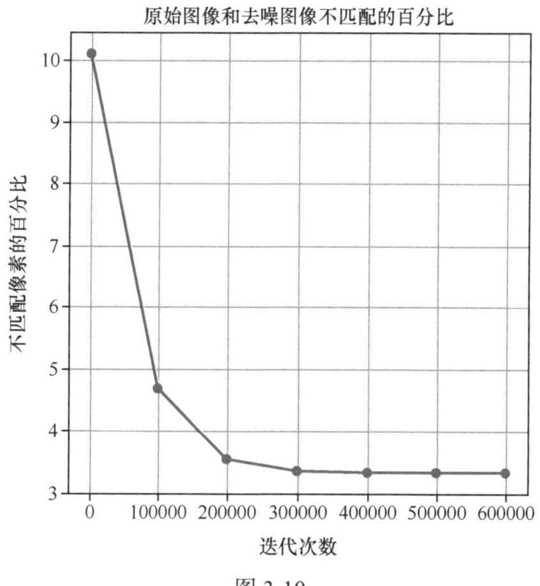

图 3-10

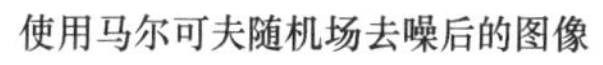

图 3-11

3.4 图像修补

修补（inpainting）是一个修复图像的损坏或丢失部分的过程。假设存在一个二值输入图像 D——该二值图像指定了输入图像 f 中损坏像素的位置，如以下等式所示：

$$D(x,y)=\begin{cases}0，如果图像f中的像素(x,y)损坏\\1，如果图像f中的像素(x,y)没有损坏\end{cases}$$

一旦图像中的损坏区域用掩膜图像进行定位，丢失 / 损坏的像素就必须用某种算法（例如，全变分修复算法）进行重建。重建过程是利用非损坏区域所呈现的信息进行全自动重建的。在本实例中，我们将介绍如何调用 OpenCV-Python 库函数，通过两种不同的算法来实现图像修补。

3.4.1 准备工作

让我们先导入以下 Python 库：

```
import cv2
import numpy as np
import matplotlib.pylab as plt
```

3.4.2 执行步骤

使用 OpenCV-Python 库中两种不同的算法来实现图像修补，具体步骤如下。

1. 读取 RGB 图像和灰度掩膜图像：

```
im = cv2.imread('images/cat.png')
mask = cv2.imread('images/cat_mask.png',0)
```

2. 调用 threshold() 函数对掩膜图像进行二值化处理：

```
_, mask = cv2.threshold(mask, 100, 255, cv2.THRESH_BINARY)
```

3. 调用 bitwise_and() 函数，从输入图像中除去掩膜图像以外的像素：

```
src = cv2.bitwise_and(im, im, mask=mask)
mask = cv2.bitwise_not(mask)
```

4. 使用 cv2.INPAINT_NS 算法获取由 cv2.inpaint() 函数所返回的已修补好的目标图像：

```
dst1 = cv2.inpaint(src, mask, 5, cv2.INPAINT_NS)
```

5. 使用 cv2.INPAINT_TELEA 算法获取由 cv2.inpaint() 函数所返回的已修补好的目标图像：

```
dst2 = cv2.inpaint(src, mask, 5, cv2.INPAINT_TELEA)
```

运行上述代码，将得到图 3-12 所示的输出图像。

3.4.3 工作原理

cv2.inpaint() 函数用于修补好的猫的图像的缺失部分。此函数所接收的参数如下：

- 原始图像；
- 指示要修复的像素的二值修复掩膜图像；

- 围绕待修复像素的邻域半径（对于较稀薄的修复区域，邻域半径越小，修复结果越清晰）；
- 修复算法作为标志位——cv2.INPAINT_NS（基于 Navier-Stokes 的算法）或 cv2.INPAINT_TELEA（基于快速行进的算法）。

图 3-12

基于 Navier-Stokes 的修复算法（标识位为 cv2.INPAINT_NS）带有以下两个约束条件：

- 保留渐变（边缘等特征）；
- 将颜色传播到平滑区域。

使用**偏微分方程**（**PDE**）更新具有上述约束的目标区域（待修复）内部的像素强度。拉普拉斯算子用于估计平滑度，并且颜色会沿着等强度（等照度线）的轮廓传播。

基于快速行进的修复算法（标志位为 cv2.INPAINT_TELEA）使用已知邻域像素和渐变的加权平均值来估计要修复的每个像素的像素颜色。将图像中的缺失区域作为水平集，采用快速行进法更新所修复的像素边界。

针对每一个需要修复的像素，cv2.INPAINT_TELEA 会使用一种基于快速行进的修复算法，通过该算法，对已知相邻像素和梯度使用加权平均值来估算像素颜色。图像的缺失区域被视为水平集，采用快速行进法来更新所修复的像素的边界。

3.4.4 更多实践

对上述两种算法所生成的输出图像的速度（运行时间）和质量做出比较。此外，读者也可以采用凸优化算法来进行图像修复（例如：采用前向后向分裂算法所解决的图像重建问题）。凸优化问题是数据保真项和正则化项之和，表示为解的光滑性先验，如图 3-13 所示。

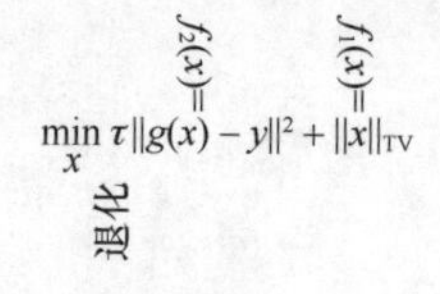

图 3-13

在上述等式中，"$\|x\|_{TV}$"表示总变化，"y"表示测量值，"g"表示掩膜运算子，"τ"表示两项之间的权衡（为正则化参数）。

采用凸优化的图像修复

将图像修复问题设置为凸优化问题，并使用 pyunlocbox 库的解算器进行求解，具休步骤如下。

1. 导入所需的库函数，加载猫的输入图像，并将其转换为灰度图像：

```
#!pip install pyunlocbox
from pyunlocbox import functions, solvers
im_original = rgb2gray(imread('images/cat.png'))
```

2. 生成可屏蔽 80% 像素的随机掩膜矩阵，将其应用于图像，获得受损图像：

```
np.random.seed(1) # Reproducible results.
mask = np.random.uniform(size=im_original.shape)
mask = mask > 0.8
g = lambda x: mask * x
im_corrupted = g(im_original)
```

3. 通过 $f_{1(x)}=\|x\|_{TV}$ 定义最小化的先验目标。使用 toolbox 模块的 functions.norm_tv 对象来表示：

```
f1 = functions.norm_tv(maxit=50, dim=2)
```

4. 通过 $f(x)=\tau\|g(x)-y\|^2$ 定义最小化的保真度目标。使用 toolbox 模块的 functions.norm_l2 对象来表示：

```
f2 = functions.norm_l2(y=im_corrupted, A=g, lambda_=tau) #tau = 100
```

5. 由于信任测量值并希望解接近这些测量值，因此将参数 τ 设置为较大的值。对于噪声测量值，应考虑设置一个较低值：

```
tau = 100
```

6. 实例化前向后向分裂算法，并调用 solvers.solve() 方法来解决优化问题：

```
solver = solvers.forward_backward(step=0.5/tau)
x0 = np.array(im_corrupted) # Make a copy to preserve im_corrupted.
ret = solvers.solve([f1, f2], x0, solver, maxit=100)
im_restored = ret['sol']
```

运行上述代码并绘制原始图像、噪声图像和使用解算器（solver）获得的修复图像，则将获得图 3-14 所示的效果。

图 3-14

我们也可以使用 cvxpy 库进行基于 TV 最优化的图像修复——请读者自己尝试一下。

读者还可以采用另一种方法，即使用 scikit-image 修复模块的 inpaint_biharmonic() 函数来修复图像。

3.5 基于深度学习的图像修复

在本实例中，我们将介绍如何使用一个**全卷积深度学习网络**（FCN，被称为“Completion Network”模型）。该模型最早见于一篇论文 *Globally and Locally Consistent Image Completion*——SIGGRAPH 2017，用于修复一个（先前看不见的）图像的缺失部分。我们将特别使用预训练的神经网络模型来预测图像中缺失的部分。该模型将接收一个输入图像和一个掩膜图像（对应图像中缺失的部分），并尝试从剩余的（不完整）图像所提供的信息中预测缺失的部分。

3.5.1 准备工作

请下载 *pre-trained torch model for Globally and Locally Consistent Image Completion*。

接下来，导入所需的 Python 库：

```
import os
import torch
from torch import nn
from torch.nn.Sequential import Sequential
import cv2
import numpy as np
from torch.utils.serialization import load_lua
import torchvision.utils as vutils
```

3.5.2 执行步骤

执行以下步骤，补全图像中缺失部分。

1. 定义 `tensor2image()` 和 `image2tensor()` 函数，将 PyTorch 张量转换为 OpenCV-Python 图像并返回图像：

```
def tensor2image(src):
 out = src.copy() * 255
 out = out.transpose((1, 2, 0)).astype(np.uint8)
 out = cv2.cvtColor(out, cv2.COLOR_RGB2BGR)
 return out
def image2tensor(src):
 out = src.copy()
 out = cv2.cvtColor(out, cv2.COLOR_BGR2RGB)
 out = out.transpose((2,0,1)).astype(np.float64) / 255
 return out
```

2. 定义输入图像和掩膜图像的文件路径以及模型路径，检查 GPU 是否可用：

```
image_path = 'images/zebra.png'
mask_path = 'images/inpaint_mask.png'
model_path = 'models/completionnet_places2.t7'
gpu = torch.cuda.is_available()
```

3. 加载预训练的修复网络模型（在评估模式下）：

```
data = load_lua(model_path, long_size=8)
model = data.model
model.evaluate()
```

4. 读取用于修复的输入图像和掩膜图像，通过阈值化从掩膜图像创建二值掩膜图像：

```
image = cv2.imread(image_path)
mask = cv2.imread(mask_path)
```

```
mask = cv2.cvtColor(mask, cv2.COLOR_BGR2GRAY) / 255
mask[mask <= 0.5] = 0.0
mask[mask > 0.5] = 1.0
```

5. 将输入图像和二值掩膜图像转换为 PyTorch 张量：

```
I = torch.from_numpy(image2tensor(image)).float()
M = torch.from_numpy(mask).float()
M = M.view(1, M.size(0), M.size(1))
assert I.size(1) == M.size(1) and I.size(2) == M.size(2)
```

6. 通过从图像中减去平均值，使图像居中：

```
for i in range(3):
 I[i, :, :] = I[i, :, :] - data.mean[i]
```

7. 按照神经网络模型所期望的方式（例如创建一个 3 通道输入张量）设置输入张量。然后，对预训练的神经网络模型进行正向传播，以获取输出结果（作为预测值）。使用 GPU（如果有）来更快地做出预测：

```
M3 = torch.cat((M, M, M), 0)
im = I * (M3*(-1)+1)
input = torch.cat((im, M), 0)
input = input.view(1, input.size(0), input.size(1), \
                   input.size(2)).float()
if gpu:
 model.cuda()
 input = input.cuda()
res = model.forward(input)[0].cpu() # predict
```

8. 从输出结果中提取输出图像：

```
for i in range(3):
 I[i, :, :] = I[i, :, :] + data.mean[i]
out = res.float()*M3.float() + I.float()*(M3*(-1)+1).float()
```

9. 获取要进行绘制的带有掩膜标识的输入图像：

```
image[mask == 1] = 255
```

10. 使用掩膜图像绘制不完整的输入图像，使用全卷积深度学习网络修复完整输出图像：

```
plt.figure(figsize=(20,30))
plt.subplot(211), plt.imshow(cv2.cvtColor(image, \
            cv2.COLOR_BGR2RGB)), plt.axis('off'), \
            plt.title('Incomplete Image', size=20)
plt.subplot(212), plt.imshow(cv2.cvtColor \
            (tensor2cvimg(out.numpy()), cv2.COLOR_BGR2RGB)), \
```

```
            plt.axis('off'), plt.title('Completed Image \
            (with CompletionNet)', size=20)
    plt.show()
```

运行上述代码，输入不完整的图像，得到完整的输出图像，如图 3-15 所示。

图 3-15

3.5.3 更多实践

请读者用自己的照片训练一个完成网络，也可以使用预先训练的完成网络来给图像的脸部上色。我们的实验结果如图 3-16 所示。

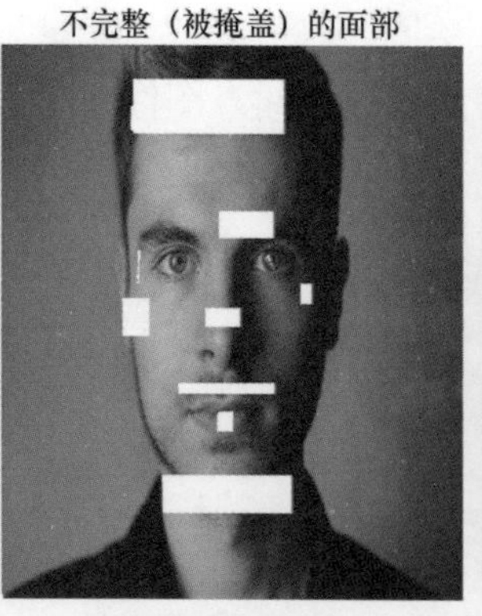

图 3-16

3.6 基于字典学习的图像修复

字典学习（又称为“稀疏编码”）是一种表征学习技术。该技术旨在寻找输入数据的稀疏表示形式，以作为构成一个超完备扩展集（称为“字典”）的基本元素（称为“原子”）的（稀疏）线性组合。哺乳动物的初级视觉皮层也通过利用这种表征的冗余性和灵活性来发挥作用。在图像处理领域，字典学习已应用于图像补丁（image patch）的处理，并且在不同的图像处理问题中显示出广泛的应用前景，例如图像修复、图像填补和图像去噪。在本实例中，我们将介绍如何使用字典学习来进行图像去噪。

3.6.1 准备工作

在本实例中，我们将使用 Lena 灰度图像，利用字典学习来进行图像重建。首先，导入所需的库和相关模块：

```
from skimage.io import imread
from skimage.color import rgb2gray
from sklearn.decomposition import MiniBatchDictionaryLearning
from sklearn.feature_extraction.image import extract_patches_2d
from sklearn.feature_extraction.image import reconstruct_from_patches_2d
import numpy as np
import matplotlib.pylab as plt
from time import time
```

3.6.2 执行步骤

使用 scikit-learn 库函数，我们可以利用字典学习来执行图像修复，具体步骤如下。

1. 读取 Lena 灰度图像，使用随机高斯噪声“退化”该图像的下半部分，与此同时，保持图像的上半部分不变：

```
lena = rgb2gray(imread('images/lena.png'))
height, width = lena.shape
print('Distorting the lower half of the image...')
distorted = lena.copy()
distorted[height // 2:, :] += 0.085 * \
          np.random.randn(height // 2, width)
```

2. 从 Lena 灰度图像的上半部分提取所有的 7×7 大小的参考补丁。计算所提取的参考补丁的平均值和标准偏差，并对其进行归一化：

```
print('Extracting reference patches...')
patch_size = (7, 7)
data = extract_patches_2d(distorted[height // 2:, :], patch_size)
data = data.reshape(data.shape[0], -1)
```

```
data -= np.mean(data, axis=0)
data /= np.std(data, axis=0)
```

3. 学习所提取的 7 × 7 大小的参考补丁的字典（包含 256 个组成部分）：

```
print('Learning the dictionary...')
dico = MiniBatchDictionaryLearning(n_components=256, alpha=1, \
                                   n_iter=600)
V = dico.fit(data).components_
```

绘制从 7 × 7 大小的参考补丁中所学习到的字典的组成部分，将获得图 3-17 所示的图像。

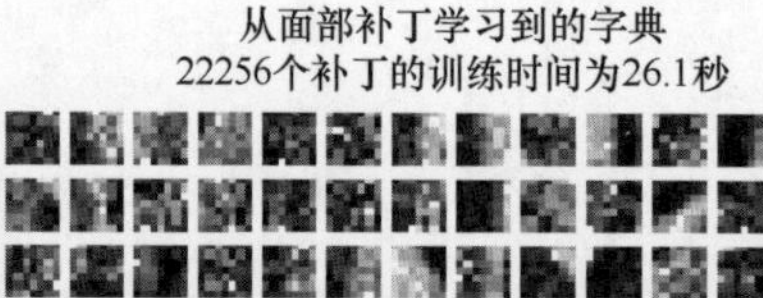

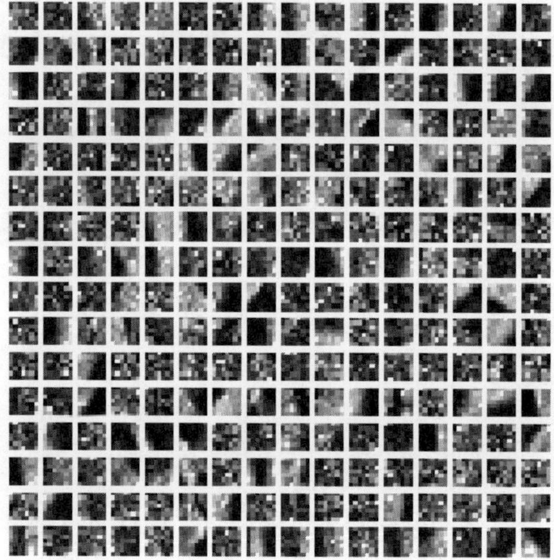

图 3-17

4. 定义 show_with_diff() 函数，调用该函数以显示畸变图像：

```
def show_with_diff(image, reference, title):
 plt.figure(figsize=(10, 5))
 plt.subplot(121), plt.title('Image')
 plt.imshow(image, vmin=0, vmax=1, cmap=plt.cm.gray, \
           interpolation='nearest'), plt.axis('off')
 plt.subplot(122)
 difference = image - reference
 plt.title('Difference (norm: %.2f)' % \
           np.sqrt(np.sum(difference ** 2)))
 plt.imshow(difference, vmin=-0.5, vmax=0.5, cmap=plt.cm.gray_r, \
           interpolation='nearest')
```

```
    plt.axis('off'), plt.suptitle(title, size=20)
    plt.subplots_adjust(0.02, 0.02, 0.98, 0.79, 0.02, 0.2)
    plt.show()

show_with_diff(distorted, lena, 'Distorted image')
```

运行上述代码，则将得到图 3-18 所示的输出图像。

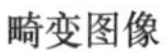

图 3-18

5. 从带噪声的Lena灰度图像下半部分中提取补丁，并对所提取的噪声补丁进行归一化：

```
print('Extracting noisy patches... ')
data = extract_patches_2d(distorted[height // 2:, :], patch_size)
data = data.reshape(data.shape[0], -1)
intercept = np.mean(data, axis=0)
data -= intercept
```

6. 使用字典组成部分（原子）重建图像的（有噪声的）下半部分：

```
print('Orthogonal Matching Pursuit\n2 atoms' + '...')
kwargs = {'transform_n_nonzero_coefs': 2}
reconstruction = lena.copy()
dico.set_params(transform_algorithm='omp', **kwargs)
code = dico.transform(data)
patches = np.dot(code, V)
patches += intercept
patches = patches.reshape(len(data), *patch_size)
reconstruction[height // 2:, :] =
    reconstruct_from_patches_2d(patches, (height // 2, width))
show_with_diff(reconstruction, lena, 'Orthogonal Matching \
               Pursuit 2 atoms')
```

运行上述代码，将得到图 3-19 所示的输出图像（重建的 Lena 灰度图像）。

正交匹配追踪算法
2个原子（耗时：5.3秒）

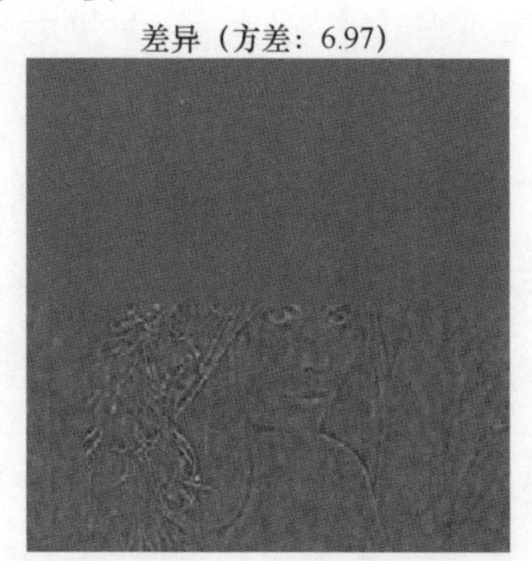

图 3-19

可以看到，差异范数已大大减小，这表明重建图像更近似于原始图像。

3.6.3 更多实践

读者也可以通过在线方式从图像补丁中学习字典，例如，不必一次性向 MiniBatch DictionaryLearning 对象提供所有的 22256 个图像补丁（来自 Lena 灰度图像的上半部分），而是每一次提供 128 个图像补丁（将其作为一个批次），以在线方式学习字典，并重建 Lena 灰度图像带噪声的下半部分，如下文所述。

在线字典学习

在线字典学习和重建图像的执行步骤如下。

1．定义常量：

```
batch_size = 128
 n_epochs = 2
 n_batches = len(data) // batch_size
```

2．实例化 MiniBatchDictionaryLearning 对象，这一次使用构造函数的附加参数"batch_size"：

```
dico = MiniBatchDictionaryLearning(n_components=256, alpha=1, \
                n_iter=1, batch_size=batch_size)
# Now extract noisy patches as before
```

3．迭代提取当前批次的图像补丁，并调用 partial_fit() 函数来匹配（fit）/ 更新（update）来自当前批次的字典：

```
for epoch in range(n_epochs):
 for i in range(n_batches):
```

```
    batch = data[i * batch_size: (i + 1) * batch_size]
    dico.partial_fit(batch)
    V = dico.components_
    n_updates += 1
    # Now reconstruct lower noisy half of the image using the current
dictionary
```

运行几组批次并绘制字典原子、重建图像并重建误差，将得到图 3-20 所示的输出。

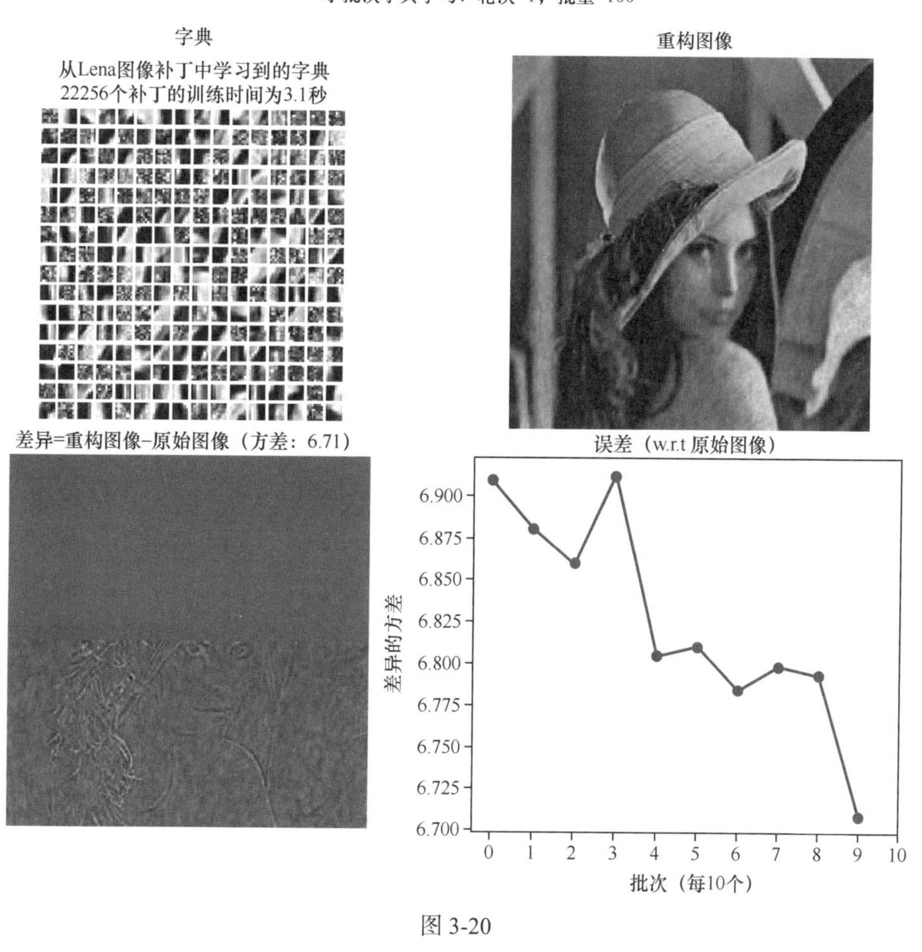

图 3-20

3.7 使用小波进行图像压缩

在本实例中，我们将介绍如何使用小波来变换图像，以及如何丢弃压缩变换输出中的低阶位（像素），以便使得变换输出中的大多数值都为零（或非常小），但大部分图像信号（像素）均被保留。使用 mahotas 库函数来进行演示。

3.7.1　准备工作

本实例使用 cameraman 数据集的灰度图像作为输入。首先导入所需的库和相关模块：

```
import numpy as np
import mahotas
from mahotas.thresholding import soft_threshold
from matplotlib import pyplot as plt
import os
```

3.7.2　执行步骤

让我们使用小波执行图像压缩，具体步骤如下。

1. 读取输入图像并将其转换为灰度图像：

```
im = mahotas.imread('images/cameraman.png', as_grey=True)
im = im.astype(np.uint8)
print(im.shape)
# (256,256)
f = np.mean(im==0)
print("Fraction of zeros in original image: {}".format(f))
# Fraction of zeros in original image: 0.0021514892578125
```

2. 尝试使用简单的下采样（通过每隔一个像素保存一个像素）以及仅仅保存高阶位（像素）的基线压缩方法：

```
im1 = im[::2,::2].copy()
im1 = im1 / 8
im1 = im1.astype(np.uint8)
f1 = np.mean(im1==0)
print("Fraction of zeros in original image (after division \
        by 8): {}".format(f1))
# Fraction of zeros in original image (after division by 8):
0.01788330078125
```

3. 即使在前一步骤中丢弃了图像中 75% 部分图像的数值，但剩余图像信息中仍然存在几个零值。现在使用多贝西小波（Daubechies wavelet, 表示为 D8）来变换图像，然后丢弃低阶位（像素）。检查同使用 75% 部分图像数值相比，是否会获得更好的图像：

```
imw = mahotas.daubechies(mahotas.wavelet_center(im),'D8')
imw /= 8 # discard lower order bits
```

```
imw = imw.astype(np.int8)
f2 = np.mean(imw==0)
print("Fraction of zeros in wavelet transform (after division \
        by 8): {}".format(f2))
# Fraction of zeros in wavelet transform (after division by 8):
0.8892402648925781
im2 = mahotas.wavelet_decenter(mahotas.idaubechies(imw, 'D8'), \
        im.shape)
# min-max normalization to have pixel values in between 0-255
im2 = (255 * (im2 - np.min(im2)) / (np.max(im2) - \
        np.min(im2))).astype(np.uint8)
```

4. 应用软阈值来进一步增加变换图像中零值的百分比：

```
imw = soft_threshold(imw, 12)
f3 = np.mean(imw==0)
print("Fraction of zeros in wavelet transform (after division \
        by 8 & soft thresholding): {}".format(f3))
# Fraction of zeros in wavelet transform (after division by 8 \
        & soft thresholding): #0.9454727172851562
im3 = mahotas.wavelet_decenter(mahotas.idaubechies(imw, 'D8'), \
        im.shape)
im3 = (255 * (im3 - np.min(im3)) / (np.max(im3) - \
        np.min(im3))).astype(np.uint8)
```

经过上述步骤处理的图像，可以实现更高的压缩率，从而实现在通信信道上以更快的传输速度和更少的带宽消耗进行传输。在完成传输之后，压缩图像仅仅通过保留每 4 个像素中的第 4 个以及低价位（像素），便能够重建一个比使用基线压缩重建的图像更高质量的图像。

3.7.3 工作原理

执行上述代码并绘制图像，则将获得图 3-21 所示的输出。

`im[::2,::2]` 代码从图像 `im` 中每间隔一个像素选择一个像素，而 NumPy 模块中的 `copy()` 函数则创建 `ndarray` 的副本。`mahotas` 库中的 `wavelet_center()` 用来创建图像的居中版本，而 `wavelet_decenter()` 函数则用来撤销 `wavelet_center()` 函数对变换图像的影响（如果存在）。这些函数可以正确处理图像边界，并消除因其他方面在图像边界上所造成的瑕疵。`mahotas.daubechies()` 函数和 `mahotas.idaubechies()` 函数分别执行多贝西小波变换和多贝西逆小波变换，并且均接收小波编码（`D8`）作为参数，以获得多贝西小波变换图像以及多贝西小波逆变换图像。

使用多贝西小波（D8）后的图像
传输中的零值百分比=88.924%

使用多贝西小波（D8）+软阈值处理后的图像
传输中的零值百分比=94.547%

图 3-21

3.8 使用隐写术和隐写分析技术

隐写术的目的是在输入图像（称为“**cover 图像**”）中以觉察不到的方式隐藏一个信息［称为“**隐藏文本**”（**stego text**）］，产生一个隐写输出图像（没有可见的失真）。隐写术通过模糊性提供安全性，常用于在发送方和接收方之间秘密地传递消息。隐写术会隐藏消息，因此很难被观察到。相比之下，密码术会对消息进行加密，导致（在计算上）消息很难被解密或者被理解。隐写分析则是指检测使用隐写术所隐藏的秘密消息的过程。对应地，密码分析与密码术之间有着与之相似的关系。

本实例将演示一种非常流行的隐写术——RGB 颜色中的 **LSB 数据隐藏**（LSB data hiding）技术（秘密信息可以通过将图像最低有价位中的信息进行分类来隐藏，这样图像像素值的变化最多为 1，因此通过人眼来看，隐藏文本与载体图像保持一致），以及用于检测秘密消息的隐写分析技术。

3.8.1 准备工作

使用 Lena 的 RGB 彩色图像来演示基于 stegano 库的隐写术 / 隐写分析技术。首先，使用以下代码导入所需的包、模块以及函数：

```
#!pip install Stegano
import stegano
from PIL import Image, ImageChops
from stegano import lsb, lsbset
from stegano.steganalysis import statistics, parity
import matplotlib.pylab as plt
import pandas as pd
from stegano import lsbset
from stegano.lsbset import generators
from stegano import exifHeader
```

3.8.2 执行步骤

让我们使用 LSB 数据隐藏技术在 Lena 图像中隐藏秘密消息，并使用（非盲）隐写分析来检测秘密消息，具体步骤如下。

1. 读取 cover 图像，然后在 cover 图像内隐藏一条长消息（通过将一条消息进行 10 次连接）。保存包含隐藏文本的图像：

```
cover = Image.open('images/lena.png')
stego = lsb.hide("images/lena.png", 10*"Python Image Processing \
                    Cookbook - LSB data hiding with Stegano")
stego.save("images/lena-secret.png")
```

2. 输出隐藏在隐藏文本的图像中的消息：

```
print(lsb.reveal("images/lena-secret.png"))
```

3. 进行奇偶校验隐写分析，提取奇偶校验编码的 cover 图像以及 stego 图像（隐藏图像）。然后调用统计隐写分析 statistics.steganalyse() 函数来检索普通 cover 图像和 stego 图像，具体使用以下代码：

```
parity_encoded_cover = parity.steganalyse(cover)
parity_encoded_stego = parity.steganalyse(stego)
_, cover_common = statistics.steganalyse(cover)
_, stego_common = statistics.steganalyse(stego)
```

如果绘制所有图像——包括 stego 图像和 cover 图像，以及奇偶校验编码的 stego 图像和 cover 图像之间的差异，将得到图 3-22 所示的效果。

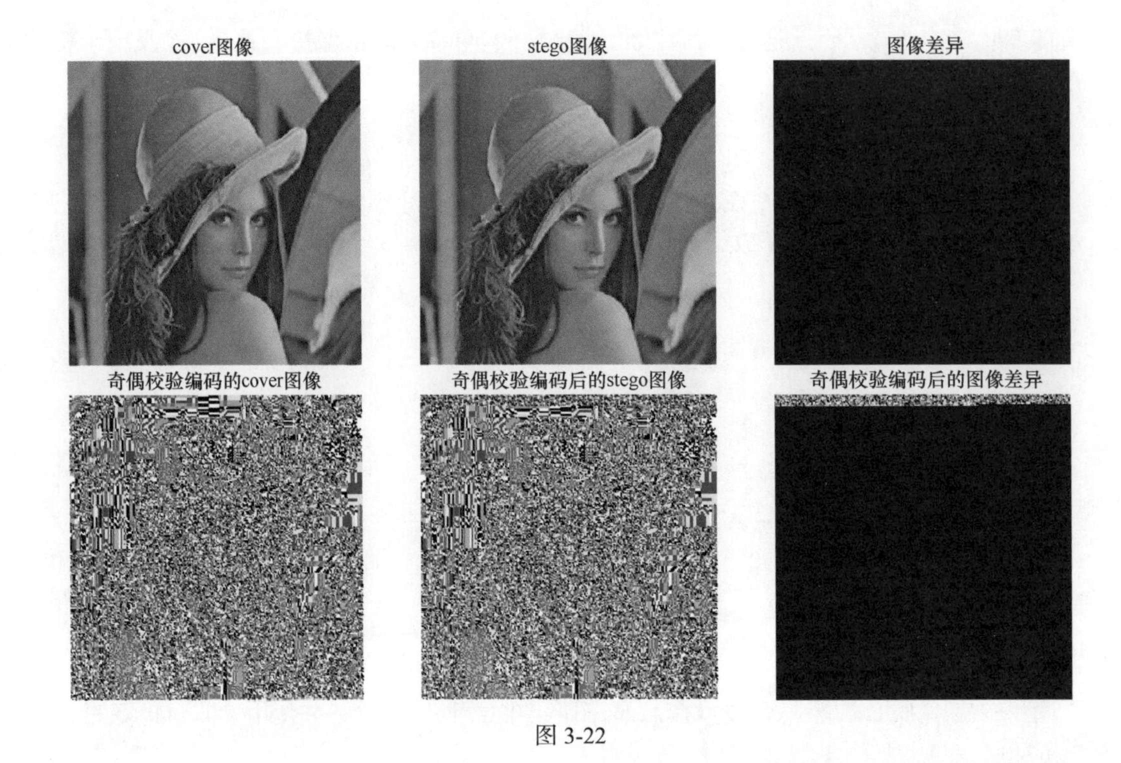

图 3-22

可以看到，通过查看图像中的差异（stego 图像和 cover 图像之间），无法检测到秘密消息的存在。与之相反的是，奇偶校验编码的 cover 图像同奇偶校验编码的 stego 图像是不一样的，它们的不同之处表明 stego 图像中嵌入了一些秘密信息。

4. 定义 `plot_freq()` 函数，以绘制 cover 图像和 stego 图像之间不同的常见像素频率的直方图（先前通过统计隐写分析获得）:

```
plot_freq(cover_common, stego_common)
```

执行上述代码，将获得图 3-23 所示的输出。可以看到，cover 图像和 stego 图像显然是不同的。

5. 使用基于生成器［埃拉托色尼筛选法（sieve of Eratosthenes）的集合］的 LSB 数据隐藏技术来隐藏秘密消息：

```
cover = Image.open("images/lena.png").convert('RGB')
 secret_message = "Python Image Processing Cookbook - LSB data \
                  hiding with Stegano lsbset!"
n = 1000
stego = lsbset.hide("images/lena.png",
secret_message,
generators.eratosthenes(),
```

```
shift = n).convert('RGB')
stego.save("images/stego.png")
```

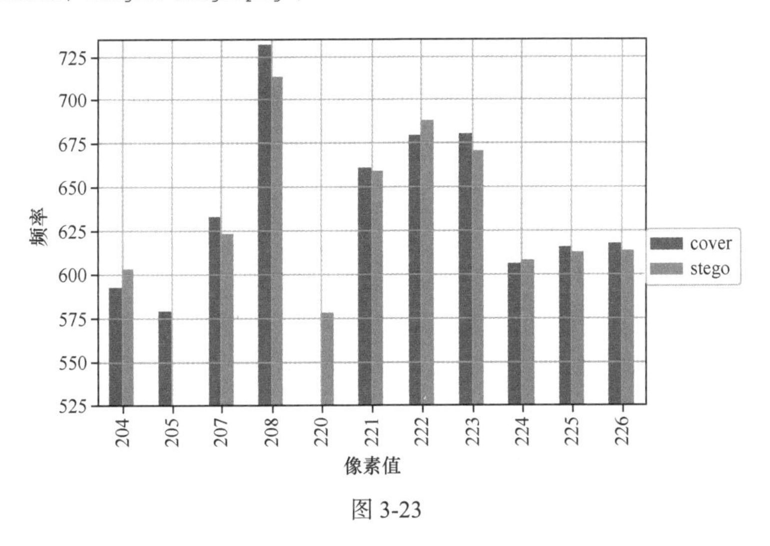

图 3-23

如果对比绘制“奇偶校验编码的 cover 图像和奇偶校验编码的 stego 图像之间的差异”和“cover 图像和 stego 图像之间的差异”，则将得到图 3-24 所示的效果。

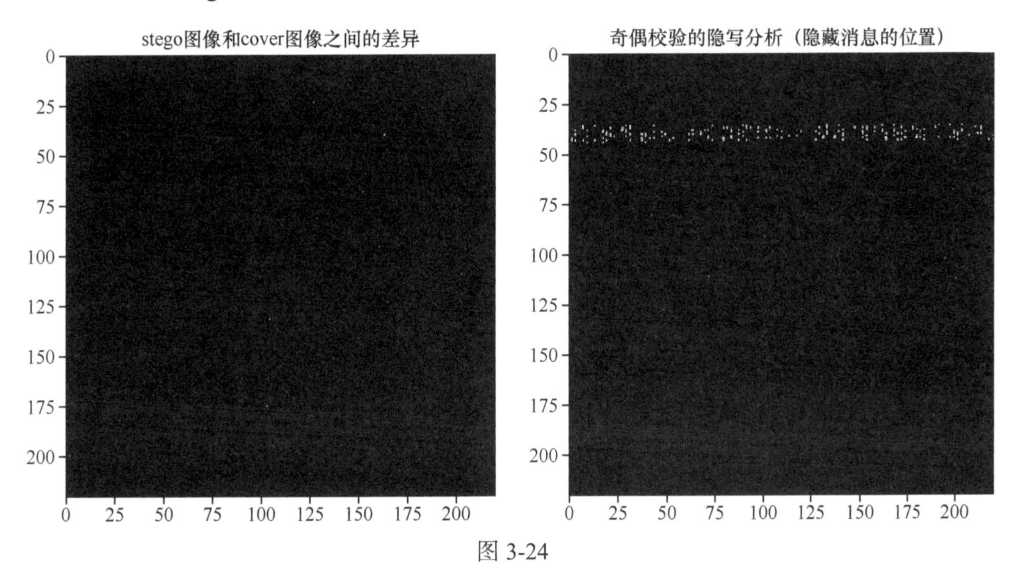

图 3-24

6. 尝试使用相同的生成器（将检索成功）以及不同的生成器（将检索失败）来检索隐藏的秘密消息：

```
try:
```

```
message = lsbset.reveal("images/stego.png",
                        generators.fibonacci())
except:
print('Could not decode with the generator provided!')
# Could not decode with the generator provided!

message = lsbset.reveal("images/stego.png", \
                        generators.eratosthenes())
message
# 'Python Image Processing Cookbook - LSB data hiding with Stegano
lsbset!'
```

7. 对于 JPEG 和 TIFF 类型的图像，可以使用以下代码在 exifHeader 对象中隐藏秘密消息（以及获取秘密消息）:

```
secret = exifHeader.hide("images/butterfly.jpg", \
                        "images/stego.png",
secret_message=5*"Python
 Image Processing Cookbook - LSB data hiding with Stegano")
 print(exifHeader.reveal("images/stego.png"))
```

3.8.3 工作原理

调用 PIL Image 对象的 open() 函数和 save() 函数来进行图像加载和保存。将 lsb.hide() 函数用于 LSB 数据隐藏技术，该函数接收 cover 图像和隐藏文本作为输入参数，并返回 stego 图像。调用 lsb.reveal() 函数来从 stego 图像中获取隐藏文本。调用 parity.steganalyse() 函数从 stego 图像和 cover 图像中获得奇偶校验编码的图像。

调用 PIL 库的 ImageChop 模块中的 difference() 函数来计算两个输入图像（例如 stego 图像和 cover 图像）之间的差异。statistics.steganalyse() 函数会返回 cover 图像和 stego 图像之间不同像素频率的直方图。

3.8.4 更多实践

隐写术有许多不同的类型。读者可以找一个基于数字体系的隐写术并自行实现。

第 4 章 二值图像处理

形态学图像处理是指对一套与图像特征形状（形态学）相关的非线性运算的应用。由于二值图像不依赖于像素的精确数值（其中二值图像中的像素表示为 0 或 1。根据惯例：对象的前景像素 = 1 或白色，背景像素 = 0 或黑色），而是仅仅取决于像素值的相对顺序，因此，这些运算特别适合于二值图像的处理，然而这些运算也可扩展应用到灰度图像。

因此，在本章中，我们将讨论具有形态学运算的二值图像处理。不过，基于完整性考虑，本章也将讨论一些灰度形态学运算。在形态学运算中，会应用结构元素（小模板图像）来探测输入图像。将**结构元素**（**SE**）放置在输入图像中所有可能的位置，然后算法会使用集合运算符将其与相应像素的邻域进行比较。形态学运算会测试结构元素是否在相应邻域内，要么击中相应邻域，要么与相应邻域相交。

在本章中，我们将介绍以下实例：

- 对二值图像应用形态学运算；
- 应用形态学滤波器；
- 形态模式匹配；
- 基于形态学的图像分割；
- 对象计数。

4.1 对二值图像应用形态学运算

腐蚀和膨胀是两种基本的形态学算子。一方面，腐蚀是从前景（白色）对象的边界移除像素层，从而达到缩小二值图像前景的目的。通过腐蚀，将二值图像中的小细节去掉，并减少被关注区域的大小。另一方面，膨胀会将像素层添加到前景对象的边界，从而达到扩展前景的目的。通过膨胀，单个前景对象中所包含的孔洞以及前景对象（和边界）之间的间隙将会减小。

许多形态学运算都可以通过腐蚀、膨胀和基本集（例如补集）运算的组合来获得。形态学的开运算、闭运算和击中击不中（hit-or-miss）变换是最常用的运算。开运算是一种幂等运算（通过先腐蚀后膨胀来实现），该运算可在保持尚存对象大小不变的情况下，断开由一薄层像素实现的与前景对象的连接。类似地，闭运算（开运算的对偶运算，通过先膨胀后腐蚀来实现）是另一种幂等运算，该运算可在保持区域大小不变的情况下，填充前景区域中的孔洞。图 4-1 显示了如何使用集合论中的运算符来定义基本形态学运算，以及一些复合形态学运算：

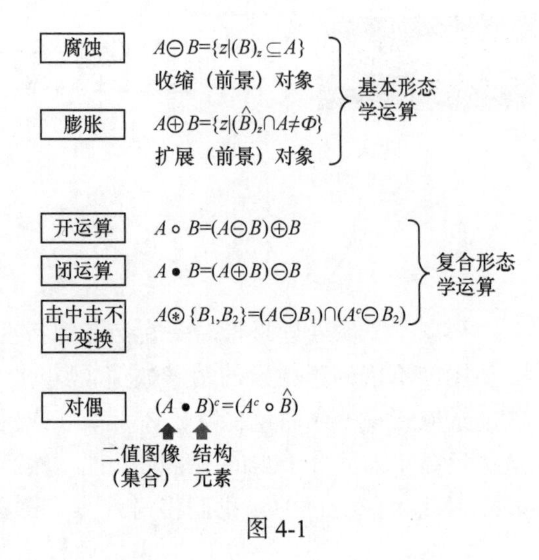

图 4-1

在本实例中，我们将学习如何将一些形态学运算应用于二值图像。

4.1.1 准备工作

在本实例中，我们将使用一幅“长颈鹿”二值图像来演示如何将一些形态学运算应用于二值图像。首先，导入所需的 Python 库：

```
%matplotlib inline
from skimage.io import imread
from skimage.color import rgb2gray
from skimage.filters import threshold_otsu
from scipy.ndimage.morphology import binary_erosion, binary_dilation,
binary_fill_holes
from scipy.ndimage.morphology import morphological_gradient,
distance_transform_edt
from skimage import morphology as morph
import numpy as np
import matplotlib.pylab as plt
```

4.1.2 执行步骤

我们使用 `scipy.ndimage.morphology` 模块中的函数将一些形态学运算应用于二值图像，具体步骤如下。

1. 读取作为输入的长颈鹿图像，并使用阈值化将其转换为二值图像。使用最大类间方差（Otsu）算法获得最佳阈值，然后将阈值以上的像素更改为白色和黑色：

```
im = rgb2gray(imread('images/giraffe.jpg'))
thres = threshold_otsu(im)
im = (im > thres).astype(np.uint8)
```

2. 使用 2×2 正方形（结构元素 / 核）腐蚀图像，并反转图像：

```
eroded = binary_erosion(im, structure=np.ones((2,2)),
iterations=20)[20:,20:]
eroded = 1 - eroded
```

3. 用一个 11 × 11 的正方形膨胀被腐蚀图像，并通过计算被膨胀图像和被腐蚀图像之间的差值来计算图像的边界。接下来，对反转边界图像使用（欧几里得）距离变换：

```
dilated = binary_dilation(eroded, structure=np.ones((11,11)))
boundary = np.clip(dilated.astype(np.int) - eroded.astype(np.int),
0, 1)
dt = distance_transform_edt(np.logical_not(boundary))
```

4. 调用二值图像的 `morphological_gradient` 形态学梯度函数。反转输出，以获取边缘：

```
edges = 1 - morphological_gradient(im, size=3)
```

如果绘制前述图像，将得到图 4-2 所示的输出。

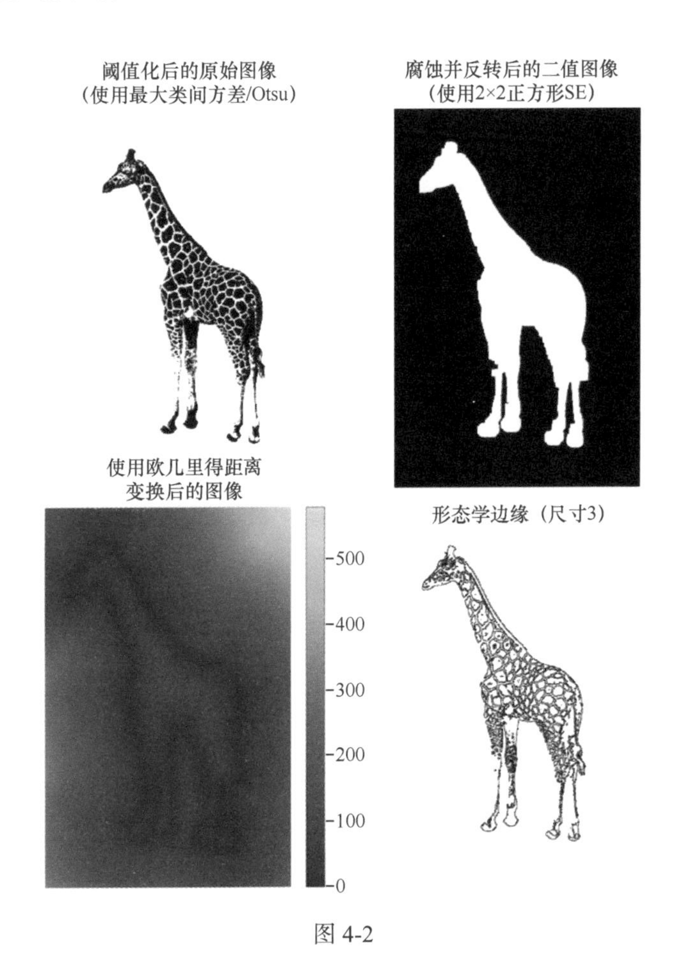

图 4-2

我们再将更多形态学运算应用于二值图像，不过这次用的是scikit-image.morphology模块中的函数，具体步骤如下。

1. 读取作为输入的“圆圈”图像，使用阈值化（这次选择阈值“0”）将其转换为二值图像：

```
im = rgb2gray(imread('images/circles.png'))
im = (im > 0).astype(np.uint8)
```

2. 使用不同大小的盘状结构元素来腐蚀二值图像。然后，以connectivity=1标记被腐蚀图像的连接组件：

```
disk2 = morph.disk(radius=2)
disk8 = morph.disk(radius=8)
eroded2 = morph.binary_erosion(im, selem=disk2)
eroded8 = morph.binary_erosion(im, selem=disk8)
labeled = morph.label(eroded8, connectivity=1)
```

3. 膨胀图像并计算图像的边缘，这一次通过计算膨胀图像和腐蚀图像之间的差值来计算形态梯度morphological_gradient：

```
dilated2 = morph.binary_dilation(im, selem=disk2)
edges = dilated2.astype(np.int) - eroded2.astype(np.int)
```

4. 骨架化二值图像：

```
skeleton = morph.skeletonize(im)
```

5. 绘制所有获得的图像：

```
plt.figure(figsize=(15,15))
plt.subplot(221), plt.imshow(im), plt.axis('off'),
plt.title('original binary image', size=15)
plt.subplot(222), plt.imshow(labeled, cmap='spectral'),
plt.axis('off')
plt.title('eroded with connected components (radius 8)', size=15)
plt.subplot(223), plt.imshow(edges), plt.axis('off'),
plt.title('edges (radius 2)', size=15)
plt.subplot(224), plt.imshow(skeleton), plt.axis('off')
plt.title('skeleton binary image', size=15)
plt.show()
```

运行上述代码，则将得到图4-3所示的输出。

4.1.3 工作原理

首先调用scikit-image.filters模块中的threshold_otsu()函数来找到用于创建二值图像的最佳阈值（通过对灰度图像进行阈值化处理）。

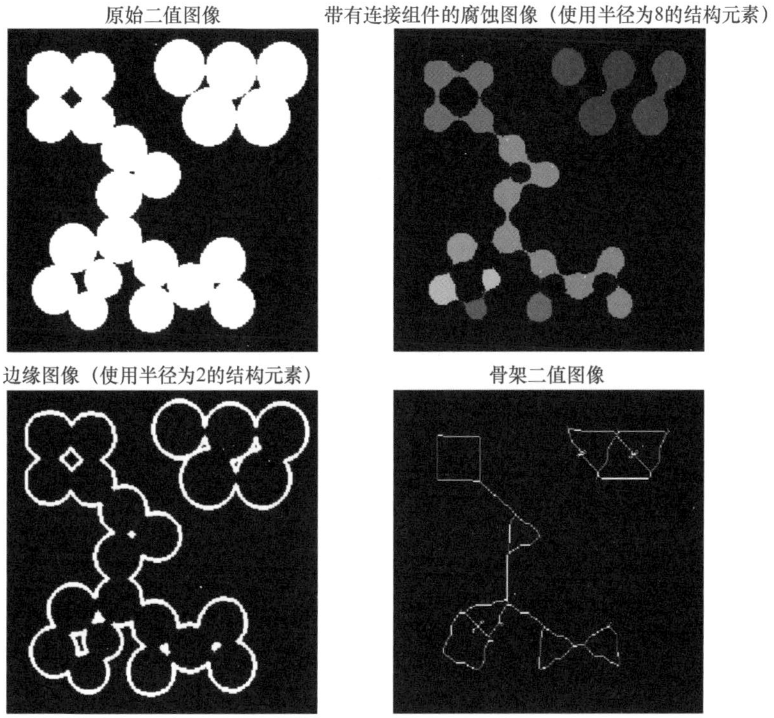

原始二值图像　　带有连接组件的腐蚀图像（使用半径为8的结构元素）

边缘图像（使用半径为2的结构元素）　　骨架二值图像

图 4-3

然后分别调用 scipy.ndimage 模块中的 binary_econsion() 函数和 binary_dialation() 函数来对二值图像应用腐蚀运算和膨胀运算。这两个函数接收被腐蚀 / 膨胀的二值图像、被使用（默认的结构元素是 connectivity 设为 1 的一个正方形）的结构元素，以及要重复运算的次数（默认值为 1）作为参数。非零元素被视为 True。

可以看到，调用函数 np.ones(2,2) 能创建一个大小为 2 的正方形结构元素，而调用函数 morph.disk（radius=2）则能生成一个盘状结构元素。该函数来自 scikit-image 形态学模块。在此处，如果像素之间的欧几里得距离最大值是半径（radius），则将一个像素视为另一像素的邻居。使用复合运算形态学梯度来计算输入二值图像中的边缘，即通过计算具有相同结构元素（半径为“2”的盘状物）的膨胀图像和腐蚀图像之间的差值来计算边缘，具体如下所示：

$$g_B(A) = A \oplus B - A \ominus B$$

调用 scikit-image.morphology 模块中的 skeletonize() 函数来计算二值图像的骨架。该函数使用形态学的细化运算将每个连接的组件收缩到单像素宽骨架上。在数学上，形态学运算符上的骨架定义如图 4-4 所示。

$$nB = \underbrace{B\oplus \cdots \oplus B}_{n次},$$

$$0B = \{o\}, \quad 原始o$$

$$S-n(A) = (A\ominus nB) - (A\ominus B)\circ B,$$

$$n = 0,1,\cdots,N, 结构元素B的大小$$

$$S(X) = \bigcup_n S_n(X)$$

骨架

图 4-4

调用 scikit-image.morphology 模块中的 label() 函数来为二值图像中的每个连接区域（作为整数数组）分配唯一值。此函数的 connectivity 参数表示将一个像素视为另一个像素的邻居需要花费的最大正交跳数——对于二值图像而言，连接性参数默认值为“2”。

4.1.4 更多实践

请使用形态学运算来检测图 4-5 所示的铁丝网中的孔洞，并在铁丝网图像中找到孔洞（有 2 个）的位置（提示：首先将其转换为一个二值图像）。

类似地，对于所提供的《俄罗斯方块》图像，使用形态学运算来检测图案并生成输出，如图 4-6 所示。

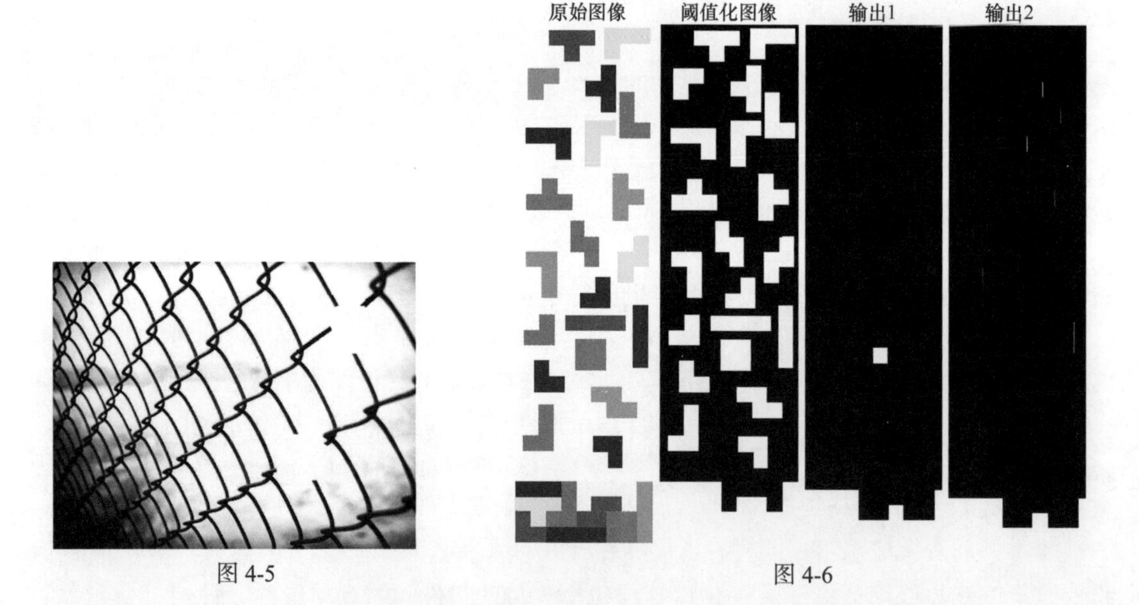

图 4-5　　图 4-6

使用形态学运算在下面的扑克牌图像中查找方块，如图 4-7 所示。

使用图 4-8 所示的彩色骰子图像，并通过形态学运算来找到其中的点。

比较不同 Python 库中的腐蚀和膨胀实现（例如，比较来自 scikit-image/scipy.ndimage 库的形态学模块与来自 Mahotas 库、OpenCV-Python 库和 SimpleITK 库的实现），具体包括速度、不同实现库所提供的特性、生成输出的质量等。

形态学算子也可以延伸应用于处理灰度输入图像。

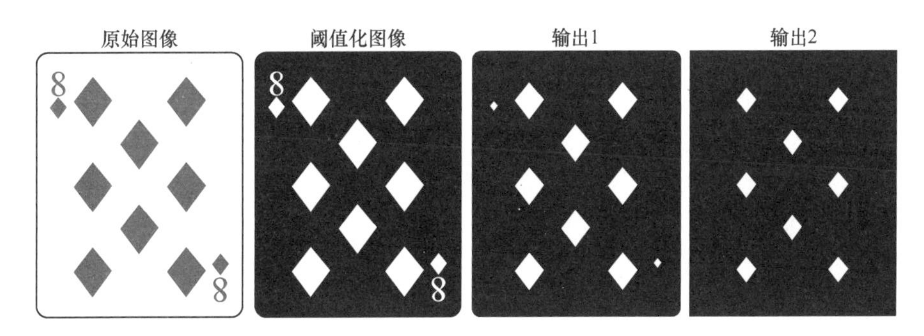

图 4-7

图 4-8

4.2 应用形态学滤波器

正如在上一实例中所看到的，可以通过二值图像过滤来应用形态学运算（例如腐蚀、膨胀、开运算和闭运算），达到增长 / 收缩图像区域以及移除或填充图像区域边界像素的目的。在本实例中，我们将学习如何将更多形态学滤波器应用于二值图像，以便增强图像效果或者获取所需结果。其他形态学滤波器包括礼帽（top hat）变换、形态学梯度和形态学拉普拉斯（morphological Laplace）。

4.2.1 准备工作

我们先使用以下代码导入所需的库、模块和函数：

```
#!pip install itk
from skimage.morphology import flood_fill, diameter_closing,
binary_erosion, rectangle, reconstruction
from skimage.filters import threshold_otsu
import mahotas as mh
import itk
import SimpleITK as sitk
import matplotlib.pylab as plt
import numpy as np
```

4.2.2 执行步骤

在本实例中，我们将介绍如何使用不同的 Python 库（例如，mahotas 库、skimage 库和 SimpleITK 库）中的函数将一些不同的形态学滤波器应用到输入的二值图像。首先通过执行以下步骤来计算二值图像（应用 mahotas 库）的一些基本指标 [例如欧拉（Euler）数]，以及调用诸如 flood_ufill() 和 diameter_closing() 等滤波器（应用 skimage.morphology 模块）。

1. 使用 Mahotas 库 / scikit-image 库来计算欧拉数、偏心率和质心

让我们使用 mahotas 库函数和 skimage 库函数来计算不同的指标，具体步骤如下。

（1）读取来自 NASA 的黑洞图像，并通过人工设定阈值（t=60）将其转换为二值图像。计算二值图像的欧拉数：

```
blackhole = mh.imread('images/blackhole.png')
blackhole_gray = mh.colors.rgb2grey(blackhole).astype(np.uint8)
t = 60
bin_blackhole = (blackhole_gray > t).astype(np.uint8)
print(mh.euler(bin_blackhole))
# 0.0
```

（2）计算二值图像的质心（center_of_mass）和偏心率（eccentricity）：

```
cms = mh.center_of_mass(bin_blackhole)
print('Eccentricity =', mh.features.eccentricity(bin_blackhole))
# 0.5449847073316407
```

（3）使用 flood_fill() 函数（从黑洞内部的种子开始）或 diameter_closing() 函数（移除小于或等于 100 的所有孔洞）来填充黑洞：

```
bin_blackhole2 = flood_fill(bin_blackhole, (200,400), 1)
bin_blackhole3 = diameter_closing(bin_blackhole, 100,
connectivity=2)
```

运行上述代码并绘制图像，则会得到图 4-9 所示的输出。

二值图像的拓扑结构是使用欧拉数来进行测量的，其被定义为图像中对象的总数与这些对象中所存在的孔洞数之间的差值。对于第一个二值图像，欧拉数为 0=1-1（该图像中有一个单一对象，该对象包含一个单一孔洞）。而对于第二个二值图像，欧拉数为 1-0=1（因为该图像所包含的单个对象中不存在任何孔洞）。

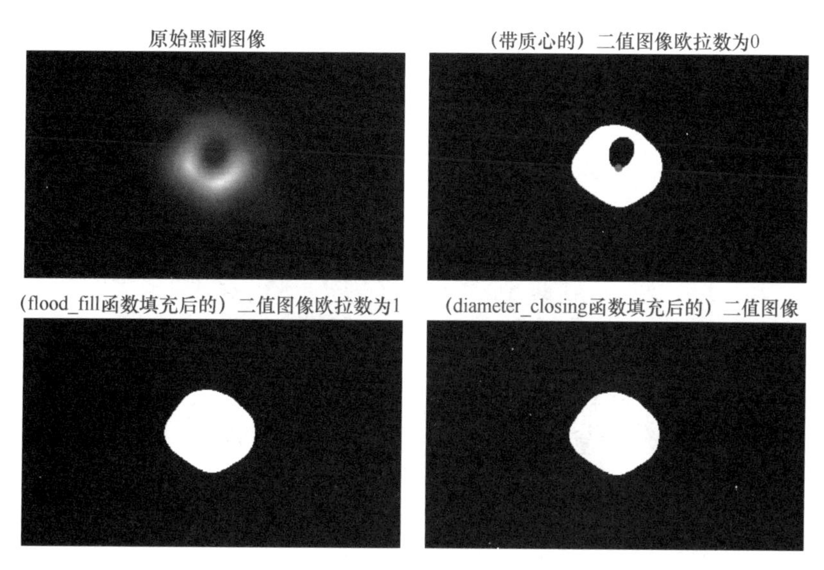

图 4-9

2．基于 Mahotas 库的形态学图像滤波器

让我们再次调用 mahotas 库函数，查看应用几个形态学图像滤波器的结果，具体步骤如下。

（1）读取彩色曼德尔布罗特（分形）图像，将其转换为灰度图像，然后使用最大类间方差阈值将灰度图像转换为二值图像：

```
fractal = mh.imread('images/mandelbrot.jpg')
fractal_gray = mh.colors.rgb2grey(fractal).astype(np.uint8)
t = mh.otsu(fractal_gray)
bin_fractal = (fractal_gray > t).astype(np.uint8)
```

（2）使用以下代码计算白色和黑色像素之间的边界：

```
mh.border(bin_fractal, 0, 1)
```

（3）使用以下代码行来计算区域最小值（将区域定义为每个像素周围的 3×3 交叉的结构元素，并将整体对象考虑在内）：

```
mh.regmin(bin_fractal)
```

（4）使用半径为3的盘状结构元素来封闭图像中的孔洞，具体使用以下代码：

```
mh.close_holes(bin_fractal, mh.disk(3))
```

（5）对二值图像应用 majority_filter() 函数，具体使用以下代码：

```
mh.majority_filter(bin_fractal)
```

如果绘制所有图像以及源二值图像的质心，则将获得图4-10所示的输出。

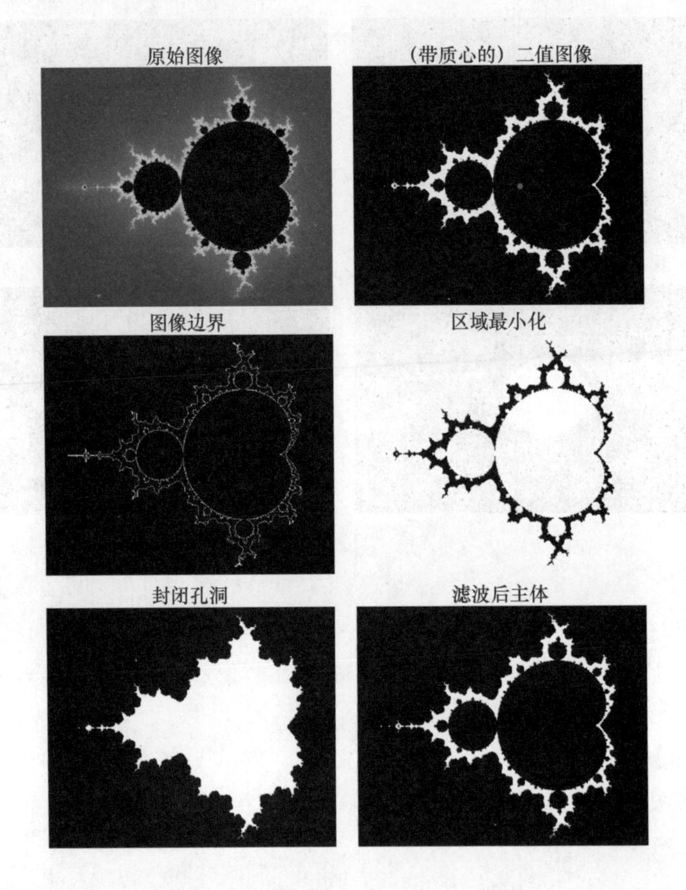

图 4-10

3. 基于 SimpleITK 库的二值图像滤波器

让我们使用 SimpleITK 模块的库函数来演示更多二值滤波器对二值图像的应用，具体步骤如下。

（1）读取美国宇航局的超新星（NASA supernova）图像并将图像转换为二值图像。对二值图像进行求反运算：

```
supernova_gray = sitk.ReadImage('images/supernova.jpg',
sitk.sitkFloat32)
supernova_bin =
sitk.BinaryNotImageFilter().Execute(sitk.OtsuThresholdImageFilter()
.Execute(supernova_gray))
```

（2）对应开运算和闭运算的形态学滤波器，分别实例化 SimpleITK 滤波器对象。设置半径为 3 的盘状结构元素。先对二值超新星图像应用开运算滤波器，接下来对二值超新星图像应用闭运算滤波器：

```
open_f = sitk.BinaryMorphologicalOpeningImageFilter()
close_f = sitk.BinaryMorphologicalClosingImageFilter()
open_f.SetKernelRadius(3)
close_f.SetKernelRadius(3)
supernova_bin1 = close_f.Execute(open_f.Execute(supernova_bin))
```

（3）再次对输入的二值图像应用开运算滤波器，然后应用闭运算滤波器，不过，这次结构元素是半径为 7 的一个圆：

```
open_f.SetKernelRadius(7)
close_f.SetKernelRadius(7)
supernova_bin2 = close_f.Execute(open_f.Execute(supernova_bin))
```

（4）使用半径为 3 的盘状结构元素作为中值滤波器应用于输入的二值图像：

```
med_f = sitk.BinaryMedianImageFilter()
med_f.SetRadius(3)
supernova_bin3 = med_f.Execute(supernova_bin)
```

（5）使用以下代码将 `BinaryMinMaxCurvatureFlowImageFilter()` 函数应用于二值图像（模板半径为 2，阈值参数值为 60）：

```
curv_f = sitk.BinaryMinMaxCurvatureFlowImageFilter()
curv_f.SetStencilRadius(2)
curv_f.SetThreshold(60)
supernova_bin4 = curv_f.Execute(sitk.Cast(supernova_bin,
sitk.sitkFloat32))
```

（6）实例化相应对象后，将 `BinaryContourImageFilter()` 函数应用于图像：

```
cont_f = sitk.BinaryContourImageFilter()
supernova_bin5 = cont_f.Execute(supernova_bin)
```

（7）在二值图像上调用 `VotingBinaryImageFilter()` 函数进行实例化：

```
vote_f = sitk.VotingBinaryImageFilter()
vote_f.SetRadius(5)
supernova_bin6 = vote_f.Execute(sitk.Cast(supernova_bin2,
sitk.sitkInt32))
```

如果运行上述代码并绘制图像，则会得到图 4-11 所示的输出。

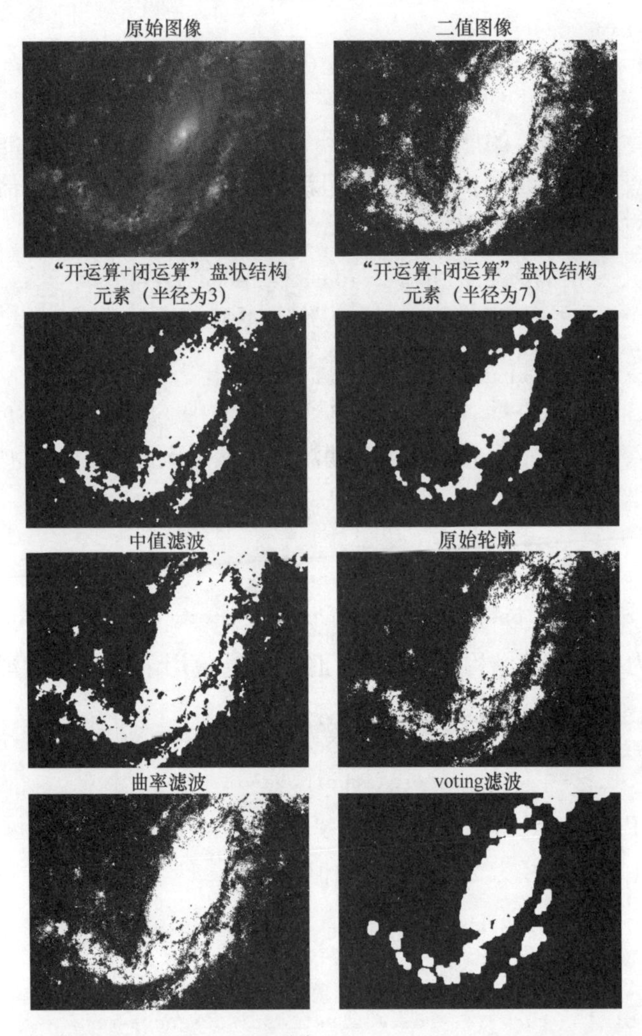

图 4-11

4. 使用 skimage 库的膨胀重建

让我们使用 `skimage` 库函数进行膨胀重建，将图画与文本分离。具体步骤如下。

（1）读取输入图像（泰戈尔亲笔书写的歌曲 *Tagore's drawing-ridden Bengali manuscript*），将输入图像转换为二值图像，接下来对二值图像进行阈值化，然后进行二值反转（用以将字母作为前景对象，即将之设置为白色）：

```
img = rgb2gray(imread('images/tagore_manuscript.jpg'))
th = 0.6 #threshold_otsu(img)
```

```
img[img <= th] = 0
img[img > th] = 1
img = 1 - img
```

（2）膨胀重建所需的掩膜图像仅仅是先前所获得的二值图像。使用带有垂直线（vertical line）滤波器的二值化运算 binary_erosion() 函数来创建种子（seed）图像（通过膨胀重建）。最后，使用所创建的掩膜图像和种子图像进行膨胀重建：

```
mask = img
seed = binary_erosion(img, rectangle(1,50))
words = reconstruction(seed, mask, 'dilation')
```

如果运行前述代码并绘制所有图像，则会得到与文字分开的图，如图 4-12 所示。

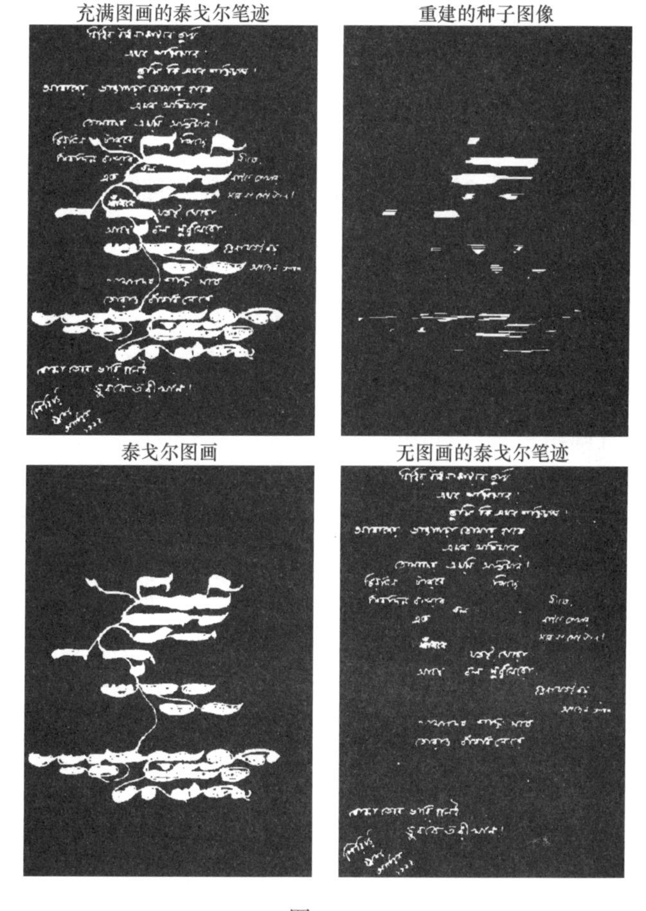

图 4-12

4.2.3 工作原理

调用 mahotas 库中的 euler() 函数来计算输入二值图像的欧拉数（或特征）。默认情况下，该函数的 connectivity 参数设为 8。

调用 skimage.morphology 模块中的 flood_fill() 函数对黑洞的二值图像执行泛洪填充：从黑洞内部暗区域中的特定种子点 (200,400) 开始（该点作为第二个参数传递给该函数）；找到等于种子像素值（此处为“0”或“黑色”）的连接点，然后将该连接点设置为函数的第三个输入参数“new_value”（此处为“1”或“白色”）。

调用 skimage.morphology 模块中的 diameter_closing() 函数来删除黑洞图像中所有最大扩展（包围孔洞的边界框的一侧）小于参数 diameter_threshold（100）的黑洞。该运算也被称为**边界框闭运算**。

调用 skimage.morphotology 模块中的 reconstruction() 函数来执行膨胀重建。

膨胀重建运算使用种子图像和掩膜图像。种子图像指定开始的值（针对膨胀使用结构元素进行迭代扩展），而掩膜图像（原始图像用作掩膜图像）则指定每个像素允许的最大值。掩膜图像对前景图像值的扩散施加约束。

调用 BinaryMedianImageFilter() 构造函数来实例化二值图像中值滤波器（用于对超新星图像进行去噪），并且调用 SetRadius() 函数来设置该形态学滤波器的盘状结构元素的半径。类似于其他 SimpleITK 库中的滤波器的使用，对于输入的二值图像，调用 Execute() 函数来应用中值滤波器。

4.2.4 更多实践

读者可以自己尝试调用一些更有用的形态学函数（类似于本实例显示的）。调用分形二值图像中的 mahotas.bwperim() 函数来计算边界，调用 mahotas.thin() 函数进行形态学细化 / 骨架化。

使用形态学滤波器去除二值图像中的噪声以及较小的行星，如图 4-13 所示。其中，该二值图像是通过对来自 NASA 公共领域图像中的彩色行星图像进行阈值化获得的。

另外，对 MRI 灰度图像应用白帽（white top hat）/ 黑帽（black top hat）形态学滤波器，获得图 4-14 所示的输出。

对键盘二值图像去掉键盘上的所有符号，以得到图 4-15 所示的输出图像（提示：通过使用适当的结构元素进行二值图像腐蚀重建）。

如果将形态学直径闭运算与应用于二值图像的形态学闭运算加以比较，就可以发现在应用这两种不同滤波器时，生成的结果是不同的。

调用 mahotas 函数来将形态学局部最小值（和局部最大值）滤波器应用于二值图像。区域最小值（和最大值）与局部最小值（最大值）有何不同？用二值图像演示不同之处。你也可以将形态学滤波器应用于灰度图像。

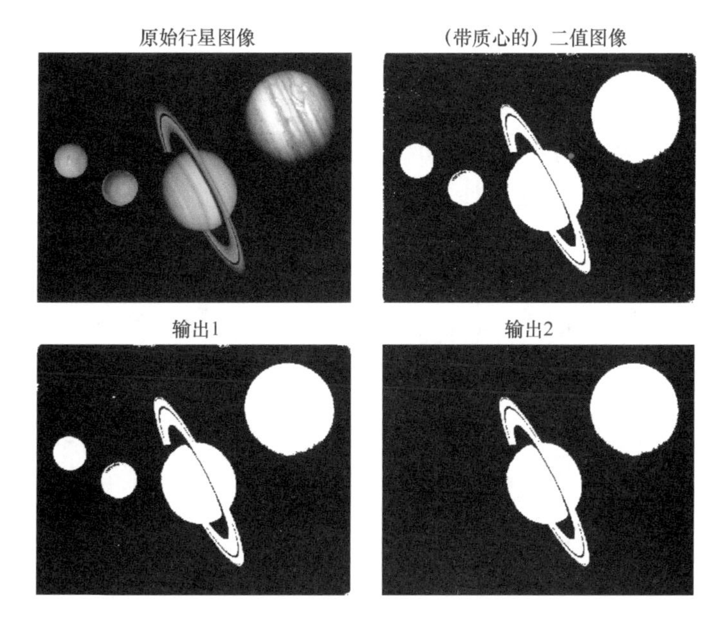
原始行星图像
（带质心的）二值图像
输出1
输出2

图 4-13

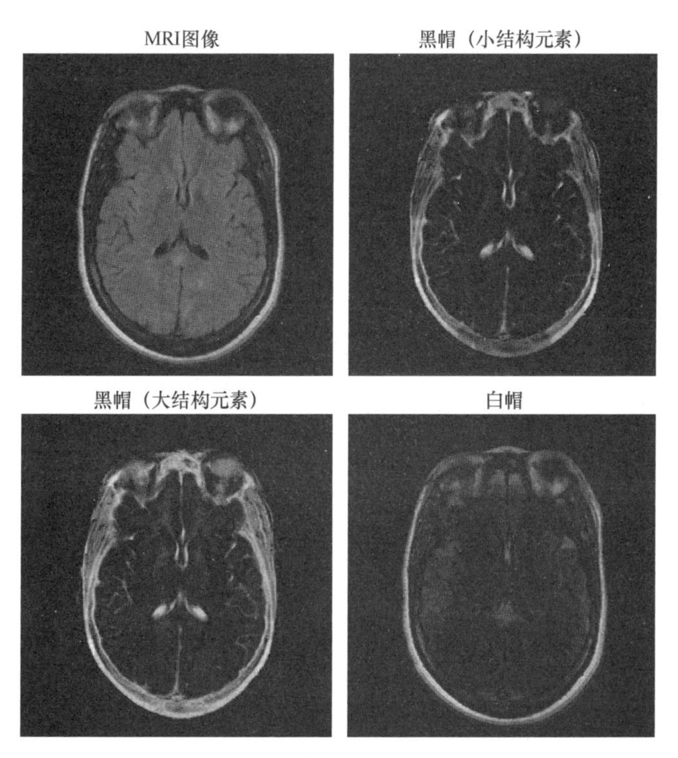
MRI图像
黑帽（小结构元素）
黑帽（大结构元素）
白帽

图 4-14

图 4-15

4.3 形态模式匹配

本实例将展示如何使用形态学复合运算击中击不中变换来从二值图像中找到模式。**击中击不中变换**是一种用于检测二值图像中的给定模式的形态学运算。该变换利用一对不相交的结构元素来定义匹配的模式，并用形态学腐蚀运算来实现模式匹配。击中击不中变换返回一个二值图像来作为输出，在该图像中，只有当第一个结构元素匹配输入二值图像的前景图像，而第二个结构元素完全错过该前景图像时，那些位置集才是非零的。

4.3.1 准备工作

本实例将用到泰戈尔创作的一首孟加拉诗歌的手稿图像，使用形态模式匹配来搜索图像以找到孟加拉字符（ব）的出现位置。首先，导入所需的 Python 库、模块和函数：

```
import numpy as np
import matplotlib.pylab as plt
from skimage.io import imread
```

```
from skimage.color import rgb2gray, gray2rgb
from scipy import ndimage
```

4.3.2 执行步骤

使用击中击不中变换运算来实现生态学模式匹配，具体步骤如下。

1. 定义 `hit_or_miss_transform()` 函数，由该函数接收作为输入的输入图像和两个结构元素（第一个用于击中，第二个用于击不中）的文件名：

```
def hit_or_miss_transform(im, s1, s2):
```

2. 在 `hit_or_miss_transform()` 函数中，读取输入图像和两个结构元素，然后将它们转换为灰度图像：

```
im = rgb2gray(imread(im))
m, n = im.shape
s1 = rgb2gray(imread(s1))
s2 = rgb2gray(imread(s2))
```

3. 调用 `scipy.ndimage` 模块中的相应函数来应用击中击不中变换，返回一个布尔类型的 NumPy `ndarray`，其中对应于匹配（击中）位置的元素被设为“`True`”。将输出类型转换为无符号的 8 位整数：

```
hom_transformed = ndimage.binary_hit_or_miss(im, structure1=s1,structure2=s2).
                  astype(np.uint8)
```

4. 用红色方块突出显示匹配项（值为“1”的像素），并使用以下代码来绘制带有突出显示的输出图像：

```
xs, ys = np.where(hom_transformed == 1)
hom_transformed = gray2rgb(hom_transformed)
w, h = 10, 12
for i in range(len(xs)):
    x, y = (xs[i], ys[i])
    for j in range(max(0, x-h), min(m-1, x+h)):
        for k in range(max(0, y-w), min(n, y+w)):
            hom_transformed[j, k, 0] = 1.
    for j in range(max(0, x-h), min(m, x+h)):
        for k in range(max(0, y-w), min(n-1, y+w)):
            hom_transformed[j, k, 0] = 1.
# plot the highlighted output image hom_transformed here with
matplotlib
```

5. 调用 `hit_or_miss_transform()` 函数来匹配图案，例如仅匹配孟加拉语字母“ব”，但不匹配“র”这样的字母。第一个结构元素与图案“ব”和“র”都相匹配，但第二个结构元素经确定发现对应不匹配，于是丢弃了图案“র”：

```
hit_or_miss_transform('images/poem.png', 'images/bo.png',
'images/bo_inv_1.png')
```

需要读者指定的结构元素（分别对应于“击中”和“击不中”）如图 4-16 所示。

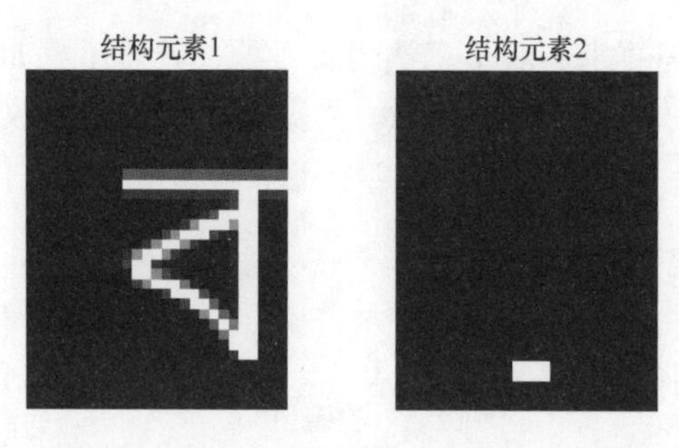

图 4-16

如果使用给定的结构元素运行上述代码，并绘制输入图像和输出图像，则将获得如图 4-17 所示的输出。

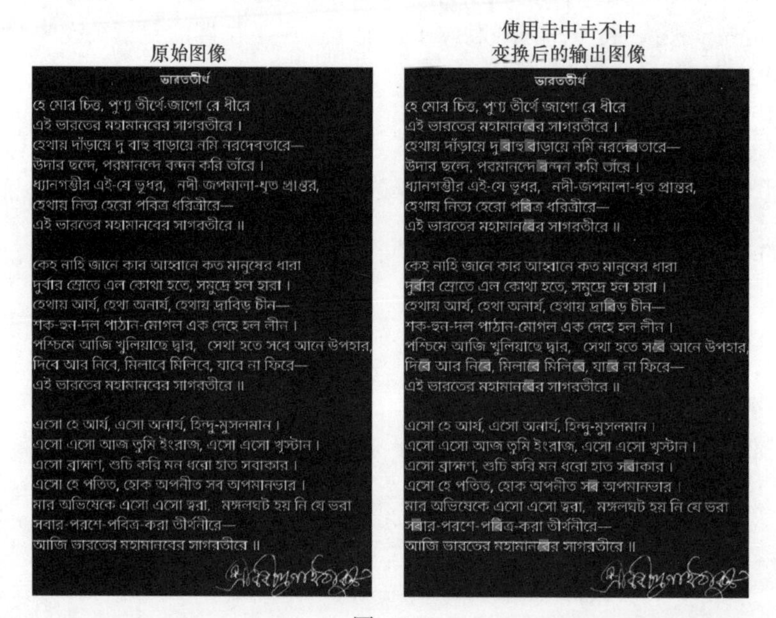

图 4-17

可以看到，所有“ব”图案相匹配，但所有“র”图案不相匹配。

6. 同样，调用 `hit_or_miss_transform()` 函数来匹配图案（例如匹配孟加拉语字母“ব”），但不匹配那些有元音符号的图案（例如“বি”以及“বে”）：

```
hit_or_miss_transform('images/poem.png', 'images/bo.png',
'images/bo_inv_2.png')
```

需要读者指定的结构元素（分别对应于“击中”和“击不中”）如图 4-18 所示。

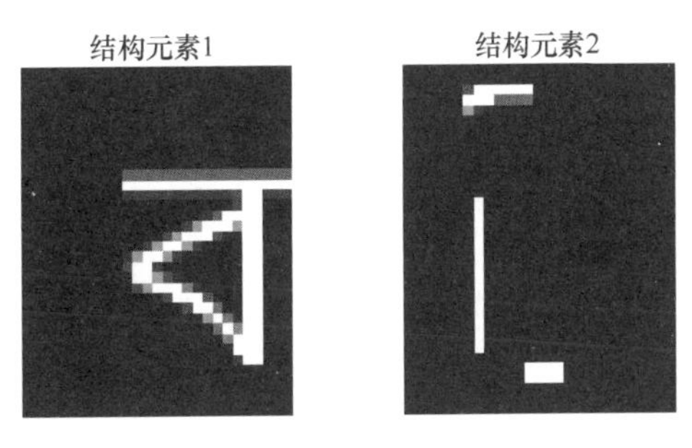

图 4-18

如果使用给定的结构元素运行以上代码，并绘制输入图像和输出图像，则将获得图 4-19 所示的输出。

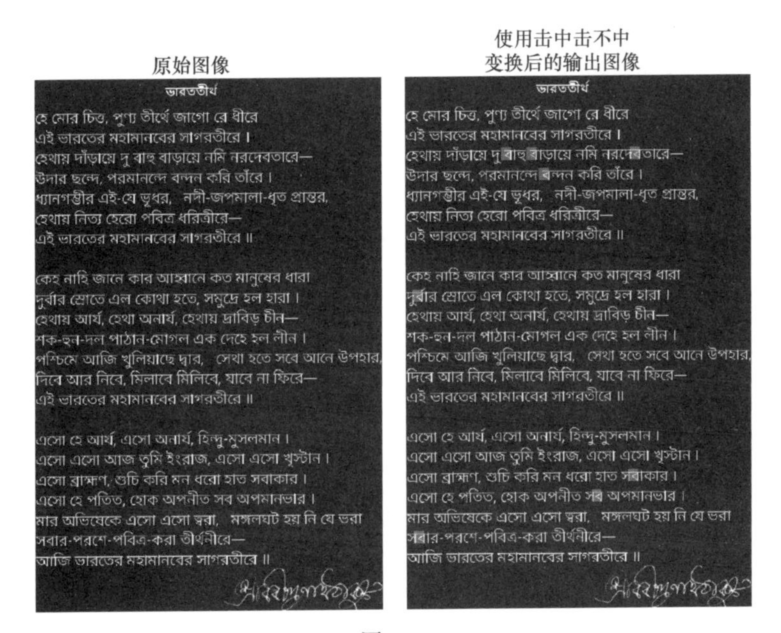

图 4-19

4.3.3 工作原理

如 4.3.2 节所述，我们将 scipy.ndimage.morphology 模块中的 binary_hit_or_miss() 函数应用于形态学击中击不中变换运算，如图 4-20 所示。

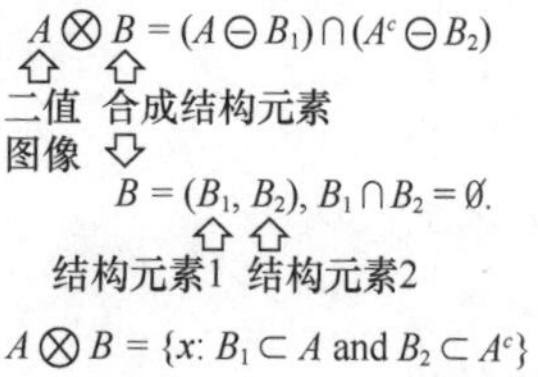

$$A \otimes B = (A \ominus B_1) \cap (A^c \ominus B_2)$$

⇧ 二值图像（A） ⇧ 合成结构元素（B）

⇩

$$B = (B_1, B_2),\ B_1 \cap B_2 = \emptyset.$$

⇧ 结构元素1（B_1） ⇧ 结构元素2（B_2）

$$A \otimes B = \{x: B_1 \subset A \text{ and } B_2 \subset A^c\}$$

图 4-20

将输入二值图像连同一对不相交的结构元素传递给函数。第一个结构元素参数代表着结构元素中必须匹配（击中）图像前景的部分结构元素。第二个结构元素参数代表着结构元素必须完全不匹配（击不中）图像前景的部分结构元素。

binary_hit_or_miss() 函数查找输入图像内与给定图案（由结构元素定义）匹配的位置。

调用 np.where() 函数来查找匹配坐标，然后将那些匹配的像素高亮显示为红色（通过调用 skimage.color 模块中的 gray2rgb() 函数将二维二值图像转换为三维彩色图像）。

4.3.4 更多实践

现在我们将形态学图案提取并应用于有机化学：在以下甘油三酯分子结构中找到“-O-”和“=O”键，并突出显示它们，如图 4-21 所示。

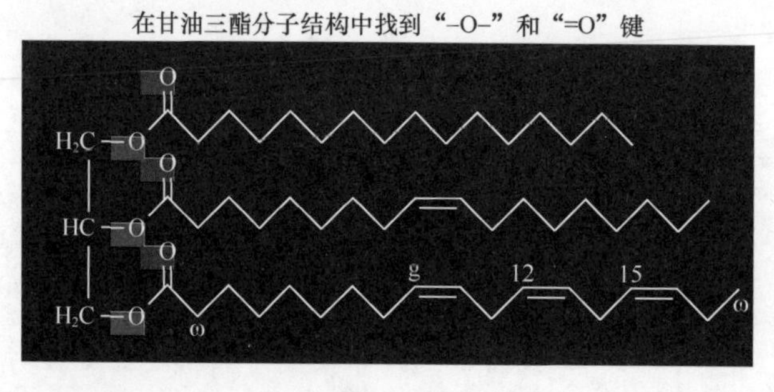

图 4-21

4.4 基于形态学的图像分割

图像分割是指将图像分割成对应于不同对象或不同对象部分的不同区域或类别。在本实例中，我们将介绍如何借助形态学分水岭算法来对二值图像应用基于区域的分割方法进行分割。读者可以把灰度图像视为一个地形表面。如果从该地形表面的最小值泛洪该表面，并阻止来自不同来源的水发生合并，那么图像将被划分为两个不同的集合，即集水盆（段）和分水岭线。为了防止过度分割，可使用一组预定义的标记，并从这些标记开始进行表面的泛洪。以下是通过分水岭变换对图像进行分割所涉及的步骤。

1. 找到标记和分割标准（指用于分割区域的函数。通常，该函数是对比度 / 梯度函数）。
2. 使用标记和分割标准运行标记控制的分水岭算法。

4.4.1 准备工作

导入使用分水岭算法演示形态学图像分割所需的所有包、模块和函数：

```
from scipy import ndimage as ndi
from skimage.morphology import watershed, binary_dilation, binary_erosion,
remove_small_objects
from skimage.morphology import disk, square
from scipy.ndimage import distance_transform_edt
from skimage.measure import label, regionprops
from skimage.segmentation import clear_border
from skimage.filters import rank, threshold_otsu
from skimage.feature import peak_local_max, blob_log
from skimage.util import img_as_ubyte
from skimage.io import imread
from skimage.color import rgb2gray
import numpy as np
import matplotlib.pyplot as plt
```

4.4.2 执行步骤

本范例通过两种不同方法创建标记的方式，使用 scikit-image 库的形态学分水岭实现来分割一对图像（第一个是二值图像，第二个是灰度图像）：

- 通过寻找欧几里得距离图像中的峰值；
- 通过寻找梯度图像中的低梯度区域。

1. 形态学分水岭

使用 skimage.morphology 模块的形态学分水岭实现来对二值图像进行图像分割，具体步骤如下。

（1）读取输入二值“圆形”图像，并将其转换为无符号整数类型的灰度图像：

```
image = img_as_ubyte(rgb2gray(imread('images/circles.png')))
```

（2）计算精确的欧几里得距离变换并找到其峰值，随后将它们标记为用作分水岭算法的标记：

```
distance = ndi.distance_transform_edt(image)
local_maximum = peak_local_max(distance, indices=False,
footprint=np.ones((3, 3)), labels=image)
markers = ndi.label(local_maximum)[0]
```

（3）使用所创建的标记运行分水岭算法，以获得输出分割标签。如有必要，移除小对象以消除噪声：

```
labels = watershed(-distance, markers, mask=image)
```

```
labels = remove_small_objects(labels, min_size=100)
```

（4）计算输出中的分割对象（标签）的数量以及唯一类（标签）的数量：

```
props = regionprops(labels)
print(len(np.unique(labels)), len(props))
# 23 22
```

运行上述代码并绘制图像，会得到图 4-22 所示的输出。

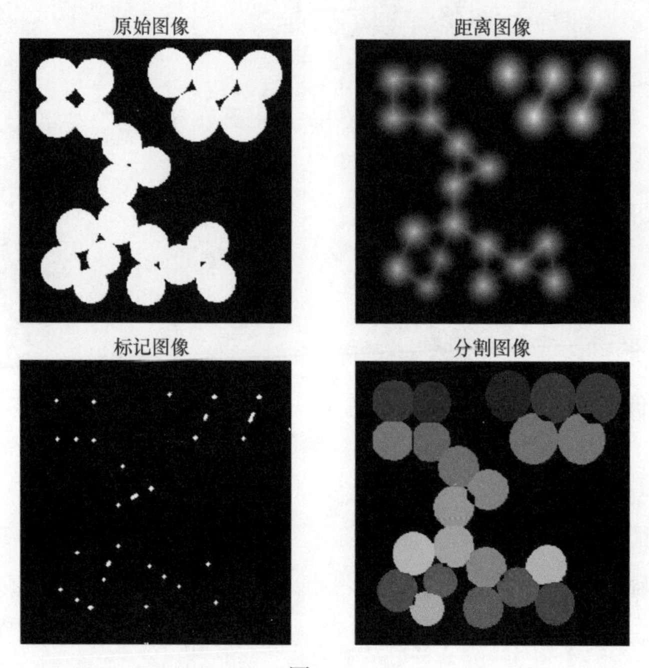

图 4-22

（5）在另一幅图像（莲花）上运行形态学分水岭算法。但与上次不同的是，这次通过在梯度上设置阈值来创建标记（找到连续低梯度区域作为标记，并使用半径为 5 的盘状结构元素来获得更平滑的图像）。首先使用中值滤波器对图像进行去噪：

```
denoised = rank.median(image, disk(2))
markers = rank.gradient(denoised, disk(5)) < 20
markers = ndi.label(markers)[0]
```

（6）再次运行形态学分水岭算法，但这次用梯度和标记作为输入（使用半径为 2 的小盘状结构元素的局部梯度以保持边缘稀薄）：

```
gradient = rank.gradient(denoised, disk(2))
labels = watershed(gradient, markers)
labels = remove_small_objects(labels, min_size=100)
```

```
props = regionprops(labels)
print(len(np.unique(labels)), len(props))
# 111 110
```

运行上述代码并绘制图像，会得到图 4-23 所示的输出。

图 4-23

在三维空间中绘制梯度图像，将获得图 4-24 所示的输出。

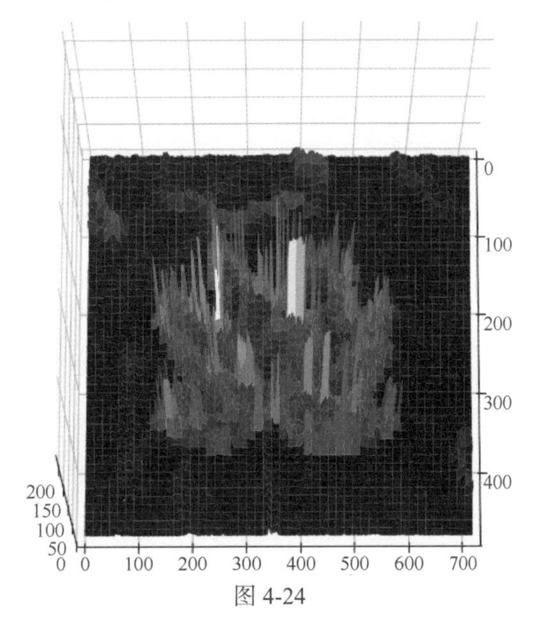

图 4-24

2. 基于形态学分水岭的斑点检测

同样，这次还是使用 skimage.morphology 模块的分水岭算法进行斑点检测，具体步骤如下。

（1）实现 segment_with_watershed() 函数，利用该函数检测图像中的斑点：

```
def segment_with_watershed(im, cell_thresh, bg_thresh):
 if np.max(im) != 1.0:
    im = (im - im.min()) / (im.max() - im.min())
 im_mask = im < cell_thresh
```

（2）生成集水区“盆地”（basins）：

```
basins = np.zeros_like(im)
basins[im < cell_thresh] = 2
basins[im > bg_thresh] = 1
```

（3）通过泛洪集水区盆地，运行分水岭分割算法：

```
flood_seg = watershed(im , basins)
flood_seg = flood_seg > 1.0
```

（4）腐蚀边界并计算距离变换：

```
selem = square(3)
flood_erode = binary_erosion(flood_seg, selem=selem)
flood_seg = clear_border(flood_seg, buffer_size=10)
```

（5）用以下代码行计算距离矩阵：

```
distances = distance_transform_edt(flood_seg)
```

（6）在距离矩阵中找到局部极大值：

```
local_max = peak_local_max(distances, indices=False,
footprint=None, labels=flood_seg,
min_distance=1)
max_lab = label(local_max)
```

（7）执行拓扑分水岭。除去所有零散的小对象：

```
final_seg = watershed(-distances, max_lab, mask=flood_seg)
final_seg = remove_small_objects(final_seg, min_size=100)
```

（8）提取区域属性并确定单元数。返回结果：

```
props = regionprops(final_seg)
num_cells = len(props)
return final_seg, distances, basins, num_cells
```

（9）读取输入图像，将该图像转换为灰度图像，对灰度图像进行去噪，并通过调用

img_as_ubyte() 函数找到去噪图像中的斑点。输出函数返回的片段数：

```
image = img_as_ubyte(rgb2gray(imread('images/sunflowers.jpg')))
image = rank.median(image, disk(2))
labels, distances, markers, nseg = segment_with_watershed(image,
0.25, 0.28)
print(nseg)
# 44
```

运行上述代码，将得到图 4-25 所示的输出（带有所检测到的斑点）。

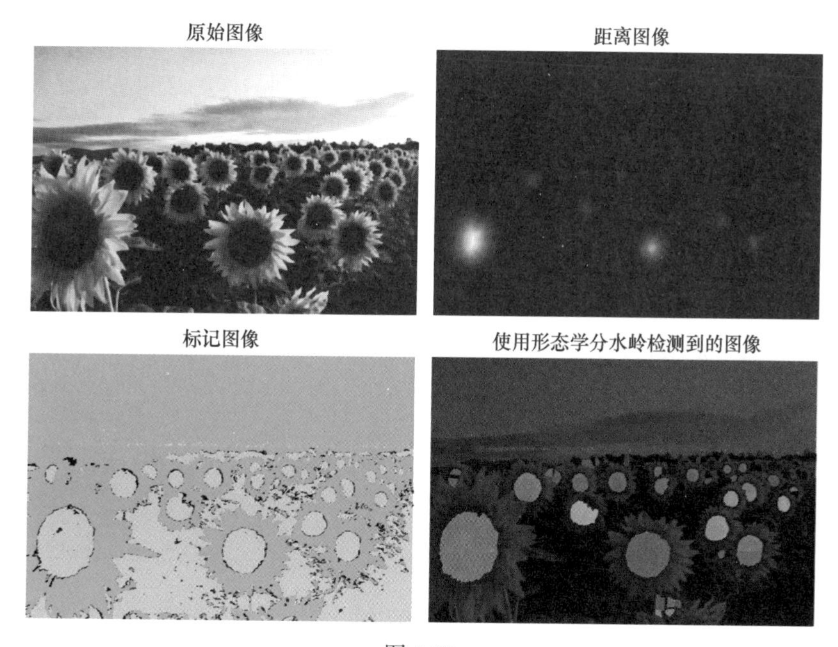

图 4-25

4.4.3 工作原理

调用 skimage.morphology 模块中的 watershed() 函数来找到输入图像中的分水岭盆地，从图像中指定的标记开始泛洪。此函数接收图像和标记（可选）作为函数的输入参数。watershed() 函数接收带有标记的盆地位置的 ndarray 类型标记（像素值用于指定标签矩阵中的像素）作为函数的第二个参数（0 表示不是标记）。

调用 scipy.ndimage.morphology 模块中的 distance_transform_edt() 函数来计算精确的欧几里得距离变换，该变换由下式给出：

$$d_p = \sqrt{(p_x - b_x) + (p_y - b_y)^2}$$

其中，b 是距离输入像素 p 最近（具有最小的欧几里得距离）的背景像素；返回的 d_p 是 p 和 b 之间的距离。

调用 ski.ndimage 模块中的 label() 函数对标记中的特征进行标记，其中，标记是通过取来自欧几里得距离变换的局部最大值峰值或对梯度图像进行阈值化来获取的。该函数会为输入图像中的每个唯一特征指定唯一标签。调用 skimage.measure 模块中的 regionprops() 函数来获取区域属性列表，在该列表中的每一项都会描述一个标记区域。

4.4.4 更多实践

我们还可以使用 LoG 尺度空间检测斑点。下面我们将使用这种方法进行斑点检测演示，并就该方法所得到的检测结果和用形态学分水岭方法所得到的检测结果进行比较。

使用 LoG 尺度空间检测斑点

让我们通过在 LoG 空间中执行以下步骤来进行斑点检测。

1. 调用 blob_log() 函数来找到图像中的斑点：

```
blobs_log = blob_log(np.invert(image), max_sigma=40, num_sigma=10,
threshold=.2)
```

2. 计算第三列中的半径：

```
blobs_log[:, 2] = blobs_log[:, 2] * np.sqrt(2)
```

3. 循环遍历所找到的斑点，并将它们绘制在输出图像上（忽略半径较小的斑点）：

```
for blob in blobs_log:
  y, x, r = blob
  if np.pi*r**2 > 150:
    c = plt.Circle((x, y), r, color=[0.75] + \
        np.random.rand(2).tolist(), linewidth=2, \
        fill=True, alpha=.7)
    # add the blobs to the plot
```

运行上述代码并绘制图像，会得到图 4-26 所示的输出。

使用LoG尺度空间检测到的斑点图像

图 4-26

4.5 对象计数

在本实例中，我们将介绍如何使用形态学滤波器对二值图像中的对象进行计数。通常，二值图像中的对象（斑点）都是重叠的，在对它们进行计数之前，需要进行一些必要的预处理，例如斑点分离和斑点检测。在这些情况下，形态腐蚀可能会非常有用。然后，可以使用轮廓发现方法来对分离的对象进行计数。我们还可以使用形态学分水岭分割来分离斑点，并对斑点进行计数。

4.5.1 准备工作

让我们先导入所需的程序包和模块：

```
import cv2
import numpy as np
import matplotlib.pylab as plt
```

4.5.2 执行步骤

让我们先检测并分离斑点，然后进行对象计数。

1. 使用腐蚀法进行斑点分离和斑点检测

这次我们调用 OpenCV-Python 函数，使用形态学腐蚀来检测和分离斑点，具体步骤如下。

（1）读取包含圆形的灰度图像，并使用阈值化将其转换为二值图像：

```
image = cv2.imread('images/circles.png', 0)
image = cv2.threshold(image, 100, 255, cv2.THRESH_BINARY)[1]
```

（2）创建用于二值腐蚀的结构元素（kernel，其大小有所不同），并腐蚀图像：

```
kernel = np.ones((21,21),np.uint8)
eroded = cv2.morphologyEx(image, cv2.MORPH_ERODE, kernel)
kernel = np.ones((11,11),np.uint8)
eroded1 = cv2.morphologyEx(image, cv2.MORPH_ERODE, kernel)
```

（3）使用下面的代码找到腐蚀图像的轮廓：

```
cnts, _ = cv2.findContours(eroded, cv2.RETR_EXTERNAL,
cv2.CHAIN_APPROX_SIMPLE)
```

（4）使用不同的颜色绘制输入图像上的轮廓：

```
output = cv2.cvtColor(image.copy(), cv2.COLOR_GRAY2RGB)
count = 0
for c in cnts:
 cv2.drawContours(output, [c], -1, (np.random.randint(0,255), \
        np.random.randint(0,255), np.random.randint(0,255)), 2)
 count += 1
```

运行上述代码并绘制图像，则会得到图4-27所示的输出。

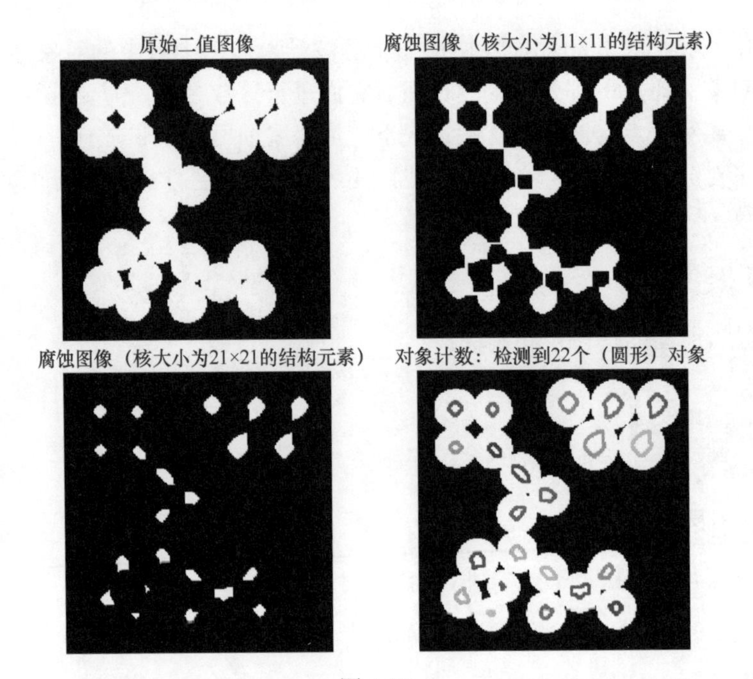

图4-27

从上述输出图像中可以看到，连接的圆形被分离开，并且检测到了所有的22个圆形。

2. 使用形态学开运算/闭运算来进行对象计数

同样，调用OpenCV-Python函数，使用形态学开运算/闭运算来进行对象计数，具体步骤如下。

（1）读取 `rasagolla`（经典孟加拉甜食）输入图像，将其转换为灰度图像，并对灰度图像进行反转：

```
image = cv2.imread('images/rasagolla.jpg')
gray = cv2.cvtColor(image, cv2.COLOR_BGR2GRAY)
gray = cv2.bitwise_not(gray) #255 - gray
```

（2）使用Canny边缘检测器找到图像中的边缘，阈值化处理边缘图像，接着使用4×4方形结构元素对经过阈值化处理的边缘图像应用二值闭运算，然后对经过阈值化处理的边缘图像应用二值开运算（以便分离对象）：

```
edged = cv2.Canny(gray, 50, 150)
thresh = cv2.threshold(gray, 100, 255, cv2.THRESH_BINARY_INV)[1]
kernel = np.ones((4,4),np.uint8)
```

```
thresh = cv2.morphologyEx(thresh, cv2.MORPH_CLOSE, kernel) #Close
thresh = cv2.morphologyEx(thresh, cv2.MORPH_OPEN, kernel) #Open
```

（3）从上述代码所获得的图像中找到前景对象的轮廓：

```
_, cnts, _ = cv2.findContours(thresh.copy(), cv2.RETR_EXTERNAL,
cv2.CHAIN_APPROX_SIMPLE)
```

（4）循环遍历所找到的轮廓并将它们绘制在输出图像上，同样使用不同的颜色（忽略半径较小的轮廓对象）：

```
output = image.copy()
count = 0
for c in cnts:
    if cv2.contourArea(c) > 5: # ignore small objects
        cv2.drawContours(output, [c], -1, \
                (np.random.randint(0,255), \
                np.random.randint(0,255), \
                np.random.randint(0,255)), 2)
        count += 1
```

运行上述代码并绘制图像，会得到图 4-28 所示的输出（检测到所有 8 个对象）。

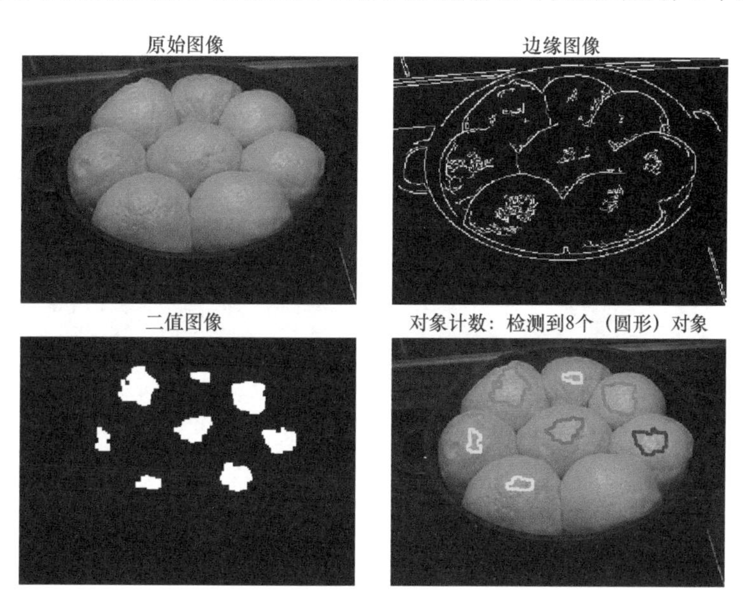

图 4-28

4.5.3 工作原理

调用 OpenCV-Python 库中的 `morphologyEx()` 函数对图像进行形态学运算。该函数接收如下参数进行形态学运算：原始图像（二值图像）、形态学运算（例如 cv2.MORPH_CLOSE 和 cv2.MORPH_OPEN）和结构元素（例如 np.ones((4,4) 和 np.uint8) 函数表示 4×4 方形核）。

分别调用 cv2.findContours() 函数和 cv2.drawContours() 函数来找到并绘制轮廓。使用随机颜色轮廓线来绘制图像上的每个轮廓，然后通过循环遍历显示所找到的轮廓，每次只显示一个。

调用函数（np.random.randint(0,255)、np.random.randint(0,255) 和 np.random.randint(0,255)）来生成随机的蓝 - 绿 - 红（BGR）元组。调用 cv2.contourArea() 函数来丢弃区域值小于或等于 5 的小对象。

4.5.4 更多实践

请使用形态学运算从图 4-29 所示的二值图像中检测并分离对象。

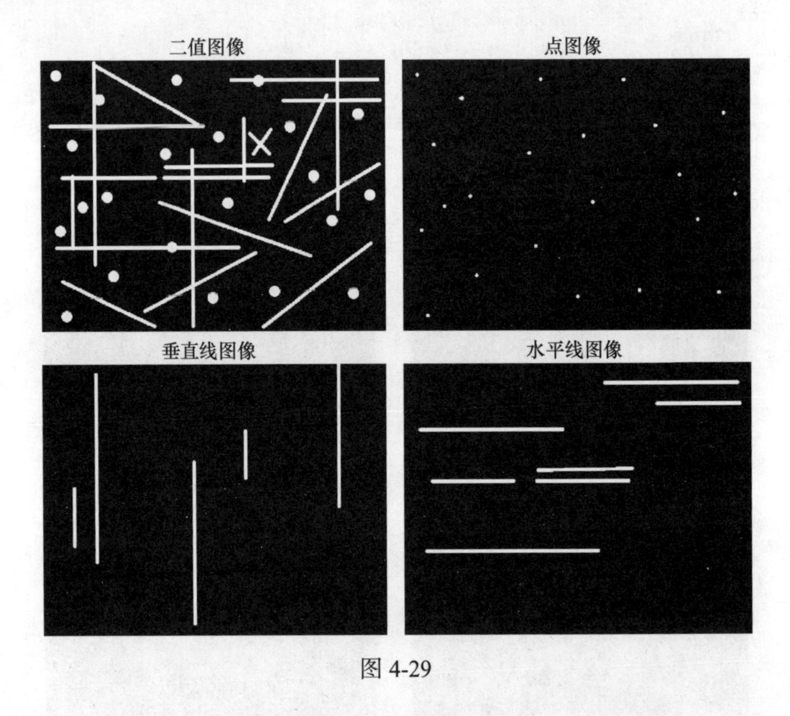

图 4-29

同样，能够从输入的二值图像中检测出既不垂直也不水平的线条吗？

第 5 章 图像配准

图像配准是指一项将目标图像与原始图像对齐的图像处理任务。更广泛地说，它是用于计算将一个图像中的（某些）点映射到另一图像中的对应点的空间变换（函数）。通常来说，对齐是指找到从一个图像到另一个图像的变换，而配准是指使用估计变换来实际执行图像变形的过程。我们可以通过对比 3 种普通理念来确定对齐。

- 基于像素值（例如，通过互信息对比一幅图像与另一幅图像的实际像素值）。
- 基于分割（记录二值图像分割）。
- 基于地标（或特征）——标记两个图像中的关键点，并获得（或导出）一个使得每对地标（特征）都匹配的变换。

将要估计（以配准图像）的变换可以是以下类型。

- 刚性变换（旋转、平移）。
- 仿射变换（刚性变换 + 缩放和剪切 / 倾斜）。
- 可变形（自由形式 = 仿射变换 + 向量场）。

其他类型的变换还有很多，此处不赘述。

在本章中，我们将重点介绍基于像素值和基于特征的图像配准技术，以及这些技术的实际应用。本章包括的实例如下：

- 基于 SimpleITK 模块的医学图像配准；
- 使用 ECC 算法进行图像对齐和变形；
- 使用 dlib 库进行人脸对齐；
- RANSAC 算法的鲁棒匹配和单应性；
- 图像拼接（全景）；
- 人脸变形；
- 实现图像搜索引擎。

5.1 基于 SimpleITK 模块的医学图像配准

如前所述，配准的目的是估计与给定输入图像中的点相关联的变换。据说通过配准所估计的变换是用来将（图像的）点从固定图像坐标系映射到移动图像坐标系。SimpleITK 模块会提供一个可配置的多分辨率配准框架——该框架通过 ImageRegistrationMethod 类来实现。要使用 ImageRegistrationMethod 类来创建特定的配准实例，需要选定如下几个组件来共同定义配准实例：

- 变换；
- 相似性度量；
- 优化程序；
- 插值器。

SimpleITK 模块中配准框架的组件如图 5-1 所示。

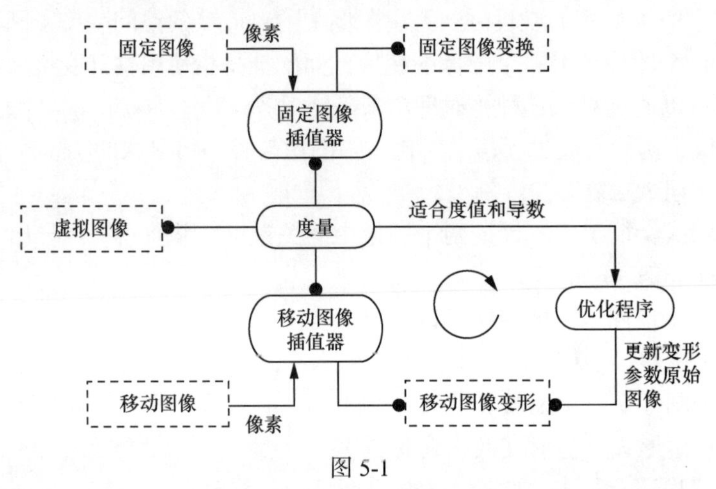

图 5-1

使用最优化参数空间（应用于运动图像，使得移动图像与固定图像对齐的变换是通过参数来定义的）来完成图像配准；使用优化算法对参数空间中的参数进行微调，以便优化在图像之间计算的相似性度量。

5.1.1 准备工作

代码实例使用 CT 扫描图像和 MRI-T1 图像来演示如何使用 SimpleITK 进行图像配准。这些图像是通过从网站（insight-journal 官方网站）下载的源文件（.mhd 格式）中提取的（在同意许可后，下载并解压缩 ZIP 文件）。首先，像往常一样导入所需的 Python 库：

```
%matplotlib inline
import SimpleITK as sitk
import numpy as np
import matplotlib.pyplot as plt
```

5.1.2 执行步骤

使用 SimpleITK 模块执行图像配准，具体步骤如下。

1. 读取要对齐的图像，其中，CT 扫描图像作为固定（目标）图像，MRI-T1 图像作为移动（原始）图像：

```
fixed_image = sitk.ReadImage("images/ct_scan_11.jpg", \
                             sitk.sitkFloat32)
moving_image = sitk.ReadImage("images/mr_T1_06.jpg", \
                              sitk.sitkFloat32)
```

2. 将 SimpleITK 图像对象转换为 NumPy 库数组，以便使用 matplotlib 来显示图像：

```
fixed_image_array = sitk.GetArrayFromImage(fixed_image)
moving_image_array = sitk.GetArrayFromImage(moving_image)
print(fixed_image_array.shape, moving_image_array.shape)
# (512, 512) (512, 512)
```

图 5-2 显示了固定图像、移动图像及初始对齐状态（可以看到，固定图像和移动图像没有正确对齐）。

CT扫描图像

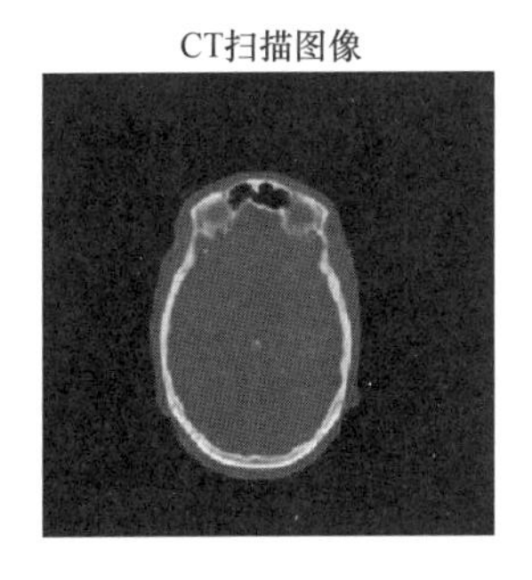

MRI-T1图像

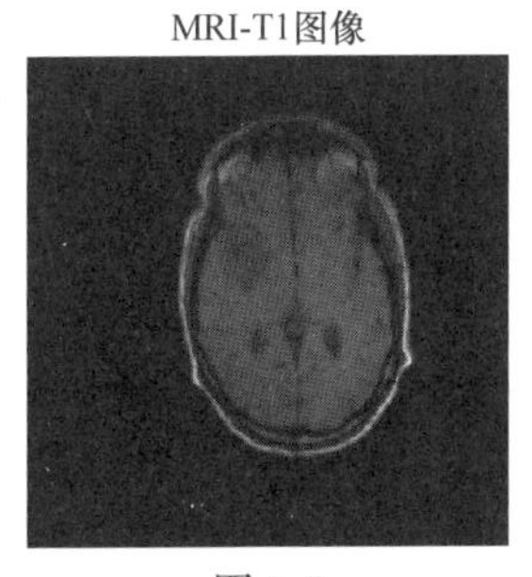

初始对齐图像

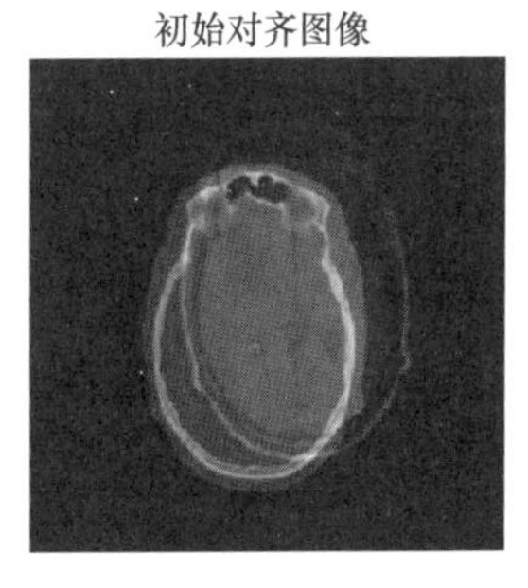

图 5-2

3. 创建一个 ImageRegistrationMethod 类的实例，其中，ImageRegistration Method 类会在 SimpleITK 库中实现可配置的多分辨率配准框架：

```
registration_method = sitk.ImageRegistrationMethod()
```

4. 使用 CenteredTransformInitializer() 函数对齐输入图像（包括固定图像、移动图像）的中心，并将固定图像的中心定义为旋转中心：

```
initial_transform = sitk.CenteredTransformInitializer(fixed_image,
\
                    moving_image, sitk.Similarity2DTransform())
```

5. 使用以下代码，将相似性度量设置为 MattesMutualInformation 度量，并将插值器 Interpolator 设置为简单线性插值器：

```
registration_method.SetMetricAsMattesMutualInformation(numberOfHist
ogramBins=50)
registration_method.SetInterpolator(sitk.sitkLinear)
```

6. 将优化器设置为梯度下降优化器，其中，学习率参数初始化为 1.0，迭代次数设置为 100：

```
registration_method.SetOptimizerAsGradientDescent(learningRate=1.0,
numberOfIterations=100, convergenceMinimumValue=1e-6,
convergenceWindowSize=10)
```

7. 应用初始变换，然后使用前述步骤中的设置来执行配准以便获得所估计的最终变换：

```
registration_method.SetInitialTransform(initial_transform,
inPlace=False)
final_transform =
registration_method.Execute(sitk.Cast(fixed_image,
sitk.sitkFloat32),
sitk.Cast(moving_image, sitk.sitkFloat32))
```

8. 根据在步骤 7 中所获得的最终变换，对移动（原始）图像进行重新采样，以便获得与固定（目标）图像对齐的图像：

```
resampler = sitk.ResampleImageFilter()
resampler.SetReferenceImage(fixed_image)
resampler.SetInterpolator(sitk.sitkLinear)
resampler.SetDefaultPixelValue(100)
resampler.SetTransform(final_transform)
out = resampler.Execute(moving_image)
```

9. 将目标图像与变换后（对齐）的原始图像相结合（以便可视化目标图像与原始图像的对齐状态）：

```
simg1 = sitk.Cast(sitk.RescaleIntensity(fixed_image), \
                  sitk.sitkUInt8)
simg2 = sitk.Cast(sitk.RescaleIntensity(out), sitk.sitkUInt8)
cimg = sitk.Compose(simg1, simg2, simg1//2.+simg2//2.)
```

运行上述代码并绘制目标（CT 扫描）图像、对齐的原始（MRI-T1）图像以及目标图像和原始图像的结合图像，会得到图 5-3 所示的输出。

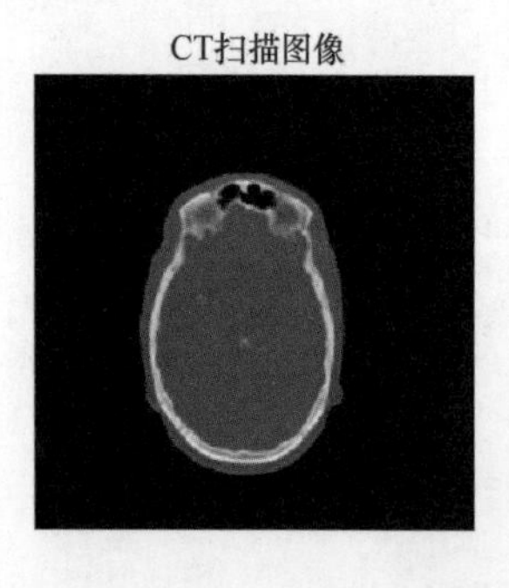

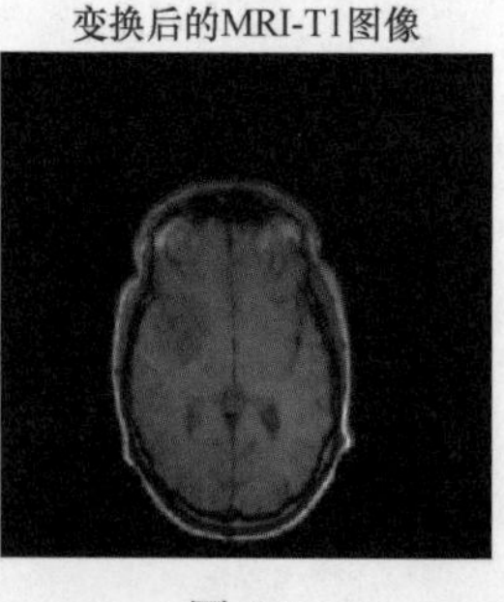

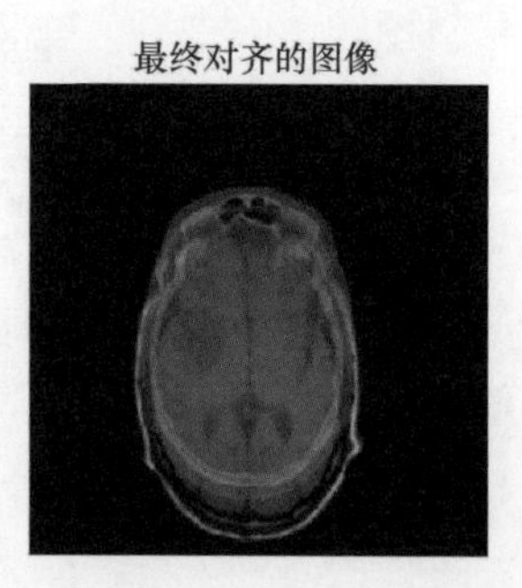

图 5-3

5.1.3 工作原理

对于模块化的 SimpleITK（v4）配准框架，ImageRegistrationMethod 类提供一个接口方法。该类会捕捉在两个图像间执行简单图像配准所需要的所有必要元素。

配准将使用最优化来完成，setOptimizarGradientDescent() 方法会实现一个简单的梯度下降优化器。在每次迭代时，根据以下等式来更新当前参数（在等式中，f 是最优化的目标函数，p_n 表示参数 p 在第 n 次迭代时的值，而参数 p 可以使用一个较小的随机值进行初始化处理）：

$$p_n + 1 = p_n - \text{learningRate}\frac{\delta f(p_n)}{\delta p_n}$$

传递给梯度下降函数的参数包括："learningRate"（学习率，默认为 1.0）、"numberOfIterations"（运行梯度下降算法的迭代次数）、"convergenceMinimumValue"（当收敛值达到该值时，该算法被视为收敛）以及"convergenceWindowSize"。

调用 SetMetricAsMattesMutualInformation() 函数，该函数借助 Mattes 等人提出的方法（Mattes 互信息）将两者之间带有共同信息的图像进行配准。

5.1.4 更多实践

绘制梯度下降算法迭代过程中的度量值（使用 SimpleITK 库中的 observers 对象），度量值看起来应该像图 5-4 所示的曲线（由于原始图像和目标图像的互信息会被最大化，而所获得的局部极大值需要突出显示，度量值通常应该随着迭代的进行而增加）。

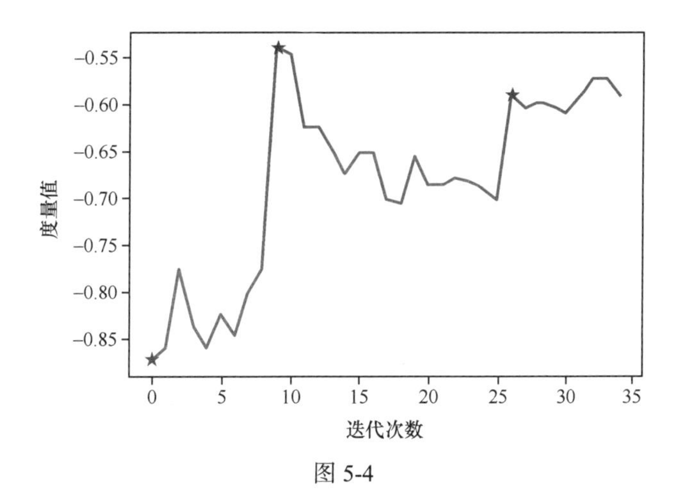

图 5-4

从 MRI-T1 图像以及该图像的移动（平移）图像开始，使用 SimpleITK 库来配准图像。使用两个不同的相似性度量（例如均方度量以及互信息度量）以及梯度下降优化器。然后，将得到图 5-5 所示的输出（注意：可以使用原始图像和目标图像的互信息来获得更好的对齐）。

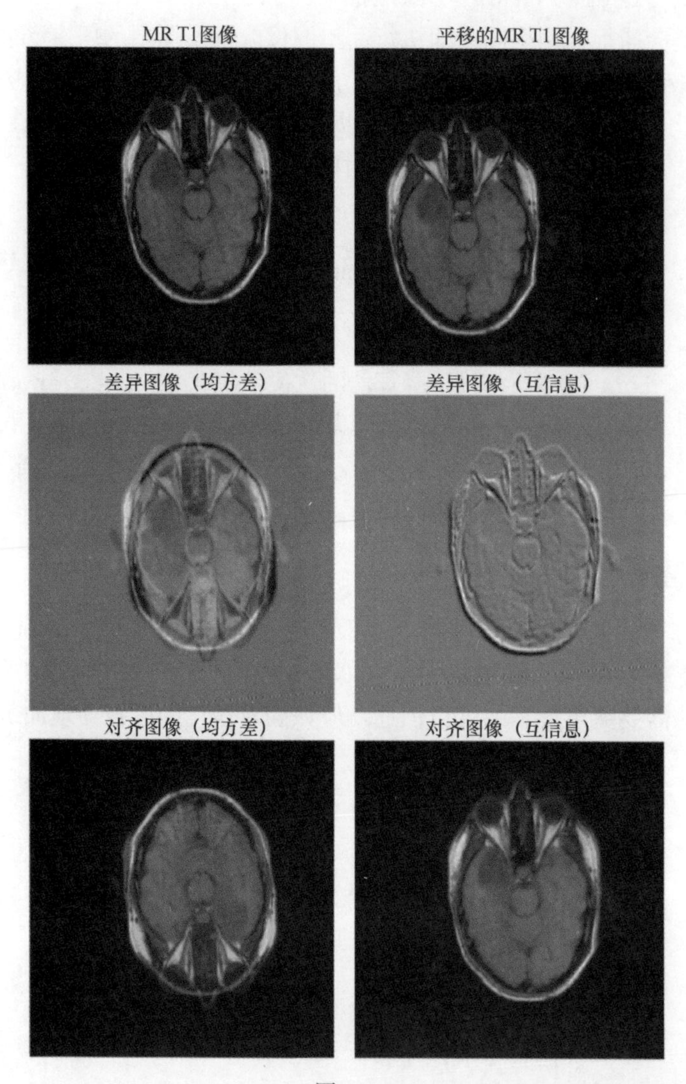

图 5-5

使用棋盘（checkerboard）可视化（提示：使用 `SimpleITK` 库中的 filter 对象）来显示配准前、后的图像（通过将输入图像 / 输出图像中的像素组合成棋盘图案），如图 5-6 所示。

使用 SimpleITK 库的配准框架，调用可变形（非仿射）变换（例如弹性变换）来配准两个图像。

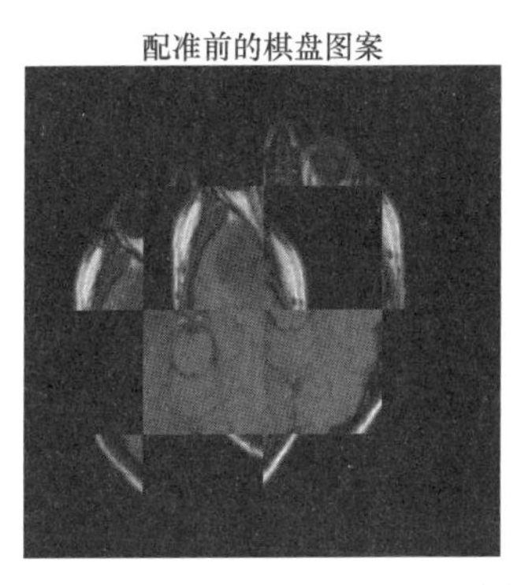

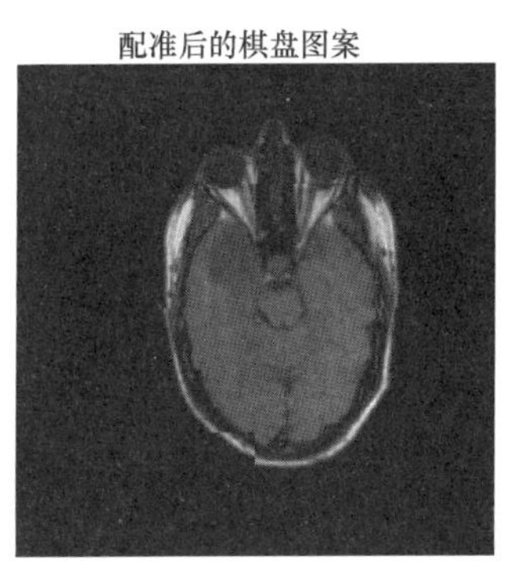

图 5-6

5.2 使用 ECC 算法进行图像对齐和变形

我们在 5.1 节讨论的参数化图像对齐涉及寻找能对齐两幅图像的变换。在本实例中，我们将介绍如何使用基于 OpenCV-Python 库实现的 ECC 准则来估计两个图像之间的几何变换 [就变形（扭曲）矩阵而言]。如果给定一对图像轮廓（强度）$I_r(x)$（参考图像）和 $I_w(y)$（变形图像），以及一组坐标 $T=\{x_k, k=1, \cdots, K\}$（目标区域），那么对齐问题就是在扭曲图像中找到相应的坐标集。假设 φ 是给定的转换模型，可以将对齐问题外推到估计参数 p 的问题，如图 5-7 所示。

估计参数p：$I_r(\mathrm{x})=I_w(\phi(\mathrm{x};\mathrm{p})),\ \forall \mathrm{x} \in T$

最优化问题：$\min\limits_{\mathrm{p},\alpha} E(\mathrm{p},\alpha)=\min\limits_{\mathrm{p},\alpha}\sum\limits_{\mathrm{x}\in T}|I_r(\mathrm{x})-\Psi(I_w(\phi(\mathrm{x};\mathrm{p})),\alpha)|^p$

参考向量：$i_r=[I_r(\mathrm{x}_1)\ I_r(\mathrm{x}_2)\cdots I_r(\mathrm{x}_K)]^t$

变形向量：$\mathrm{i}_w(\mathrm{p})=[I_w(\mathrm{y}_1(\mathrm{p}))\ I_w(\mathrm{y}_2(\mathrm{p}))\cdots I_w(\mathrm{y}_K(\mathrm{p}))]^t$

（最小化）ECC准则：$E_{\mathrm{ECC}}(\mathrm{p})=\left\|\frac{\bar{\mathrm{i}}_r}{\|\bar{\mathrm{i}}_r\|}-\frac{\bar{\mathrm{i}}_w(\mathrm{p})}{\|\bar{\mathrm{i}}_w(\mathrm{p})\|}\right\|^2$

（最大化）增强相关系数：$\rho(\mathrm{p})=\frac{\bar{\mathrm{i}}_r^t\bar{\mathrm{i}}_w(\mathrm{p})}{\|\bar{\mathrm{i}}_r\|\,\|\bar{\mathrm{i}}_w(\mathrm{p})\|}=\hat{\mathrm{i}}_r^t\frac{\bar{\mathrm{i}}_w(\mathrm{p})}{\|\bar{\mathrm{i}}_w(\mathrm{p})\|}$

图 5-7

$\rho(p)$ 使用通过基于梯度的方法实现最大化。ECC 准则不依赖于对比度 / 亮度的变化，而是通过对非线性目标函数的近似进行迭代优化，进而使得优化器的计算变得简单。

5.2.1 准备工作

本实例使用颜色通道没有实现正确对齐（导致彩色图像显示不正确）的彩色（RGB）图

像。范例中将使用 ECC 算法来对齐颜色通道，然后渲染彩色图像以改善其可视化效果。首先像往常一样导入所需的 Python 库：

```
import cv2
import numpy as np
import matplotlib.pylab as plt
```

5.2.2 执行步骤

我们使用 OpenCV-Python 库来实现 ECC 算法，具体步骤如下。

1. 由于与强度域中的图像颜色通道相比，梯度域中的通道相关性更强，因此本实例将在梯度域中运行 ECC 算法。定义 `get_gradient()` 函数——实例很快会用到该函数：

```
def get_gradient(im) :
 grad_x = cv2.Sobel(im,cv2.CV_32F,1,0,ksize=3)
 grad_y = cv2.Sobel(im,cv2.CV_32F,0,1,ksize=3)
 grad = cv2.addWeighted(np.absolute(grad_x), 0.5, \
                np.absolute(grad_y), 0.5, 0)
 return grad
```

2. 读取输入的 RGB 图像，绘制 RGB 原始图像以及 RGB 原始图像未对齐的颜色通道：

```
im_unaligned = cv2.imread("images/me_unaligned.jpg")
height, width = im_unaligned.shape[:2]
print(height, width)
# 992 610
channels = ['B', 'G', 'R']

plt.figure(figsize=(30,12))
plt.gray()
plt.subplot(1,4,1), plt.imshow(cv2.cvtColor(im_unaligned, \
           cv2.COLOR_BGR2RGB)), plt.axis('off'), \
           plt.title('Unaligned Image (ECC)', size=20)
for i in range(3):
 plt.subplot(1,4,i+2), plt.imshow(im_unaligned[...,i]), \
           plt.axis('off')
 plt.title(channels[i], size=20)
plt.suptitle('Unaligned Image and Color Channels', size=30)
plt.show()
```

运行上述代码，会得到图 5-8 所示的输出。

3. 使用输入图像的副本来初始化输出图像：

```
im_aligned = im_unaligned.copy()
```

图 5-8

4. 初始化 wrap_mode 变量来选定要估计的运动模型：

```
warp_mode = cv2.MOTION_HOMOGRAPHY
```

5. 初始化 warp_matrix 变量（例如初始化为单位矩阵）以存储运动模型：

```
warp_matrix = np.eye(3, 3, dtype=np.float32)
    # if warp_mode == cv2.MOTION_HOMOGRAPHY
```

6. 定义迭代算法的终止标准：

```
criteria = (cv2.TERM_CRITERIA_EPS | cv2.TERM_CRITERIA_COUNT, 500,
1e-6)
```

7. 假设要将颜色通道（颜色通道 B 和颜色通道 G）与颜色通道 R 对齐，首先使用以下代码来计算颜色通道 R 的梯度：

```
im_grad2 = compute_gradient(im_unaligned[...,2])
```

8. 调用 findTransformECC() 函数来估计前两个通道（蓝色通道 B、绿色通道 G）到第三个通道（红色通道 R）的变形矩阵。注意，对于 RGB 图像，OpenCV-Python 库使用 BGR 颜色格式：

```
for i in range(2) :
(cc, warp_matrix) = cv2.findTransformECC(im_grad2, \
                      get_gradient(im_unaligned[...,i]), \
                      warp_matrix, warp_mode, criteria)
```

9. 将 warp_matrix 变量应用于绿色通道 G 和蓝色通道 B，以便使其与红色通道 R 对齐（由于 warp_matrix 是单应性变换，因此调用 warpPerspective() 函数）：

```
im_aligned[...,i] = cv2.warpPerspective (im_unaligned[...,i], \
```

```
                warp_matrix, (width,height), \
                flags=cv2.INTER_LINEAR + cv2.WARP_INVERSE_MAP)
```

运行上述代码，并绘制输出的对齐的 RGB 图像及其各个颜色通道，会得到图 5-9 所示的输出。

图 5-9

5.2.3 工作原理

在 `get_gradient()` 函数中，使用加权 Sobcl 水平梯度和垂直梯度来计算颜色通道的梯度。ECC 算法使用了 OpenCV-Python 库的 `findTransformECC()` 函数。该函数接收的前两个参数分别是（单颜色通道的）模板图像和输入图像。

红色通道图像被用作模板（参考），绿色通道或蓝色通道图像被用作输入。传递给函数的第三个参数是 `warp_matrix` 变量，该变量则被初始化为 3 × 3 单位矩阵。

传递给函数的第四个参数是运动模型，在这里，使用 `MOTION_HOMOGRAPHY` 作为运动模型（在 3 × 3 变形矩阵中要估计 8 个参数）。表 5-1 列出了 OpenCV-Python 中可以作为参数值传递的所有可能运动模型，其中 `MOTION_AFFINE` 是默认的运动模型。

表 5-1

运动模型	变形矩阵维度	要估计的参数数量
MOTION_TRANSLATION	2 × 3	2
MOTION_EUCLIDEAN	2 × 3	3
MOTION_AFFINE	2 × 3	6
MOTION_HOMOGRAPHY	3 × 3	8

根据 ECC 准则，此函数可以估计用于变换的最佳变形矩阵，具体如下所示：

$$\text{warpMatrix} = \arg\max_{w} \text{ECC}(\text{templateImage}(\boldsymbol{x}, y), \text{inputImage}(x', y'))$$

$$\text{where}\begin{bmatrix} x' \\ y' \end{bmatrix} = W \cdot \begin{bmatrix} x \\ y \\ 1 \end{bmatrix}$$

findTransformECC() 函数会返回最终增强的相关系数，该系数是经过变形的输入图像和模板图像之间计算而得到的。该函数使用强度上的相似性来实现基于区域的对齐。通过该函数，可更新初始变换，使图像（输入图像与模板图像）大致对齐。

如果图像经过剧烈的位移或发生图像旋转，则需在大致对齐图像之前，首先应用其他变换（例如，应用简单的欧几里得变换，使得图像具有近似的内容）。

调用 warpPerspective() 函数（带有输入标志 cv2.WARP_INVERSE_MAP 和估计的 warp_matrix 变量），来对输入图像应用逆向变形，以便使得输入图像的绿色通道或蓝色通道接近于作为参考值的红色通道。

5.2.4 更多实践

使用 ECC 算法，重建彩色图像的 Prokudin-Gorskii Collection。使用两个具有剧烈位移/旋转的图像并采用 ECC 算法，利用正确初始化的 warp_matrix 变量将图像对齐。

5.3 使用 dlib 库进行人脸对齐

人脸对齐可以看作一项图像处理任务，具体包括以下步骤：

1. 识别**面部（人脸）标志**（或**面部几何结构**）；
2. 通过使用**面部标志**估计要对齐的人脸的**几何变换**（例如**仿射变换**）来计算标准对齐。

人脸对齐是一个数据规范化过程，该过程是许多人脸识别算法中必不可少的预处理步骤。在本实例中，我们将首先学习如何使用 dlib 库的人脸检测器从包含人脸的图像中检测到人脸，接着使用形状预测器从检测到的人脸中提取面部标志。然后，使用所提取的面部标志，将输入人脸（通过使用估计的变换）变形到输出人脸。

使用面部标志来识别人脸的关键面部属性（例如嘴角、左眼/右眼/眉毛、鼻尖、下巴等），并对这些属性进行标记。dlib 库的人脸检测器会使用预训练的回归树集合，直接对来自输入人脸图像的像素强度（无须任何特征提取）的标志进行高精度标记。接下来，在范例中，将使用 imutil 库中的 FaceAligner 类来对齐人脸，具体操作是：先估计仿射变换，然后对要对齐的候选人脸中所提取的标志应用仿射变换。

5.3.1 准备工作

我们先导入以下 Python 库来开启本实例：

```
from imutils.face_utils import FaceAligner
from imutils.face_utils import rect_to_bb
import imutils
import dlib
import cv2
import matplotlib.pylab as plt
```

5.3.2 执行步骤

我们使用 imutil 库（该程序库来自 PyImagesearch 网站）来实现面部对齐，具体步骤如下。

1. 从 dlib 库中初始化人脸检测器。将预先训练好的模型加载为人脸标志预测器，最后，从 imutils 库中实例化 FaceAligner 对象：

```
detector = dlib.get_frontal_face_detector()
predictor =
dlib.shape_predictor('models/shape_predictor_68_face_landmarks.dat'
)
face_aligner = FaceAligner(predictor, desiredFaceWidth=256)
```

2. 从磁盘中读取输入图像，调整图像大小，并将其转换为灰度图像：

```
image = cv2.imread('images/scientists.png')
image = imutils.resize(image, width=800)
gray = cv2.cvtColor(image, cv2.COLOR_BGR2GRAY)
```

此时，如果绘制原始图像，则将得到图 5-10 所示的输出。

3. 使用以下代码行来检测灰度图像中的人脸：

```
rects = detector(gray, 2)
print('Number of faces detected:', len(rects))
# 17
```

4. 循环遍历所检测到的人脸。对于每个人脸，提取感兴趣区域（ROI），使用面部标志来估计用于人脸对齐的仿射变换，然后应用该仿射变换来对齐人脸：

```
for rect in rects:
(x, y, w, h) = rect_to_bb(rect)
face_original = imutils.resize(image[y:y + h, x:x + w], width=256)
face_aligned = face_aligner.align(image, gray, rect)
```

如果运行上述代码，并绘制所检测到且实现对齐的人脸，则将得到图 5-11 所示的输出（仅显示 4 组人脸）。

原始图像：著名的印度科学家

图 5-10

部分检测并对齐的人脸
原始人脸
对齐的人脸
原始人脸
对齐的人脸
原始人脸
对齐的人脸
原始人脸
对齐的人脸

图 5-11

5.3.3　工作原理

调用 dlib 库中的 get_frontial_face_detector() 函数 [基于**方向梯度直方图**（**HOG**）特征] 来检测人脸。调用 dlib 库中的 shape_predictor() 函数 [以带有序列化的预训练面部标志检测器（数据文件）作为参数] 从所检测到的给定人脸中估计映射到面部标志（结构）的 68 个关键点的 (x,y) 坐标，dlib 库的形状预测器内部实现了 Kazemi 和 Sullivan 的算法，该算法使用集成回归树直接从输入的人脸像素中（无须进行任何特征提取）估计人脸标志。从人脸所提取的标志如图 5-12 所示。

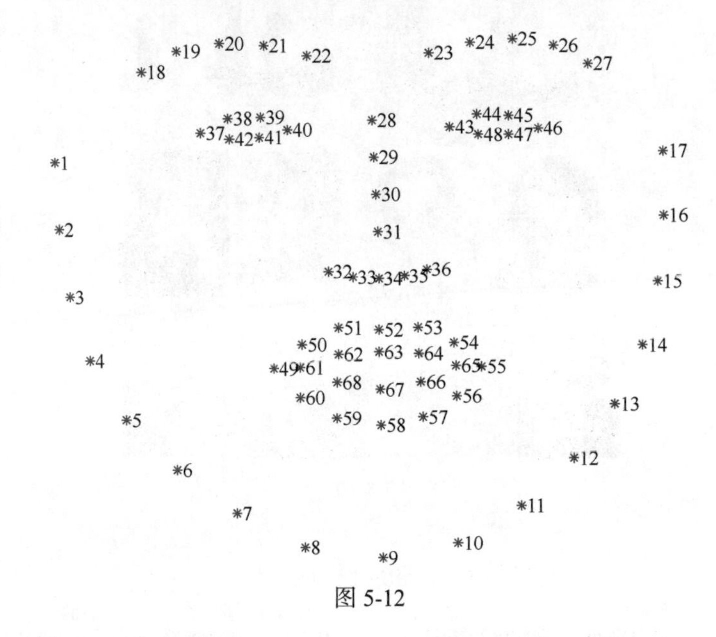

图 5-12

将 shape_predictor 对象作为 FaceAligner 类实例创建的输入参数，来实例化 imutils 库中 FaceAligner 类的一个对象（因为 FaceAligner 类实例需要获得所提取的面部标志）。FaceAligner 类实例的 align() 方法被用于对齐所检测到的给定人脸。

align() 方法对面部标志执行以下操作，以便对齐给定人脸。计算两眼连线的旋转角度，该计算可用于矫正旋转。接下来，该函数用于计算新输出图像的比例。

最后，align() 函数调用 OpenCV-Python 库中的 warpAffine() 函数（将计算出的旋转矩阵和所需的输出大小作为函数的参数）以获得对齐的输出图像。

5.3.4　更多实践

读者可以先从图 5-13 所示的以两种不同方向展示的蒙娜丽莎的脸部开始，随后使用 dlib 库的人脸检测器和形状预测器来检测人脸以及面部标志。

现在，使用所提取的面部标志来估计仿射变换（使用 scikit-image 库），然后基于右侧人脸来变形左侧人脸。如果绘制所检测到的人脸、变形人脸以及所提取的面部标志，则获得图 5-14 所示的图像。

图 5-13

我们也可以使用深度学习来对齐面部，尝试使用 `DeepLearningNetwork` 和 `face_alignment` 库来完成面部对齐；还可以使用 `face_alignment` 库函数来获得二维和三维的人脸特征（与 `dlib` 相比较），如图 5-15 所示（这个作业留给读者）。

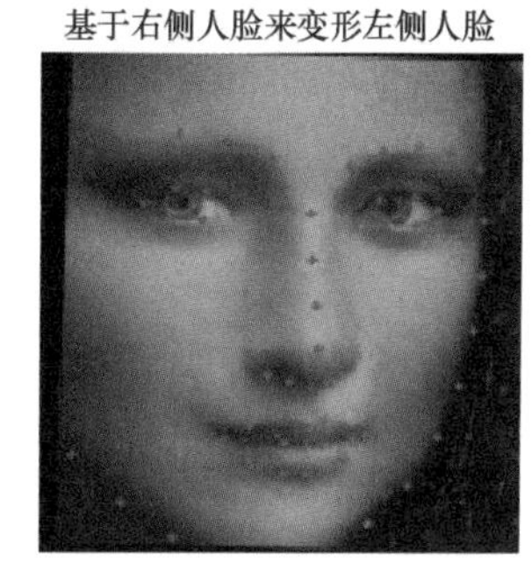

图 5-14

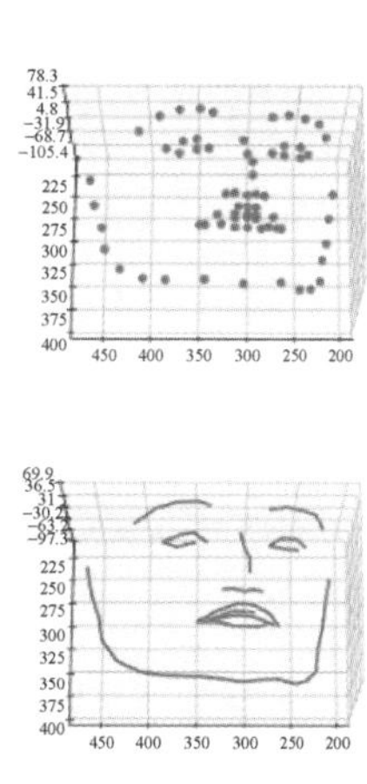

图 5-15

5.4 RANSAC 算法的鲁棒匹配和单应性

随机采样一致性（RANSAC）是一种迭代的非确定性算法，用于对从完整数据集（包含异常值）的若干随机内联子集中数学模型的参数进行鲁棒估计。在本实例中，我们将使用基于 skimage.measure 模块实现的 RANSAC 算法。RANSAC 算法的每次迭代都会执行以下操作。

1. 从原始数据（假设的样本点）中选择一个大小为 min_samples 的随机样本，并确保样本数据集对于拟合模型是有效的。
2. 将模型（估计的模型参数）拟合到采样数据集，并确保所估计的模型是有效的。
3. 检查所估计的模型是否拟合（fit）所有其他数据点。通过针对所估计的模型计算特定于模型的损失函数（例如残值），计算所有数据点的一致集（样本点 inliers）和异常值。样本点被定义为残值小于指定残差阈值的数据点。
4. 如果一致集（样本点）中的样本数最大，那么算法会将模型（由估计的模型参数来定义）保存为（迄今为止的）最佳模型。如果存在平局（就样本点的数量而言），残差较少的模型被视为最佳模型。

重复执行上述步骤，直到达到执行的最大次数（由 max_trials 定义），或者直到满足停止标准之一（由变量 stop_sample_num、stop_probability 等指定）为止。与迄今为止所找到的所有样本点相对应的最佳模型，即最终模型。在概率 p 的情况下，至少存在一个随机样本没有异常值，这时所需试验（或选择的随机样本）的数量 N 由图 5-16 所示的表达式给出（所期望的 p 的代表值为 0.99 或更高）。

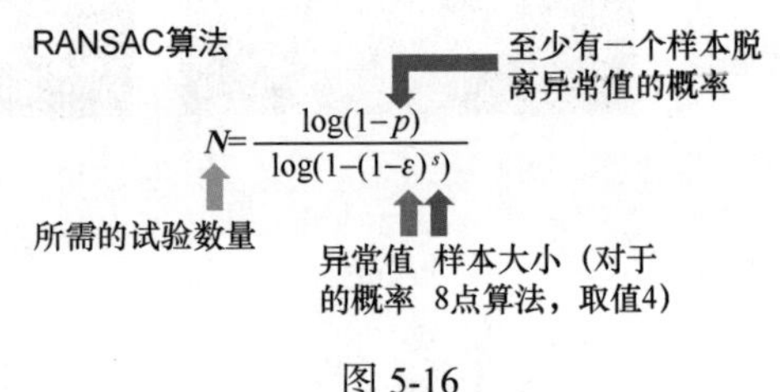

图 5-16

5.4.1 准备工作

在本实例中，我们使用 RANSAC 算法，即借助 Harris 角点关键点和**二值鲁棒独立基本特征**（Binary Robust Independent Elementary Feature，BRIEF）二值描述符，来计算两幅图像（加尔各答的维多利亚纪念堂）之间的鲁棒匹配（基于特征的对齐），并估计鲁棒单应性矩阵（在使用 / 不使用 RANSAC 算法的情况下，使用矩阵来扭曲第一个描述符上的第二张图像）。首先，导入所需的 Python 库：

```
from skimage.feature import (corner_harris, corner_peaks, BRIEF,
match_descriptors, plot_matches)
from skimage.transform import ProjectiveTransform, warp
from skimage.measure import ransac
from skimage.io import imread
```

```
from skimage.color import rgb2gray
import numpy as np
import matplotlib.pylab as plt
```

5.4.2 执行步骤

让我们运行以下代码，来查看 RANSAC 算法如何使得模型拟合更可靠。

1. 使用 numpy 库设置一个随机种子（设置随机种子是为了得到可重复的结果）：

```
np.random.seed(2)
```

2. 读取要匹配的输入图像：

```
img1 = rgb2gray(imread('images/victoria3.png'))
img2 = rgb2gray(imread('images/victoria4.png'))
```

3. 使用以下代码，从输入图像中提取 Harris 角点关键点（特征）：

```
keypoints1 = corner_peaks(corner_harris(img1), min_distance=1)
keypoints2 = corner_peaks(corner_harris(img2), min_distance=1)
```

4. 针对两个输入图像所找到的关键点，提取二值 BRIEF 描述符：

```
extractor = BRIEF(patch_size=10)
extractor.extract(img1, keypoints1)
descriptors1 = extractor.descriptors
extractor.extract(img2, keypoints2)
descriptors2 = extractor.descriptors
```

5. 匹配来自两个图像的描述符，并仅从匹配的图像中选择关键点：

```
matches = match_descriptors(descriptors1, descriptors2)
src_keypoints = keypoints1[matches[:,0]]
dst_keypoints = keypoints2[matches[:,1]]
```

6. 使用原始图像和目标图像中所有匹配的关键点来计算两幅图像的单应性矩阵。如下所示，共有 39 个匹配的关键点：

```
homography = ProjectiveTransform()
homography.estimate(src_keypoints, dst_keypoints)
print(len(matches))
# 39
```

7. 借助 ProjectiveTransform 类，使用 RANSAC 算法来计算具有最多样本点的鲁棒匹配。这样将获得一个不同的单应性矩阵。可以看到，使用 RANSAC 算法，关键点匹配的数量减少到了 6 个（只有鲁棒性匹配得以保存下来）：

```
homography_robust, inliers = ransac((src_keypoints, dst_keypoints),
                                    ProjectiveTransform, min_samples=4,
```

```
                                    residual_threshold=2, max_trials=500)
robust_matches = match_descriptors(descriptors1[matches[:,0]]
                    [inliers], descriptors2[matches[:,1]][inliers])
print(len(robust_matches))
# 6
```

8. 使用 ProjectiveTransform 对象，即分别通过使用 / 不使用 RANSAC 算法来获得，将第二个图像扭曲到第一个图像上，并绘制它们：

```
img2_proj_with_homography = warp(img2, homography,
output_shape=img2.shape)
img2_proj_with_robust_homography = warp(img2, homography_robust,
output_shape=img2.shape)
```

5.4.3 工作原理

如果运行上述代码，并分别依据使用 / 不使用 RANSAC 算法所获得的关键点和描述符开始绘制匹配，然后使用估计的 homography 单应性矩阵，将第二个图片扭曲到第一个图像上，则将得到图 5-17 所示的输出。

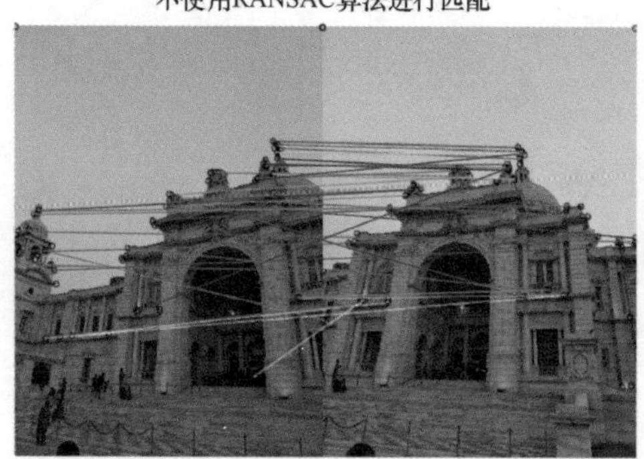

图 5-17

可以看到，使用 RANSAC 算法可以删除所有错误的关键点匹配并生成一个更好的投影变换。

调用 `skimage.feature` 模块中的 `corner_harris()` 函数和 `corner_peaks()` 函数，以便从输入图像中获取 Harris 角点关键点，即 `corner_harris()` 函数通过选取响应函数 R 中的局部极大值来找到关键点，如图 5-18 所示。

实例化 `skimage.feature` 模块的 `BRIEF` 类，并使用该类的 `extract()` 方法来计算与两个图像的匹配关键点相对应的二值描述符。`BRIEF` 是一种有效的二值特征描述符，它通常具有很强的判别性。汉明距离（Hamming distance）通常结合二值描述符（如 `BRIEF`）进行特征匹配，这会使得特征匹配的计算成本（不需要浮点运算）低于 L2 范数。

再次调用 `skimage.feature` 模块的 `match_descriptors()` 函数来匹配相应的关键点，该函数只返回匹配的关键点。调用 `skimage.feature` 模块的 `ransac()` 函数来拟合 RANSAC 算法进行变换的单应性模型。

`ransac()` 函数的参数包括原始图像、目标图像、模型类（`ProjectiveTransform` 类）、最小样本数 `min_samples`（由于要估计单应性的数据点数最小值为 8，因此使用 8 点算法，将该数值设置为 4）、残差阈值 `residual_threshold`（要分类为样本点的数据点的最大距离）、`max_trials`（算法的最大迭代次数）。

最后，调用 `warp()` 函数对目标图像应用投影变换（使用单应性对象 `homography` 作为函数的逆映射参数 `inverse_map`，该单应性对象为使用 / 不使用 RANSAC 算法估计的单应性矩阵的逆矩阵），如图 5-19 所示。

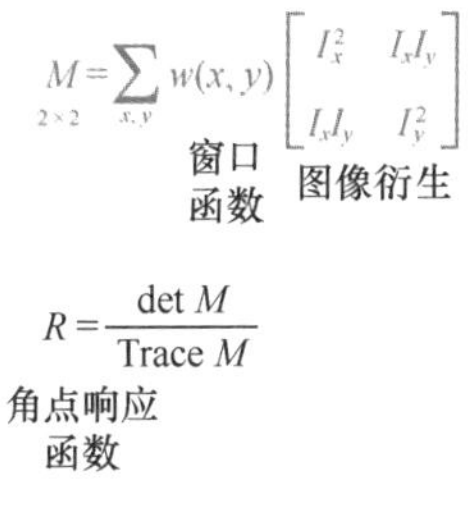

$$M_{2\times 2}=\sum_{x,y} w(x,y)\begin{bmatrix} I_x^2 & I_xI_y \\ I_xI_y & I_y^2 \end{bmatrix}$$

窗口函数 图像衍生

$$R=\frac{\det M}{\text{Trace } M}$$

角点响应函数

图 5-18

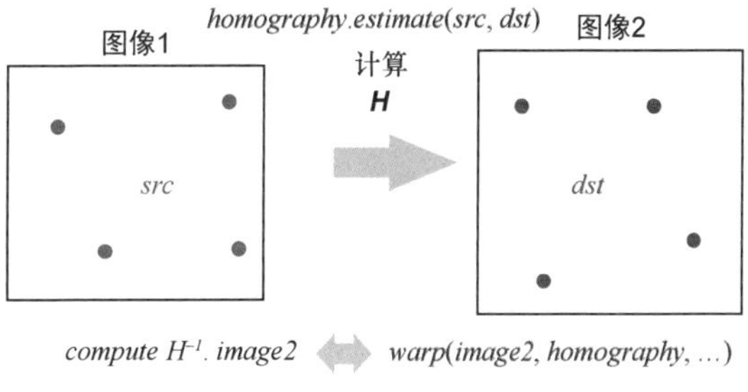

图 5-19

5.5 图像拼接（全景）

图像拼接（也称为“**图像拼图**”）是指将多个重叠图像组合起来以创建一个（分割的）全景图像（或称为“**图像镶嵌**”）的图像处理任务。图像拼接包括 3 个主要组成部分：记录图像（使其特征对齐）、确定重叠和混合。

在本实例中，我们将介绍如何对一组图像实现图像拼接：使用**尺度不变特征变换**（**SIFT**）特性（基于 OpenCV-Python 库）来记录一组重叠图像；将该组图像变形以匹配重叠区域；并将尚未出现的新区域迭代地添加到图像拼接中。在本实例中，我们还将学习如何使用 OpenCV-Python 库的 stitch 类的单个方法来创建图像拼接。

5.5.1　准备工作

本实例将使用几张加尔各答维多利亚纪念堂的（重叠）图像，使用 OpenCV-Python 库函数对这些图像进行拼接。让我们像往常一样导入所需的 Python 库：

```
import cv2
import numpy as np
from matplotlib import pyplot as plt
import math
import glob
```

5.5.2　执行步骤

实现图像拼接所需的步骤（需要实现一些函数）如下。

1. 实现 `compute_homography()` 函数，该函数会从两个给定的输入图像计算单应性矩阵 $\boldsymbol{h}$：

```
def compute_homography(image1, image2, bff_match=False):
```

2. 与之前的实例类似，第二步首先计算关键点 / 描述符（这次使用的描述符是 SIFT）：

```
sift = cv2.xfeatures2d.SIFT_create(edgeThreshold=10, sigma=1.5, \
                                   contrastThreshold=0.08)
kp1, des1 = sift.detectAndCompute(image1, None)
kp2, des2 = sift.detectAndCompute(image2, None)
```

3. 使用暴力（brute-force）算法的 `knnMatch()` 函数来匹配描述符，然后使用 Lowe（SIFT 的作者）所提出的比值判别法（ratio test）选择良好的匹配：

```
bf = cv2.BFMatcher() # Brute force matching
matches = bf.knnMatch(des1, trainDescriptors=des2, k=2)
good_matches = []
for m, n in matches:
  if m.distance < 0.75 * n.distance: # Lowes Ratio
    good_matches.append(m)
```

4. 使用与良好匹配相对应的关键点来估计并返回单应性矩阵 $\boldsymbol{H}$：

```
src_pts = np.float32([kp1[m.queryIdx].pt for m in \
                      good_matches]).reshape(-1, 1, 2)
```

```
dst_pts = np.float32([kp2[m.trainIdx].pt for m in \
                      good_matches]).reshape(-1, 1, 2)
if len(src_pts) > 4:
 H, mask = cv2.findHomography(dst_pts, src_pts, cv2.RANSAC, 5)
else:
 H = np.array([[0, 0, 0], [0, 0, 0], [0, 0, 0]])
return H
```

5. 实现 warp_image() 函数，该函数会使用单应性矩阵 ***H*** 来变形图像（正如前面的实例中所执行的变形）：

```
def warp_image(image, H):
 image = cv2.cvtColor(image, cv2.COLOR_BGR2BGRA)
 h, w, _ = image.shape
```

6. 找到新图像 x 坐标和 y 坐标的最小值和最大值：

```
p = np.array([[0, w, w, 0], [0, 0, h, h], [1, 1, 1, 1]])
p_prime = np.dot(H, p)
yrow = p_prime[1] / p_prime[2]
xrow = p_prime[0] / p_prime[2]
ymin, xmin, ymax, xmax = min(yrow), min(xrow), max(yrow), \
   max(xrow)
```

7. 创建一个用于删除偏移量的新矩阵，并将该矩阵乘单应性矩阵 ***H***：

```
new_mat = np.array([[1, 0, -1 * xmin], [0, 1, -1 * ymin], \
                    [0, 0, 1]])
H = np.dot(new_mat, H)
```

8. 计算新图像框的高度和宽度：

```
height, width = int(round(ymax - ymin)), int(round(xmax - xmin))
size = (width, height)
```

9. 使用单应性矩阵 ***H*** 创建输入图像的球面变形，并返回变形图像：

```
warped = cv2.warpPerspective(src=image, M=H, dsize=size)
return warped, (int(xmin), int(ymin))
```

10. 使用以下代码实现一个函数，该函数会在给定单应性矩阵的情况下，创建输入图像的柱面变形：

```
def cylindrical_warp_image(img, H):
  h, w = img.shape[:2]
```

11. 将像素坐标转换为齐次坐标：

```
y_i, x_i = np.indices((h, w)) # pixel coordinates
X = np.stack([x_i,y_i,np.ones_like(x_i)],axis=-1).reshape(h*w,3)
```

```
# to homogeneous
```

12. 标准化坐标：

```
Hinv = np.linalg.inv(H)
X = Hinv.dot(X.T).T # normalized coords
```

13. 计算柱面坐标 $(\sin\theta, h, \cos\theta)$，并将齐次坐标转换回像素坐标：

```
A = np.stack([np.sin(X[:,0]),X[:,1],np.cos(X[:,0])],\
            axis=-1).reshape(w*h,3)
B = H.dot(A.T).T # project back to image-pixels plane
B = B[:,:-1] / B[:,[-1]] # back from homogeneous coordinates
```

14. 确保仅在图像边界内变形坐标：

```
B[(B[:,0] < 0) | (B[:,0] >= w) | (B[:,1] < 0) | \
   (B[:,1] >= h)] = -1
B = B.reshape(h, w, -1)
```

15. 根据柱面坐标来变形图像，并返回 `cv2.remap` 对象：

```
return cv2.remap(img_rgba, B[:,:,0].astype(np.float32), \
           B[:,:,1].astype(np.float32), cv2.INTER_AREA, \
           borderMode=cv2.BORDER_TRANSPARENT)
```

16. 以一组输入图像和相应的原点作为参数，实现一个创建图像拼接的函数：

```
def create_mosaic(images, origins):
```

17. 先找到中心图像和相应的原点：

```
for i in range(0, len(origins)):
    if origins[i] == (0, 0):
        central_index = i
        break

central_image = images[central_index]
central_origin = origins[central_index]
```

18. 将原点 `origins` 和图像 `images` 压缩到一起，并依据图像与原点的距离对其（从高到低）排序：

```
zipped = list(zip(origins, images))
# sort by distance from origin
func = lambda x: math.sqrt(x[0][0] ** 2 + x[0][1] ** 2)
dist_sorted = sorted(zipped, key=func, reverse=True)
x_sorted = sorted(zipped, key=lambda x: x[0][0])
# sort by x value
y_sorted = sorted(zipped, key=lambda x: x[0][1])
# sort by y value
```

19．确定中心图像新框架中的坐标：

```
if x_sorted[0][0][0] > 0: cent_x = 0
    # leftmost image is central image
else: cent_x = abs(x_sorted[0][0][0])
if y_sorted[0][0][1] > 0: cent_y = 0
    # topmost image is central image
else: cent_y = abs(y_sorted[0][0][1])
```

20．创建每个图像新框架中新起点的列表：

```
spots = []
for origin in origins:
    spots.append((origin[0]+cent_x, origin[1] + cent_y))
zipped = zip(spots, images)
# get height and width of new frame
total_height = 0
total_width = 0
for spot, image in zipped:
    total_width = max(total_width, spot[0]+image.shape[1])
    total_height = max(total_height, spot[1]+image.shape[0])
```

21．使用以下代码行来为输出的拼接图像创建新框架：

```
stitch = np.zeros((total_height, total_width, 4), np.uint8)
```

22．按距离顺序将图像拼接到所创建的框架中，并返回所获得的图像拼接：

```
for image in dist_sorted:
    offset_y = image[0][1] + cent_y
    offset_x = image[0][0] + cent_x
    end_y = offset_y + image[1].shape[0]
    end_x = offset_x + image[1].shape[1]
    stitch_cur = stitch[offset_y:end_y, offset_x:end_x, :4]
    stitch_cur[image[1]>0] = image[1][image[1]>0]
return stitch
```

23．实现 `create_panorama()` 函数，以给定要拼接的输入图像和中心图像（作为中心）的索引作为参数，创建输出的全景图：

```
def create_panorama(images, center):
    h,w,_ = images[0].shape
    f = 1000 # 800
    H = np.array([[f, 0, w/2], [0, f, h/2], [0, 0, 1]])
    for i in range(len(images)):
        images[i] = cylindrical_warp_image(images[i], H)
```

24．使用以下代码，拼接中心图像左侧的所有图像：

```
panorama = None
for i in range(center):
    print('Stitching images {}, {}'.format(i+1, i+2))
    image_warped, image_origin = warp_image(images[i], \
                        homography(images[i + 1], images[i]))
    panorama = create_mosaic([image_warped, images[i+1]], \
                        [image_origin, (0,0)])
    images[i + 1] = panorama
#print('Done left part')
```

25. 使用以下代码，拼接中心图像右侧的所有图像。函数会返回所获得的全景图：

```
for i in range(center, len(images)-1):
    print('Stitching images {}, {}'.format(i+1, i+2))
    image_warped, image_origin = warp_image(images[i+1], \
                        homography(images[i], images[i + 1]))
    panorama = create_mosaic([images[i], image_warped], \
                        [(0,0), image_origin])
    images[i + 1] = panorama
#print('Done right part')

return panorama
```

26. 调用 `create_panorama()` 函数以获得输出的图像拼接：

```
center = len(images) // 2
panorama = create_panorama(images, center)
```

绘制拼接的输入图像，则将得到图5-20所示的输出。

图 5-20

如果绘制输出的全景图像，则将得到图5-21所示的输出。

使用开放源代码计算机视觉类库 OpenCV-Python 获得全景图

我们可以使用 OpenCV-Python 库的 `Stitcher` 类方法直接实现图像拼接（无须显式地执行诸如特征提取、匹配、混合等步骤），只需运行以下步骤。

1. 确保使用的 OpenCV 的版本低于（或等于）3.4.2（直到 SIFT 专利到期）：

```
print(cv2.__version__)
# 3.4.2
```

2．初始化要拼接的图像列表：

```
images = [ cv2.cvtColor(cv2.imread(img), cv2.COLOR_BGR2RGB) for \
                    img in glob.glob('images/victoria*.png')]
print('Number of images to stitch: {}'.format(len(images)))
# Number of images to stitch: 7
```

3．实例化 OpenCV-Python 库的图像拼接 `Stitcher` 类的对象，然后采用 `stitch()` 方法生成图像拼接：

```
stitcher = cv2.createStitcher()
(status, stitched) = stitcher.stitch(images)
#print(status)
```

4．绘制全景图像：

```
plt.figure(figsize=(20,10))
plt.imshow(stitched), plt.axis('off'), plt.title('Final Panorama
Image', size=20)
plt.show()
```

运行上述代码，将会获得图 5-22 所示的全景图像。

最终全景图像

图 5-21

最终全景图像

图 5-22

5.5.3 工作原理

使用 SIFT 描述符来配准（或对齐）图像。调用 OpenCV-Python 库的 `findHomography()` 函数来计算两个图像之间的单应性矩阵。调用 OpenCV-Python 库的 `warpPerspective()` 函数，通过使用所获得的单应性矩阵在相邻图像上变形图像。

在创建图像拼接时，我们直接调用 OpenCV-Python 库中的 `Stitcher` 类的 `stitch()` 方法。`stitch()` 方法有其自身的处理通道，如图 5-23 所示。

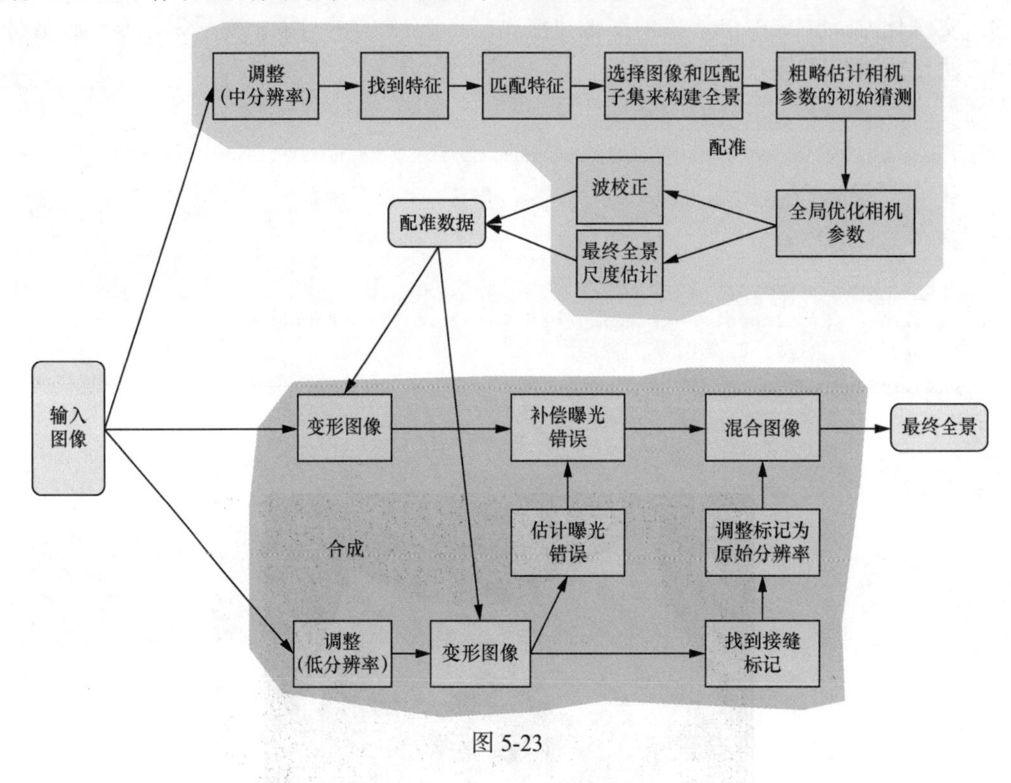

图 5-23

5.5.4 更多实践

在拼接全景图像的同时，使用金字塔图像融合或梯度（泊松）融合（提示：在 `create_mosaic()` 函数中进行更改）来融合图像，使得输出的全景图像看起来像是单个真实图像（图像融合后，拼接图像的边界会消失）。

5.6 人脸变形

图像变形 / 人脸变形的目标是找到图像中两个对象 / 人脸的平均值。它不是两个对象 / 人脸图像的平均值，而是一个对象 / 人脸平均值的图像。看到这里，读者脑海中第一个出现的想法可能是以下两个步骤：

1. 全局对齐两张人脸图像（使用仿射变换进行变形）；
2. 通过交叉融合（使用 alpha 融合实现的图像线性组合）来创建输出图像。

但上述做法通常行不通。这种情况下，可以再次求助于（本地）特征匹配。例如，要进行人脸变形，可以在关键点（例如鼻子到鼻子、眼睛到眼睛等）之间进行匹配，这是局部（非参数）变形。

使用网格变形（mesh-warping）算法实现人脸变形的步骤如下。

1. **定义对应关系**：人脸变形算法通过使用两个人脸共有的一组特征，将原始人脸转换为目标人脸。这些特征点可以是手动创建的，也可以是使用每个人脸的面部特征检测而自动生成的面部标志。算法需要找到要对齐的人脸之间的点对应关系（例如，使用两个人脸中相同的关键点顺序一致地标记特征点）。
2. **Delaunay 三角剖分**：该算法需要提供用于变形的点的三角剖分。Delaunay 三角剖分不会输出非常细致的三角形，因此，该方法的效果平平无奇。计算任意一个点集（不是两个点集）上的 Delaunay 三角剖分，并且在整个变形过程中，必须采用相同的三角剖分。
3. **计算中间（变形）人脸**：在计算整个变形序列之前，计算原始图像和目标图像的中间人脸。这涉及计算平均值形状（每个关键点位置在两个人脸中的平均值）：计算变形的图像中的特征点的位置 M。对于原始图像中的每个三角形，计算出将三角形的 3 个角映射到变形图像中的对应三角形的角点的仿射变换，然后使用刚刚计算的仿射变换，将三角形内部的所有像素变换到变形图像中。最后，将这两个图像进行 alpha 融合，然后得到算法实现的最终变形图像。

在本实例中，我们将学习如何实现人脸和狮子脸之间的面部变形，其中人脸的面部标志是使用 dlib 库的面部标志提取来自动获取的，而狮子面部相应的特征点是手动创建的。

5.6.1 准备工作

首先，导入实现面部变形所需的所有 Python 库：

```
from scipy.spatial import Delaunay
from skimage.io import imread
import scipy.misc
import cv2
import dlib
import numpy as np
from matplotlib import pyplot as plt
```

5.6.2 执行步骤

要实现人脸变形效果，需要执行如下步骤。

1. 使用 dlib 库的人脸检测器和形状预测器（正如在人脸对齐的实例中使用 dlib 库一样），通过实现 get_face_landmarks() 函数来自动计算人脸的面部标志。get_face_landmarks() 函数的参数包括输入图像，即一个指示是否添加边界点的布尔标志，以及 dlib 库的形状预测器 shape_predictor 模型的路径：

```
def get_face_landmarks(img, add_boundary_points=True,
predictor_path = 'images/shape_predictor_68_face_landmarks.dat'):
 detector = dlib.get_frontal_face_detector()
 predictor = dlib.shape_predictor(predictor_path)
```

2. 使用 dlib 库中适用于人脸的形状 predictor 对象，对所检测到的每张人脸（当前情况下只有一张人脸）计算 68 个面部标志（关键点），并返回面部标志：

```
dets = detector(img, 1)
points = np.zeros((68, 2))
for k, d in enumerate(dets):
  shape = predictor(img, d) # get the landmarks for the face \
   in box d.
  for i in range(68):
    points[i, 0] = shape.part(i).x
    points[i, 1] = shape.part(i).y
points = points.astype(np.int32)
return points
```

3. 狮子脸上相应的面部标志是在文本文件中手动定义的。使用以下函数读取狮子的面部标志：

```
def read_lion_landmarks():
    with open("images/lion_face_landmark.txt") as key_file:
         keypoints = [list(map(int, line.split())) for line in \
                     key_file]
    return(keypoints)
```

4. 使用以下函数计算两组点（像素）集的 alpha 融合，以及两个图像的 alpha 融合：

```
def weighted_average_points(start_points, end_points, percent=0.5):
     if percent <= 0: return end_points
     elif percent >= 1: return start_points
     else: return np.asarray(start_points*percent + \
            end_points*(1-percent), np.int32)

def weighted_average(img1, img2, percent=0.5):
     if percent <= 0: return img2
     elif percent >= 1: return img1
     else: return cv2.addWeighted(img1, percent, img2, \
            1-percent, 0)
```

5. 实现 `bilinear_interpolate()` 函数，对每个图像通道进行插值：

```
def bilinear_interpolate(image, coords):
    int_coords = coords.astype(np.int32)
    x0, y0 = int_coords
    dx, dy = coords - int_coords
    q11, q21, q12, q22 = image[y0, x0], image[y0, x0+1], \
                         image[y0+1, x0], image[y0+1, x0+1]
    btm = q21.T * dx + q11.T * (1 - dx)
    top = q22.T * dx + q12.T * (1 - dx)
    interpolated_pixels = top * dy + btm * (1 - dy)
    return interpolated_pixels.T
```

6. 实现 `get_grid_coordinates()` 函数，用于在输入点的 ROI 内生成所有可能的 `(x,y)` 网格坐标数组：

```
def get_grid_coordinates(points):
  xmin, xmax = np.min(points[:, 0]), np.max(points[:, 0]) + 1
  ymin, ymax = np.min(points[:, 1]), np.max(points[:, 1]) + 1
  return np.asarray([(x, y) for y in range(ymin, ymax)
         for x in range(xmin, xmax)], np.uint32)
```

7. 实现 `process_warp()` 函数，将来自 `src_img` 的三角形（位于 `result_img` 的 ROI 内的三角形）进行变形（对应于 `dst_points` 中的点）：

```
def process_warp(src_img, result_img, tri_affines, dst_points,
delaunay):
    roi_coords = grid_coordinates(dst_points)
    roi_tri_indices = delaunay.find_simplex(roi_coords)
    for simplex_index in range(len(delaunay.simplices)):
        coords = roi_coords[roi_tri_indices == simplex_index]
        num_coords = len(coords)
        out_coords = np.dot(tri_affines[simplex_index],
                     np.vstack((coords.T, np.ones(num_coords))))
        x, y = coords.T
        result_img[y, x] = bilinear_interpolate(src_img, \
                                         out_coords)
    return None
```

8. 实现 Python 语言下的生成器函数 `gen_triangular_affine_matrices()`，用以计算从 `dest_points` 的每个三角形顶点到 `src_points` 中相应顶点的仿射变换矩阵：

```
def gen_triangular_affine_matrices(vertices, src_points,
dest_points):
    ones = [1, 1, 1]
    for tri_indices in vertices:
        src_tri = np.vstack((src_points[tri_indices, :].T, ones))
```

```
        dst_tri = np.vstack((dest_points[tri_indices, :].T, ones))
        mat = np.dot(src_tri, np.linalg.inv(dst_tri))[:2, :]
        yield mat
```

9. 实现 warp_image() 函数，通过该函数获取原始图像 / 目标图像以及相应的控制点（面部标志），并使用先前所定义的函数来计算输出的变形图像以及控制点（面部标志）相应的 Delaunay 三角剖分：

```
def warp_image(src_img, src_points, dest_points, dest_shape):
 num_chans = 3
 src_img = src_img[:, :, :3]
 rows, cols = dest_shape[:2]
 result_img = np.zeros((rows, cols, num_chans), np.uint8)
 delaunay = Delaunay(dest_points)
 tri_affines =
np.asarray(list(gen_triangular_affine_matrices(delaunay.simplices,
                               src_points, dest_points)))
 process_warp(src_img, result_img, tri_affines, dest_points,
delaunay)
 return result_img, delaunay
```

10. 从文件中读取原始（人脸）图像、目标（狮子脸）图像以及狮子脸的标志。调整原始图像的大小以匹配目标图像的大小。调用 get_face_landmarks() 函数来计算人脸标志：

```
src_path = 'images/me.png'
dst_path = 'images/lion.png'
src_img = imread(src_path)
dst_img = imread(dst_path)
size = dst_img.shape[:2]
src_img = cv2.resize(src_img[...,:3], size)
src_points = get_face_landmarks(src_img)
dst_points = read_lion_landmarks()
```

如果输入原始图像、目标图像以及标志，则会得到图 5-24 所示的输出。

11. 运行以下代码来可视化带有三角形的人脸（使用 Delaunay 三角剖分获得），其中，以面部标志作为三角剖分的顶点：

```
fig = plt.figure(figsize=(20,10))
plt.subplot(121), plt.imshow(src_img)
plt.triplot(src_points[:,0], src_points[:,1],
src_d.simplices.copy())
plt.plot(src_points[:,0], src_points[:,1], 'o', color='red')
plt.title('Source image', size=20), plt.axis('off')
plt.subplot(122), plt.imshow(dst_img)
plt.triplot(dst_points[:,0], dst_points[:,1],
```

```
end_d.simplices.copy())
plt.plot(dst_points[:,0], dst_points[:,1], 'o')
plt.title('Destination image', size=20), plt.axis('off')
plt.suptitle('Delaunay triangulation of the images', size=30)
fig.subplots_adjust(wspace=0.01, left=0.1, right=0.9)
plt.show()
```

运行上述代码，则将得到图 5-25 所示的输出。

图 5-24

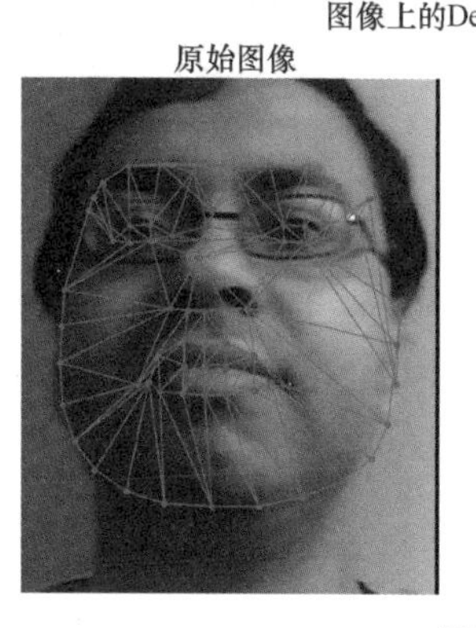

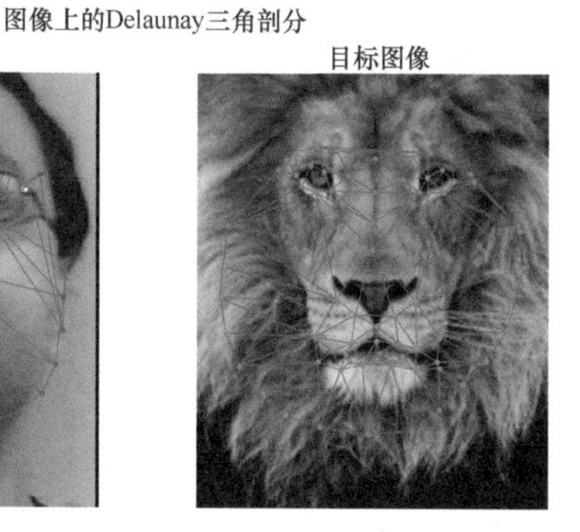

图 5-25

12. 使用逐步增加（从 0 到 1）的 alpha 值来计算变形图像，以获得具有不同融合比例的多个变形图像，并对多个变形图像进行动画处理，以便观察从原始图像到目标图像的平滑过渡：

```
fig = plt.figure(figsize=(18,20))
fig.subplots_adjust(top=0.925, bottom=0, left=0, right=1, \
                    wspace=0.01, hspace=0.08)
i = 1
```

```
for percent in np.linspace(1, 0, 16):
 points = weighted_average_points(src_points, dst_points, percent)
 src_face, src_d = warp_image(src_img, src_points, points, size)
 end_face, end_d = warp_image(dst_img, dst_points, points, size)
 average_face = weighted_average(src_face, end_face, percent)
 plt.subplot(4,4,i), plt.imshow(average_face)
 plt.title('alpha=' + str(round(percent,4)), size=20), \
           plt.axis('off')
 i += 1
plt.suptitle('Face morphing', size=30)
plt.show()
```

运行上述代码，则将得到图 5-26 所示的输出。

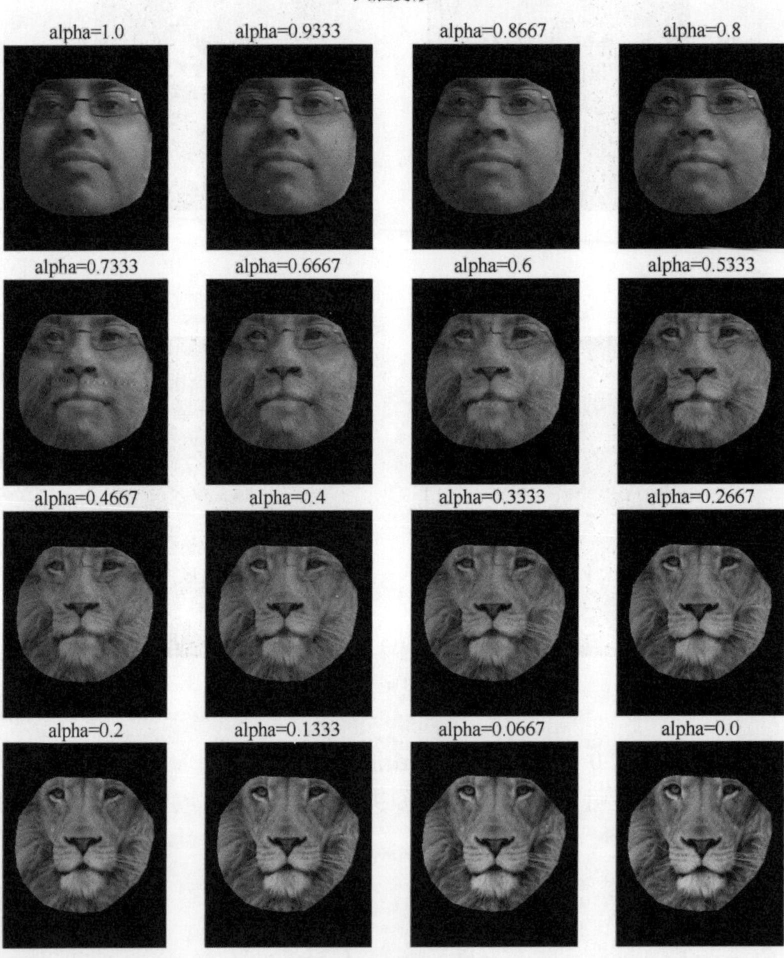

图 5-26

5.6.3 工作原理

要将原始图像 I_S 变形为目标图像 I_D，首先需要建立两个图像之间的像素对应关系。对于 I_S 中的每一个像素，要找到 I_D 的对应像素。找到这些对应关系后，可以分两步来融合图像：

1. 计算变形图像中像素的位置（使用 weighted_average_points() 函数计算）；
2. 计算变形图像中该位置的像素强度（使用 weighted_average() 函数计算）。

要针对原始图像中的每一个像素，在目标图像中找到一个对应的像素，在计算代价上是非常耗时的，而且这种计算并不必要；相反，只需计算一些控制点（像素）就足够了。在给定像素在 I_S 和 I_D 中的位置的情况下，计算变形图像 I_M 中控制点像素位置的公式如图 5-27 所示。

$$x_i^M = (1-\alpha)x_i^S + \alpha x_i^D$$
$$y_i^M = (1-\alpha)y_i^S + \alpha y_i^D \qquad \forall (x_i, y_i) \in P_C$$

控制点

$$I_M(x_i, y_i) = (1-\alpha)I_S(x_i, y_i) + \alpha I_D(x_i, y_i)$$

变形图像　原始图像　目标图像

图 5-27

weighted_average_points() 函数和 weighted_average() 函数都接收 α（或百分比）作为函数的第三个参数。

bilinear_interpolate() 函数接收两个输入参数，第一个参数是输入图像（假定图像中的最大通道数为 3 个），第二个参数是输入图像坐标 coords（一个两行的 NumPy 数组；第一行和第二行分别表示输入点的 x 和 y 坐标）。此函数返回与输入坐标所指定的像素相对应的插值像素。

gen_triangular_affine_matrices() 函数是一个 Python 语言的生成器函数，该函数接收 3 个输入参数：第一个参数（vertices）是对应于三角形顶点的三元组索引的 NumPy 数组；第二个参数（src_points）是对应于原始图像的面部标志 (x,y) 点的 NumPy 数组；第三个参数（dest_points）是对应于目标图像的标志 (x,y) 点的 NumPy 数组。该函数为每个三角形生成一个估计的 2×3 仿射变换矩阵。

5.6.4 更多实践

根据原始图像以及目标图像中人脸的大小，算法可能需要实现 resize_crop() 函数，该函数聚焦于图像中的人脸，并提取控制点的边框作为输入图像。否则，在迭代融合时，变形人脸的区域可能会不断增大或减小。实例中刚刚实现了用于人脸变形的网格变形算法。作为选择之一，也可以在代码中实现 Beier-Neely 场变形算法来进行人脸变形。

5.7 实现图像搜索引擎

在本实例中，我们将介绍如何实现一个简单的图像搜索引擎（SE）。该引擎将是一个只依赖图像内容的实例系统，称为基于内容的图像检索（content-based image retrieval，CBIR）系统。该系统会将图像以及从图像提取的特征存储起来，以便系统可以在搜索过程中返回相似的图像（基于特征）。构建任何 CBIR 系统的 4 个步骤如下。

1. 定义图像描述符（图像的描述性特征）。
2. 为搜索图像建立索引（用于快速检索与查询具有相似描述符的图像。使用高效的数据结构进行快速检索）。
3. 定义要使用的相似性度量（欧几里得距离 / 余弦距离 / 卡方距离等）。
4. 搜索（用户向搜索引擎提交一个查询图像，搜索引擎从该查询图像中提取特征，并借助存储的图像特征的索引，使用相似度度量快速返回最相关的图像——使用高效的数据结构进行索引，执行快速检索）。

在本实例中，我们先介绍如何计算一幅查询图像与一组搜索图像的相似度，然后实例将扩展该概念以实现简单的搜索引擎。

5.7.1 准备工作

我们先使用以下代码导入所需的 Python 库：

```
import cv2
import matplotlib.pylab as plt
from collections import defaultdict
from skimage.feature import hog
from scipy.spatial.distance import cdist
from sklearn.neighbors import BallTree
from skimage.io import imread
from skimage.exposure import rescale_intensity
import pickle
import numpy as np
from matplotlib.pylab import plt
from glob import glob
import time, os
```

5.7.2 执行步骤

让我们先介绍如何计算一幅查询图像和一组搜索图像之间基于特征的相似度，然后介绍如何通过扩展上述概念来实现一个简单的搜索引擎。

1. 使用 SIFT 查找一幅图像和一组图像之间的相似度

在本实例中，我们将使用 SIFT 关键点 / 描述符来计算两个图像之间的相似度（使用 OpenCV-Python 库来实现）。具体步骤如下。

（1）读取查询图像，并从搜索目录中读取所有图像，以找到可能的最佳匹配：

```
query = cv2.imread("images/query.jpg")
matched_images = defaultdict(list)
for image_file in glob.glob('images/search/*.jpg'):
  search_image = cv2.imread(image_file)
```

查询图像如图 5-28 所示。

图 5-28

（2）使用以下代码为查询图像和所有搜索图像提取 SIFT 关键点和描述符：

```
sift = cv2.xfeatures2d.SIFT_create()
kp_1, desc_1 = sift.detectAndCompute(query, None)
kp_2, desc_2 = sift.detectAndCompute(search_image, None)
```

（3）使用基于近似最近邻的匹配算法快速匹配描述符（实例可以使用特有的数据结构进行快速检索，例如，使用 scikit-learn 库中的 kd-trees 数据结构）：

```
index_params = dict(algorithm=FLANN_INDEX_KDTREE, trees=5)
search_params = dict()
flann = cv2.FlannBasedMatcher(index_params, search_params)
matches = flann.knnMatch(desc_1, desc_2, k=2)
```

（4）同样，使用比值判别法（参照前面的实例）来找到好匹配：

```
good_points = []
ratio = 0.6
for m, n in matches:
```

```
    if m.distance < ratio*n.distance:
      good_points.append(m)
  num_good_points = len(good_points)
```

（5）使用以下代码绘制一些非常好的匹配（大于 300 的好匹配）来表示最相似的图像，绘制一些非常差的匹配（小于 10 的好匹配）来表示非常不同的图像。使用具有值为 k 的键，以及所有具有 k 值的键的搜索图像来更新 `matched_images` 字典（这些搜索图像与查询图像相完全匹配）：

```
  if (num_good_points > 300) or (num_good_points < 10):
    result = cv2.drawMatches(query, kp_1, search_image, kp_2, \
                              good_points, None)
  matched_images[len(good_points)].append(search_image)
```

如果用查询图像绘制搜索图像的关键点匹配（对应于一些好匹配和一些差匹配），将得到图 5-29 所示的输出。

具有806匹配关键点的好匹配

具有384匹配关键点的好匹配

具有384匹配关键点的好匹配

具有2匹配关键点的差匹配

具有4匹配关键点的差匹配

图 5-29

最后，在实例中，如果根据查询图像良好匹配的数量来对查询图像进行排序（使用 `matched_images` 字典），将得到图 5-30 所示的输出（只是输出内容的一部分）。

2. 实现简单图像搜索引擎的步骤

执行如下步骤来实现简单图像搜索引擎。

根据查询图像良好匹配的数量来对图像进行排序

具有993匹配关键点的图像 具有806匹配关键点的图像 具有581匹配关键点的图像 具有512匹配关键点的图像

具有384匹配关键点的图像 具有384匹配关键点的图像 具有327匹配关键点的图像 具有152匹配关键点的图像

具有129匹配关键点的图像 具有114匹配关键点的图像 具有109匹配关键点的图像 具有106匹配关键点的图像

具有99匹配关键点的图像 具有76匹配关键点的图像 具有62匹配关键点的图像 具有55匹配关键点的图像

具有48匹配关键点的图像 具有44匹配关键点的图像 具有43匹配关键点的图像 具有39匹配关键点的图像

具有39匹配关键点的图像 具有38匹配关键点的图像 具有36匹配关键点的图像 具有34匹配关键点的图像

图 5-30

（1）下载图像集来构建搜索数据库。

（2）实现 `SimpleSearchEngine` 类，该类具有以下成员（在构造函数 `__init__()` 方法中初始化如下成员）：

- `search_dir`（实例保存搜索图像的位置）；
- `save_dir`（实例保存搜索图像描述符的位置）；
- `search_ds`（存储搜索图像的数据结构，用于快速检索与查询图像的描述符最相似的搜索图像描述符）。

```
class SimpleSearchEngine:

  def __init__(self, search_dir, save_dir):
    self.search_dir = search_dir
    self.save_dir = save_dir
    self.search_ds = None
```

（3）实现 read_preprocess() 方法，用来将每个图像转换为 HSV 颜色模型的颜色空间：

```
def read_preprocess(self, imfile):
  return cv2.cvtColor(cv2.imread(imfile), cv2.COLOR_BGR2HSV)
```

（4）实现提取并返回图像的描述符的 compute_descriptor() 方法。实例在此处使用基于区域的 HSV 颜色模型直方图来表示图像中的 5 个区域，每个区域的范围是对应的图像区域范围的 1/4，即左上 1/4、右上 1/4、右下 1/4 和左下 1/4 以及图像的中心区域。鼓励在代码中使用其他特征描述符（例如 SIFT），并比较搜索结果，从而获得一些直观感受：

```
def compute_descriptor(self, im):
    bins = (8, 12, 3)
    (h, w) = im.shape[:2]
    (c_x, c_y) = (int(w * 0.5), int(h * 0.5))
    regions = [(c_x, 0, 0, c_y), (c_x, 0, w, c_y), \
               (0, c_y, c_x, h), (c_x, c_y, w, h)]
    descriptor = []
    for (start_x, start_y, endX, endY) in regions:
        region_mask = np.zeros(im.shape[:2], dtype=np.uint8)
        cv2.rectangle(region_mask, (start_x, start_y), (endX, \
                                    endY), 255, -1)
        hist = cv2.calcHist([im], [0, 1, 2], region_mask, \
                            bins, [0, 180, 0, 256, 0, 256])
        hist = cv2.normalize(hist, np.zeros(hist.shape[:0], \
                            dtype="float")).flatten()
        descriptor += list(hist)
    return np.array(descriptor)
```

（5）实现 cosine_cdist() 方法，使用该方法来计算查询图像和搜索图像数据库之间的余弦距离：

```
def cosine_cdist(self, descriptor):
   descriptor = descriptor.reshape(1, -1)
   return cdist(self.search_ds, descriptor, 'cosine').reshape(-1)
```

（6）实现将搜索图像描述符存储在高效的数据结构中的 store_ds() 方法：

```
def store_ds(self, descriptors):
    #self.search_ds = BallTree(descriptors)
    self.search_ds = descriptors
```

（7）实现通过 query_ds() 方法，使用查询图像描述符查询搜索图像的数据结构，并根据余弦距离度量返回前 k 个最相似的图像：

```
def query_ds(self, descriptor, k):
  img_distances = self.cosine_cdist(descriptor)
  return np.argsort(img_distances)[:k].tolist()
```

（8）执行 build_index() 方法，在搜索图像数据库上建立索引，即根据查询图像的相似度，创建一个数据结构，对搜索图像进行高效的存储（使用 store_ds() 方法）和检索（使用 query_ds() 方法）：

```
def build_index(self):
    t_before = time.time()
    descriptors = np.array([])
    search_pat = self.search_dir + '*.jpg'
    i = 0
    for imfile in glob(search_pat):
        print(i, imfile)
        im = self.read_preprocess(imfile)
        descriptor = self.compute_descriptor(im)
        descriptors = np.hstack((descriptors, descriptor)) if i==0
                    else np.vstack((descriptors, descriptor))
        i += 1
    self.store_ds(descriptors)
    t_after = time.time()
    t_build = t_after - t_before
    print("Time to build SE model (seconds): ", t_build)
    with open(self.save_dir + 'SE.pkl', 'wb') as pickle_file:
        pickle.dump(self.search_ds, pickle_file, \
                    pickle.HIGHEST_PROTOCOL)
```

（9）执行 query_search_engine() 方法，该方法将采用作为输入参数的查询图像文件以及数字 k（最相似输出图像的数目）。通过该方法，从搜索数据库中返回与查询图像最相似的 k 个图像：

```
def query_search_engine(self, imfile, k=10):
    if self.search_ds is None:
       if not os.path.exists(self.save_dir + 'SE.pkl'):
          self.build_index()
       with open(self.save_dir + 'SE.pkl', 'rb') as pickle_file:
```

```
            self.search_ds = pickle.load(pickle_file)
        im = self.read_preprocess(imfile)
        descriptor = self.compute_descriptor(im)
        t_before = datetime.datetime.now() #time.time()
        neighbors = self.query_ds(descriptor, k)
        t_after = datetime.datetime.now() #time.time()
        t_search = (t_after - t_before).microseconds/1000
        print("Time to query SE (milliseconds): ", t_search)
        imfiles = glob(self.search_dir + '*.jpg')
        return [cv2.imread(imfiles[id]) for id in neighbors]
```

（10）实例化搜索引擎，并在一开始就建立索引（或者如果搜索引擎中添加了新图像，则定期建立索引）。选择一个查询图像，并要求搜索引擎查找与该图像相似的图像。调用 query_search_engine() 方法来检索与查询图像最相似的前 10 个图像：

```
se = SimpleSearchEngine('images/oxford_buildings/', 'models/')
#db_milano
query_image = 'images/oxford_buildings/all_souls_000051.jpg'
# First build index then search the index with the query
# se.build_index()
knbrs = se.query_search_engine(query_image, 10)
```

执行上述代码，使用图 5-31 所示的查询图像在搜索引擎中进行搜索。

图 5-31

代码能够获得搜索引擎返回的前 10 个图像，如图 5-32 所示。

搜索引擎找到的最匹配图像（带有颜色直方图特征）

图 5-32

5.7.3 更多实践

请对两个图像之间基于特征的相似度进行比较，在实例中，读者也可以使用匹配的比例（百分比）作为排名标准（例如，将关键点中的匹配百分比作为匹配图像 `matched_images` 字典中的键）。此外，出于可扩展性和可重用性，代码应该序列化搜索目录中所有搜索图像的描述符（例如，使用 pickle 模块），并在同查询图像描述符匹配时，加载 / 反序列化所有描述符。同样，我们将序列化 / 反序列化操作留给读者自行练习。代码可以使用 SURF、KAZE 或任何其他特征进行匹配，以及使用描述符之间的任何距离 / 相似性度量进行匹配。对于生产系统，使用能够快速计算数百万个图像之间的相似度的算法（例如：尝试使用 Annoy Index 算法，该算法使用简单，并且计算速度非常快——搜索 1000000 个图像只需要大约 2ms）。

使用不同的特征（SIFT/SURF/KAZE）、不同的相似性度量（余弦 / 欧几里得）以及不同的存储数据结构（kd-tree/ball-tree）来实现读者自己的搜索引擎，并比较前 10 个搜索结果。如果你有一个可用的真实值①（ground truth）（就应该返回的前 10 个图像而言），读者可以使用 `precision10`（定义为前 10 个搜索结果中，处于前 10 个真实值中的比例是多少）/ `recall10`（定义为前 10 个真实值中，返回到前 10 个搜索结果中的比例是多少）的比值来反映不同搜索引擎的性能。此外，比较不同搜索引擎的检索速度。

① 真实值（ground truth）：在图像处理、机器学习等领域，通常表示正确的基准值或测量数据，常用来进行误差估算和效果评价。——译者注

第6章 图像分割

图像分割是指将图像分割成不同的区域或类别，其中，每个区域包含具有相似属性的像素，并且图像中的每个像素都被分配给这些类别之一。

图像分割通常是为了将图像的表示简化为更有意义、更易于分析的片段。如果分割做得好，那么图像分析的所有其他阶段都会变得更加简单，这就意味着分割的质量和可靠性决定了图像分析是否成功。但是如何将图像分割成正确的片段通常是一个非常具有挑战性的问题。

在本章中，我们将介绍以下实例：

- 使用 Otsu 和 Riddler–Calvard 的阈值化进行图像分割；
- 使用自组织映射进行图像分割；
- 使用 scikit-image 进行随机游走图像分割；
- 使用 GMM-EM 算法进行人体皮肤的图像分割；
- 医学图像分割；
- 深度语义分割；
- 深度实例分割。

6.1 使用 Otsu 和 Riddler-Calvard 的阈值化进行图像分割

阈值化指的是指将像素值作为阈值，从灰度图像中创建二值图像（只有黑白像素的图像）的一系列算法。这是从图像的背景中分割前景对象的最简单的算法。阈值可以手动选择（通过查看像素值的直方图），也可以使用算法自动选择。图像分割技术可以是非上下文相关的，即不考虑图像中的特征之间的空间关系，并且仅针对某些全局属性——例如颜色 / 灰度级——进行像素分组；也可以是上下文相关的，即另外利用空间关系。在本实例中，我们将介绍如何使用一对基于直方图的流行阈值化方法，即 Otsu 分割法（假定为直方图双峰型）和 Riddler-Calvard 分割法（通过调用 `mahotas` 库函数）。

在使用 Otsu 分割法时，对于阈值的每个可能值，都要计算两类像素之间的加权类内方差（由阈值分隔）。最佳阈值是使得该方差最小化的那个阈值，如图 6-1 所示。

相反，在 Riddler-Calvard 分割法中，会自动选择（最佳）阈值作为迭代过程的结果，该迭代过程会提供对象区域渐进清晰的二值图像提取。

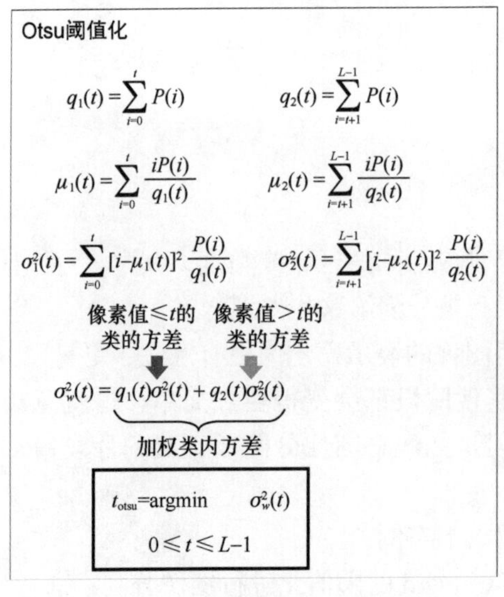

图 6-1

6.1.1 准备工作

在实例中，我们将讲解使用 mahotas 库函数进行二值图像分割。像往常一样，先导入所需的 Python 库：

```
%matplotlib inline
import mahotas as mh
import numpy as np
import matplotlib.pylab as plt
```

6.1.2 执行步骤

使用 mahotas 库函数来实现阈值化算法，具体步骤如下。

1. 使用以下代码来读取图像，使用 mahotas 库函数来获得输入的灰度图像的最佳阈值。如下所示，针对给定的输入图像，使用上述两种算法所获得的阈值非常接近：

```
image = mh.imread('images/netaji.png')
thresh_otsu, thresh_rc = mh.otsu(image), mh.rc(image)
print(thresh_otsu, thresh_rc)
# 161 161.5062276206947
```

2. 使用所获得的像素值的最佳阈值来对输入图像进行二值分割。对应不同的算法，将获得两个不同的二值输出图像：

```
binary_otsu, binary_rc = image > thresh_otsu, image > thresh_rc
```

3. 使用以下代码来绘制输入图像、输入图像直方图、所计算的阈值和所获得的输出图像：

```
fig, axes = plt.subplots(nrows=2, ncols=2, figsize=(20, 15))
axes = axes.ravel()
axes[0].imshow(image, cmap=plt.cm.gray)
axes[0].set_title('Original', size=20), axes[0].axis('off')
axes[1].hist(image.ravel(), bins=256, density=True)
axes[1].set_title('Histogram', size=20)
axes[1].axvline(thresh_otsu, label='otsu', color='green', lw=3)
axes[1].axvline(thresh_rc, label='rc', color='red', lw=2)
axes[1].legend(loc='upper left', prop={'size': 20}), axes[1].grid()
axes[2].imshow(binary_otsu, cmap=plt.cm.gray)
axes[2].set_title('Thresholded (Otsu)', size=20),
axes[2].axis('off')
axes[3].imshow(binary_rc, cmap=plt.cm.gray)
axes[3].set_title('Thresholded (Riddler-Calvard)', size=20),
axes[3].axis('off')
plt.tight_layout()
plt.show()
```

6.1.3 工作原理

阈值化函数在 `mahotas` 库中有一个简单接口：函数接收一个图像作为输入，并返回一个阈值化值。

`otsu()` 函数用于计算输入图像的最佳 Otsu 分割法阈值。类似地，`rc()` 函数用于计算给定输入图像的 Riddler-Calvard 阈值。

为获得两种算法中每一种算法输出的二值图像，我们将值小于或等于最佳阈值的所有像素赋值为 0（黑色前景对象），并将值大于最佳阈值的像素赋值为 1（白色背景）。

6.1.4 更多实践

二值图像分割存在多种阈值化算法。scikit-image 库提供了其中一些算法的实现。读者也可以对这些算法进行评估，以选定能够为读者的图像提供最佳结果的算法。对于每种算法，如果要使用算法的本地版本，则必须指定半径，否则算法将默认调用全局版本。图 6-2 显示了不同的（全局）阈值化函数（算法）在输入的灰度黑板图像上（来自麻省理工学院统计课程）执行的图像分割的情况。请读者自行实施上述算法。此外，读者也可以尝试使用不同的半径来实现不同算法的本地版本，并查看半径的设置对输出的二值图像的影响。从图 6-2 所示的输出可以看出，基于给定输入图像的阈值相较于其他二值图像分割算法，Isodata 算法和 Otsu 算法表现更佳。

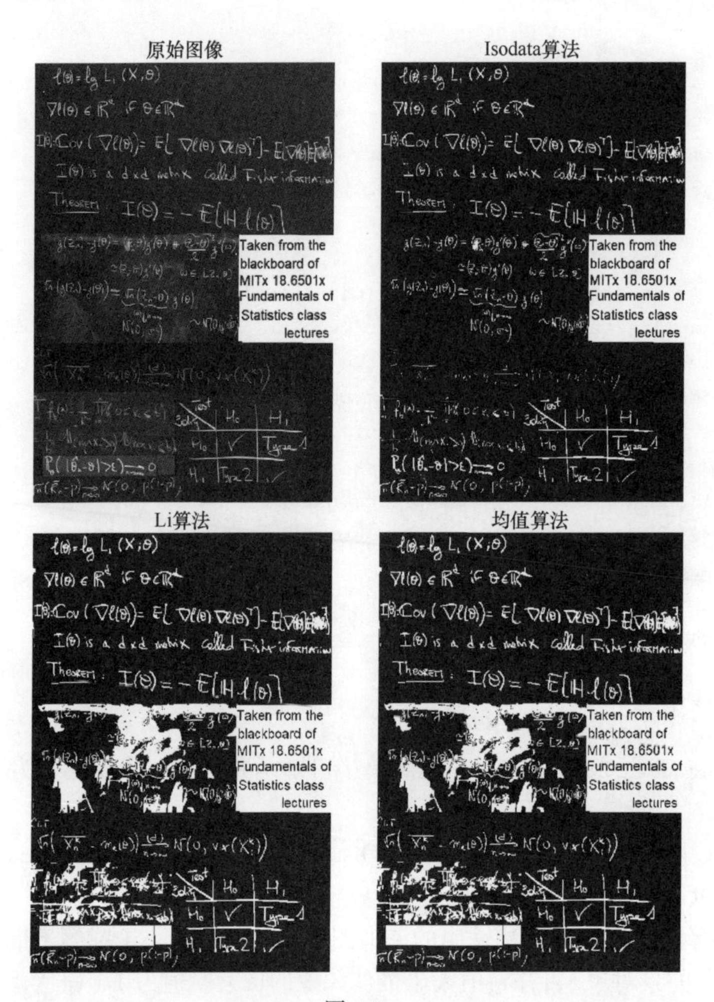

图 6-2

6.2 使用自组织映射进行图像分割

自组织映射（SOM）是一种竞争学习网络（一类引人关注的无监督机器学习网络），并且也是最流行的神经网络模型之一。在该网络中，在给定的时间内只有一个神经元被激活，因此要被激活的输出神经元之间是存在竞争的。被激活的神经元称为**获胜神经元**。

当一个神经元被激活时，它的邻近神经元往往比远处的神经元更兴奋（需定义一个具有衰减距离的拓扑邻域）。

导致的结果是，神经元被迫自我组织起来（通过自适应或学习过程），在输入和输出之间创建一个特征映射。这就是这种网络被称为自组织映射的原因。

SOM 算法的自适应过程包括以下两个步骤。

- **排序（自组织）阶段**：权重向量的拓扑排序发生在这个阶段。通常，排序需要进行大约 1000 次的迭代。
- **收敛阶段**：在此阶段，对特征映射进行微调，形成对输入空间的精确统计量化。通常情况下，收敛阶段需要进行的迭代的次数至少是神经元数量的 500 倍。

当类标签不可用时，可以使用 SOM 对数据进行聚类。由于 SOM 可以用来检测问题固有的特征，因此也被称为自组织特征映射（SOFM）。映射单元（神经元）通常形成二维网格，这便提供了从高维空间到平面二维空间拓扑保持的映射。此外，SOM 模型还具有泛化能力，在该模型中，新的输入数据点会被映射到的神经元同化。

在本实例中，我们将介绍如何使用 Python 语言的 minisom 库中的 SOM 通过颜色量化来实现图像分割。

6.2.1 准备工作

在本实例中，我们将使用苹果和橘子的 RGB 图像，利用 SOM 来分割图像。首先，导入所需的程序包：

```
!pip install MiniSom
from minisom import MiniSom
import numpy as np
import matplotlib.pyplot as plt
from matplotlib.gridspec import GridSpec
from pylab import pcolor
from collections import defaultdict
from sklearn import datasets
from sklearn.preprocessing import scale
```

6.2.2 执行步骤

使用 SOM 实现图像颜色量化，具体步骤如下。

1. 通过定义以下函数，借助 SOM 来分割 RGB 彩色图像。该函数接收输入图像、SOM 网格的维度 $(n_x \times n_y)$ 、参数 σ 和 n（选择用来训练网络的随机像素数——学习神经元的权重向量）作为参数。在训练 SOM 之前，输入图像需要被展平（每一行都代表单一像素的 RGB 值）：

```
def segment_with_SOM(image, nx, ny, sigma=1., n=500):

 pixels = np.reshape(image, (image.shape[0]*image.shape[1], 3))

 # SOM initialization and training
 som = MiniSom(x=nx, y=ny, input_len=3, sigma=sigma, \
    learning_rate=0.2) # nx x ny final colors
 som.random_weights_init(pixels)
 starting_weights = som.get_weights().copy() # saving \
    the starting weights
 som.train_random(pixels, n)
```

2. 在训练完成后，调用 SOM 来量化图像中的所有像素（对每个神经元应用权重向量），使用以下代码：

```
# quantization
 qnt = som.quantization(pixels)
```

3. 执行以下代码，用量化值替换原始像素值，并返回量化图像以及神经元的权重：

```
clustered = np.zeros(image.shape)
 for i, q in enumerate(qnt): # place the quantized values into \
        a new image
  clustered[np.unravel_index(i, dims=(image.shape[0], \
            image.shape[1]))] = q
 final_weights = som.get_weights()
 return clustered, starting_weights, final_weights
```

4. 读取输入图像，使用 SOM 量化，调用函数将图像分割为两个簇（带有 1×2 的 SOM 网格）。绘制被分割的二值图像：

```
image = plt.imread('images/apples.png')
clustered, starting_weights, final_weights = \
                           segment_with_SOM(image, 1, 2, .1)
colors = np.unique(clustered.reshape(-1,3), axis=0)
clustered_binary = np.zeros_like(clustered)
clustered_binary[np.where((clustered[...,0]==colors[1][0]) & \
 (clustered[...,1]==colors[1][1]) & \
 (clustered[...,2]==colors[1][2]))] = 1.
```

执行上述代码，并绘制输入 / 输出图像（带有 2 个簇），将获得图 6-3 所示的输出。

图 6-3

5. 执行上述代码并绘制输入 / 输出图像（带有 25 个簇，通过使用 5 × 5 的 SOM 网格），将获得图 6-4 所示的输出。

图 6-4

6.2.3 工作原理

使用`train_random()`函数，通过从（展平的）图像数据中随机选取像素样本来训练SOM。在接收输入图像（第一个参数）的同时，函数接收第二个参数`num_iteration`，该参数代表最大迭代次数（每个采样像素进行一次迭代）。

然后，使用函数量化来将码本（获胜神经元的权重向量）分配给每个像素，从而执行颜色量化。

6.2.4 更多实践

我们也可以使用SOM对图像进行聚类。接下来，我们将介绍如何使用SOM对手写数字图像进行聚类。

使用 SOM 聚类手写数字图像

对来自scikit-image数据集的数字图像进行聚类，具体步骤如下。

1. 加载数字图像并对数据进行中心化和归一化操作：

```
digits = datasets.load_digits(n_class=10)
data = digits.data # matrix where each row is a vector that
represent a digit.
data = scale(data)
num = digits.target # num[i] is the digit represented by data[i]
```

2. 创建一个包含900（30×30）个神经元的SOM网格。使用主成分分析（PCA）权重来初始化神经元：

```
som = MiniSom(30, 30, 64, sigma=4, learning_rate=0.5,
neighborhood_function='triangle')
som.pca_weights_init(data)
```

3. 使用以下代码行，随机选择5000个数字来训练SOM：

```
som.train_random(data, 5000) # random training
```

4. 绘制权重的距离图（每个单元格是神经元与其相邻神经元之间距离的归一化和），并覆盖单元格（神经元）上的数字图像：

```
plt.figure(figsize=(15, 12))
pcolor(som.distance_map().T, cmap='coolwarm')
plt.colorbar()
wmap = defaultdict(list)
im = 0
for x, t in zip(data, num): # scatterplot
    w = som.winner(x)
    wmap[w].append(im)
```

```
    plt. text(w[0]+.5, w[1]+.5, str(t),
              color=plt.cm.Dark2(t / 10.), fontdict={'weight': \
                        'bold', 'size': 11})
    im = im + 1
plt.axis([0, som.get_weights().shape[0], 0,
som.get_weights().shape[1]])
plt.show()
```

运行上述代码，将得到图 6-5 所示的输出。注意：正如预期的那样，在距离图和颜色条（在距离图的右侧）中，具有分配给其所有邻居的不同数字的单元格（神经元）在距离图上具有较高的值，并且具有分配给其所有邻居的相同数字的单元格在距离图上通常具有较低的值。

5. 使用以下代码，在网格坐标 (23,15) 处绘制映射到特定单元格上的数字：

```
print(wmap[23,15])
# [581, 598, 1361] # 3 digits assigned to node (23,15)
plt.gray()
for index in wmap[23,15]:
 plt.figure(figsize=(1,1))
 plt.imshow(np.reshape(digits.images[index], (8,-1))), \
    plt.title(digits.target[index]), plt.axis('off')
 plt.show()
```

运行上述代码，将获得图 6-6 所示的输出。

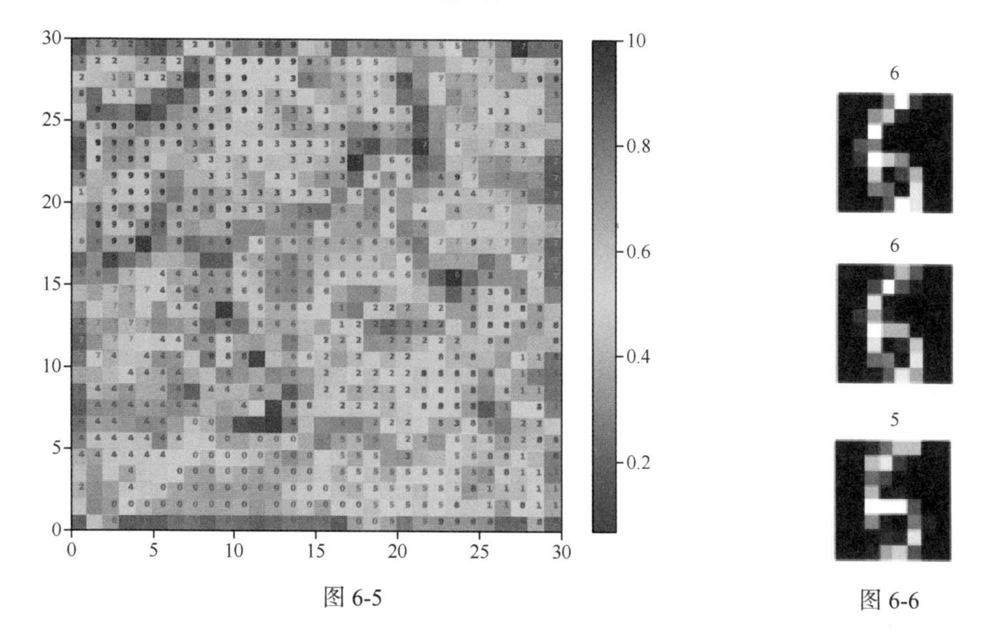

图 6-5

图 6-6

可以看到，这 3 个数字被分配给同一个神经元。

6.3 使用 scikit-image 进行随机游走图像分割

随机游走（random walk）**图像分割**是一种交互式、多标签图像分割算法。该算法首先从几个带有用户定义标签的种子像素开始，然后对每个未标记的像素，计算从该特定像素开始的随机游走首先到达其中一个预标记像素的概率。之后，分配给未标记的像素以对应于较高概率值的标签（表示首先到达的概率）。这样就可以得到高质量的图像分割。算法步骤如图 6-7 所示。

随机游走图像分割	组合狄利克雷问题
算法 1) Map the image intensities to edge weights in the lattice $w_{ij}=\exp(-\beta(g_i-g_j)^2)$, g_i=image intensity at pixel i. 2) Obtain a set, V_M, of marked (labeled) pixels with K labels, either interactively or automatically. 3) Solve for the potentials $L_U x^s=-B^T m^s$ for each label except the final one, f (for computational efficiency). Set $x_i^f=1-\Sigma_{s<f} x_i^s$. 4) Obtain a final segmentation by assigning to each node, v_i, the label corresponding to $\max_s(x_i^s)$.	The **Dirichlet integral** $D[u]=\frac{1}{2}\int_\Omega \lvert\nabla u\rvert^2 d\Omega$ **harmonic function** $\nabla^2 u=0$ **Laplace equation** combinatorial Laplacian matrix $L_{ij}=\begin{cases} d_i & \text{if } i=j, \\ -w_{ij} & \text{if } v_i \text{ and } v_j \text{ are adjacent nodes,} \\ 0 & \text{otherwise,} \end{cases}$ x_i^s = probability (potential) at node, v_i, fo label, s. $Q(v_j)=s, \forall v_j \in V_M, \sum_s x_i^s=1, \forall v_i \in V$ set of labels for seed points seed points $m_j^s=\begin{cases} 1 & \text{if } Q(v_j)=s, \\ 0 & \text{if } Q(v_j)\neq s. \end{cases}$ $s \in \mathbf{Z}, 0<s\leqslant K$

图 6-7

在本实例中，我们将介绍如何使用 scikit-image 图像分割模块中的随机游走图像分割实现函数来分割图像。首先，从标记图像的前景及背景的几个种子像素开始。

6.3.1 准备工作

在本实例中，我们将使用 ISRO 公共图像库中火星轨道飞行器 MCC 拍摄的第一张地球图像，并尝试使用随机游走图像分割（二值分割）来将陆地（前景图像）与海洋（背景图像）分割开来。首先，导入所有必需的程序包：

```
import numpy as np
import matplotlib.pyplot as plt
from skimage.segmentation import random_walker
from skimage import img_as_float
from skimage.exposure import rescale_intensity
from skimage.io import imread
from skimage.color import rgb2gray
```

6.3.2 执行步骤

使用 scikit-image 函数来实现随机游走图像分割，具体步骤如下。

1. 同样，首先需要通过（手动）从前景（对象）和背景中挑选一些种子像素来为输入图像创建一个掩膜图像。对于当前的函数实现，前景和背景的种子像素分别被标记为绿色和红色。针对要分割的输入图像，提供带有标记的种子像素的掩膜图像。首先，读取输入图像和掩膜图像：

```
img = imread('images/earth_by_MCC.png')
mask = imread('images/earth_by_MCC_mask.png')
```

2. 使用以下代码，从掩膜图像中提取对象种子像素和背景种子像素，并按照 `random_walker()` 函数所期望的方式创建新的标记图像（针对每个图像分割，使用不同的正标签标记种子像素，并将未标记的像素保留为零标签）：

```
markers = np.zeros(img.shape[:2],np.uint8)
markers[(mask[...,0] >= 200)&(mask[...,1] <= 20)&(mask[...,2] <=
20)] = 1
markers[(mask[...,0] <= 20)&(mask[...,1] >= 200)&(mask[...,2] <=
20)] = 2
```

3. 用以下代码行来运行随机游走算法来进行图像分割，以便获得图像的二值分割以及分配给像素的完整概率：

```
labels = random_walker(img, markers, beta=9, mode='bf',
multichannel=True)
labels2 = random_walker(img, markers, beta=9, mode='bf',
multichannel=True, return_full_prob = True)
```

4. 绘制输入图像，以及所获得的分割图像：

```
fig, ((ax1, ax2), (ax3, ax4)) = plt.subplots(2, 2, figsize=(20,
18), sharex=True, sharey=True)
fig.subplots_adjust(0,0,1,0.95,0.01,0.01)
ax1.imshow(mask, interpolation='nearest'), ax1.axis('off')
ax1.set_title('Original Image with Markers', size=25)
ax2.imshow(img, interpolation='nearest'), ax2.contour(labels,
linewidths=5, colors='r'), ax2.axis('off')
ax2.set_title('Segmentation Contour', size=25)
ax3.imshow(labels, cmap='gray', interpolation='nearest'),
ax3.axis('off')
ax3.set_title('Segmentation', size=25)
prob = ax4.imshow(labels2[1,...], cmap='inferno',
interpolation='nearest')
ax4.axis('off'), ax4.set_title('Segmentation Probabilities',
size=25)
```

```
fig.colorbar(prob, ax=ax4)
plt.show()
```

6.3.3 工作原理

运行上述代码，将得到图 6-8 所示的输出。

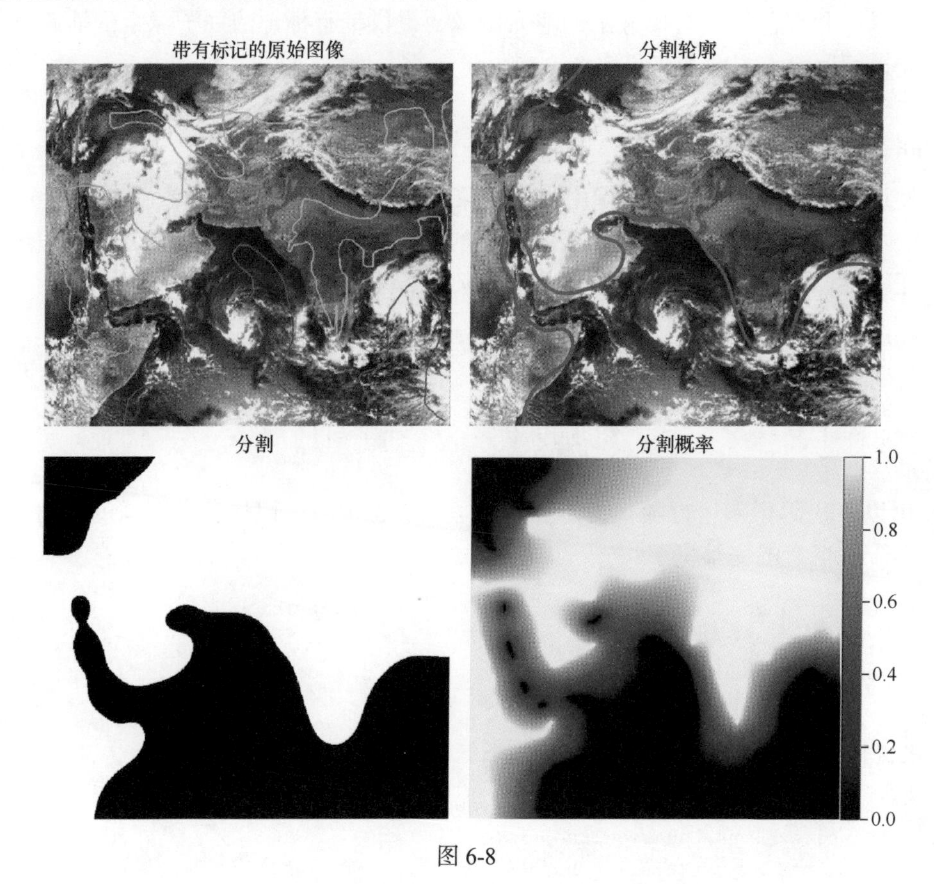

图 6-8

调用 scikit-image 库中用于图像分割的 `random_walker()` 函数，通过该函数实现随机游走算法，以从标记中进行图像分割。在本实例中，使用了彩色输入图像，因此在函数中将多通道参数设置为 `True`。

为了获得属于每个标签的像素的所有概率值，我们把 `random_walker()` 函数的 `return_full_prob` 参数指定为 `True`。如果此参数为 `False`（默认情况下），则仅返回最可能的标签。

该算法求解无限时间扩散方程，将源标记放置在每个阶段（称为“标签”）的标记上。最有可能首先扩散到未标记像素的阶段（标签）是像素被标记的那个阶段。

通过最小化图像的加权图拉普拉斯算子 $x^{\mathrm{T}}Lx$ 来求解扩散方程，其中，x 是给定阶段（标签）的标记通过扩散首先到达像素的概率。

6.3.4　更多实践

读者可以使用随机游走图像分割进行两个以上标签的多标签图像分割。例如，如果使用适当的种子像素标记来分割骨骼图像、运行图像分割并生成所有输入 / 输出图像，则将获得图 6-9 所示的输出。

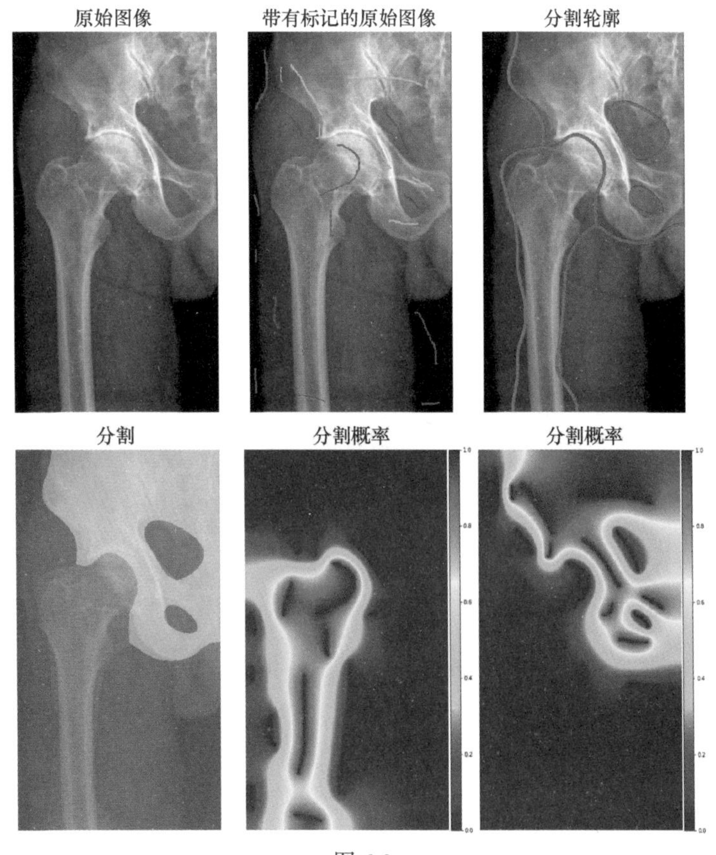

图 6-9

6.4　使用 GMM-EM 算法进行人体皮肤的图像分割

在本实例中，我们将介绍如何使用参数模型（高斯混合模型）来检测颜色并分割与图像中的人类皮肤对应的像素。在实例中，将使用一个包含一组 RGB 像素值及其标签的数据集（无论像素是否对应于人类皮肤）。这个数据集来自加利福尼亚大学尔湾分校（UCI）的机器学习库，是通过从不同年龄组（年轻、中年和老年）、不同地区和不同性别的人脸图像中随机抽取R、G和B值来完成收集的。表6-1显示了要使用的数据集中样本的大小。

表6-1

总学习样本大小	皮肤样本大小	非皮肤样本大小
245057	50859	194198

实例将使用YCbCr颜色空间，而非RGB颜色空间，因为YCbCr颜色空间使用线性变换将RGB值中的亮度和色度分开。因此实例将在给定的数据集上训练一个参数模型，但只使用色度通道。

数据集中的人类皮肤样本/非皮肤样本的颜色通道值可被视为使用来自多个来源的多模态随机变量的混合分布而生成的。因为数据集中的肤色样本会产生多模态随机变量，因此实例会使用有限**高斯混合模型**（GMM）来估计**概率密度函数**（pdf）。在实例中，假设一个2D高斯分布形态对于单个来源都是足够的。那么，实例将在给定的数据集上训练GMM，并使用**期望最大化**（EM）算法来估计GMM的参数。一旦完成参数学习，实例将使用该模型来预测来自新测试图像的哪些像素属于人类皮肤。

本实例将在真实（皮肤）样本上拟合一个GMM，在非真实（非皮肤）样本上拟合另一个GMM。对于图像中的每个像素，实例将使用经过训练的GMM来计算像素是人类皮肤的分数（例如，对数似然）。在本实例中，我们将介绍如何使用GMM在scikit-learn库中的实现来进行肤色检测和图像分割。

6.4.1 准备工作

我们先从加利福尼亚大学尔湾分校机器学习存储库下载有关皮肤的图像分割数据集。该数据集的大小为245057 ×4，前3列分别为B、G、R值（分别对应于变量x_1、x_2和x_3），第四列是类标签（决策变量y，其中y=1为皮肤样本，y=2为非皮肤样本）。导入所需的所有Python库：

```
import numpy as np
import matplotlib as mpl
import matplotlib.pyplot as plt
from sklearn.mixture import GaussianMixture
import pandas as pd
import seaborn as sns
from skimage.io import imread
from skimage.color import rgb2ycbcr, gray2rgb
```

6.4.2 执行步骤

让我们使用 scikit-learn 库的 `GaussianMixture` 来分割皮肤，具体步骤如下。

1. 读取格式为 pandas 数据框的训练数据集：

```
df = pd.read_csv('images/Skin_NonSkin.txt', header=None,
delim_whitespace=True)
df.columns = ['B', 'G', 'R', 'skin']
```

数据集中数据的前几行如图 6-10 所示。

2. 使用箱线图分别绘制皮肤样本和非皮肤样本的 RGB 值分布：

```
g = sns.factorplot(data=pd.melt(df, id_vars='skin'), \
    x='variable', y='value', hue='variable', col='skin', \
    kind='box', palette=sns.color_palette("hls", 3)[::-1])
plt.show()
```

如果运行上述代码，则将得到图 6-11 所示的输出。

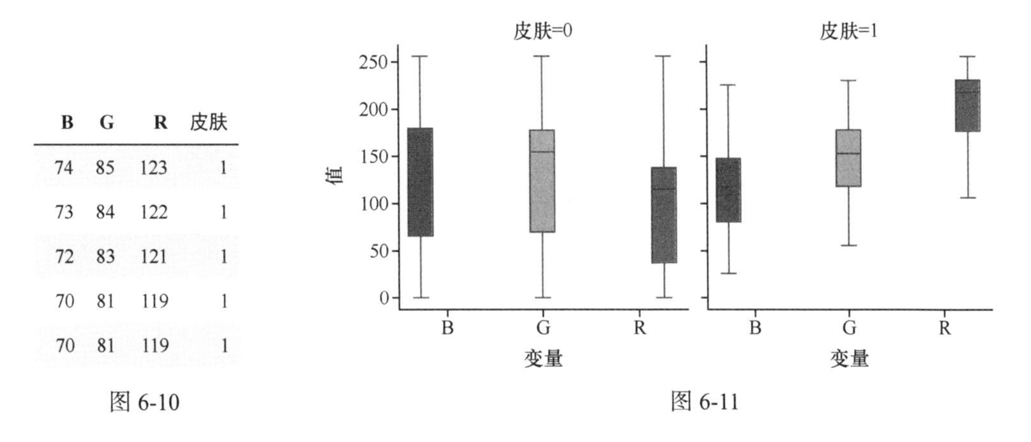

B	G	R	皮肤
74	85	123	1
73	84	122	1
72	83	121	1
70	81	119	1
70	81	119	1

图 6-10　　图 6-11

3. 从像素的 RGB 值中获取 Cb 通道值和 Cr 通道值，并使用箱线图分别绘制皮肤样本和非皮肤样本的分布：

```
#Y = .299*r + .587*g + .114*b # not needed
df['Cb'] = np.round(128 -.168736*df.R -.331364*df.G + \
                    .5*df.B).astype(int)
df['Cr'] = np.round(128 +.5*df.R - .418688*df.G - \
                    .081312*df.B).astype(int)
df.drop(['B','G','R'], axis=1, inplace=True)
g = sns.factorplot(data=pd.melt(df, id_vars='skin'), \
        x='variable', y='value', hue='variable', \
        col='skin', kind='box')
plt.show()
```

4. 如果运行上述代码，则将得到图 6-12 所示的输出。

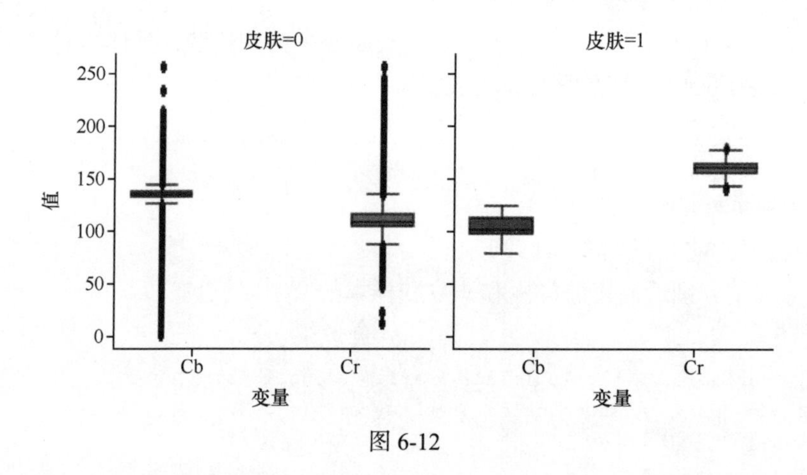

图 6-12

5. 使用以下代码将皮肤训练样本和非皮肤训练样本分开，并分别拟合两个高斯混合模型：一个模型用于拟合皮肤样本，而另一个模型用于拟合非皮肤样本。其中，每个模型均使用 4 个高斯分量：

```
skin_data = df[df.skin==1].drop(['skin'], axis=1).to_numpy()
not_skin_data = df[df.skin==2].drop(['skin'], axis=1).to_numpy()
skin_gmm = GaussianMixture(n_components=4,
covariance_type='full').fit(skin_data)
not_skin_gmm = GaussianMixture(n_components=4,
covariance_type='full').fit(not_skin_data)
colors = ['navy', 'turquoise', 'darkorange', 'gold']
```

6. 定义以下函数来可视化拟合皮肤和非皮肤的高斯混合模型：

```
def draw_ellipses(gmm, ax):
 for n, color in enumerate(colors):
 covariances = gmm.covariances_[n][:2, :2]
 v, w = np.linalg.eigh(covariances)
 u = w[0] / np.linalg.norm(w[0])
 angle = np.arctan2(u[1], u[0])
 angle = 180 * angle / np.pi # convert to degrees
 v = 2. * np.sqrt(2.) * np.sqrt(v)
 ell = mpl.patches.Ellipse(gmm.means_[n, :2], v[0], v[1], \
        180 + angle, color=color)
 ell.set_clip_box(ax.bbox)
 ell.set_alpha(0.5)
 ax.add_artist(ell)
 ax.set_aspect('equal', 'datalim')
```

7. 如果执行此代码并绘制所拟合的皮肤高斯混合模型和非皮肤高斯混合模型，则将获得图 6-13 所示的输出。

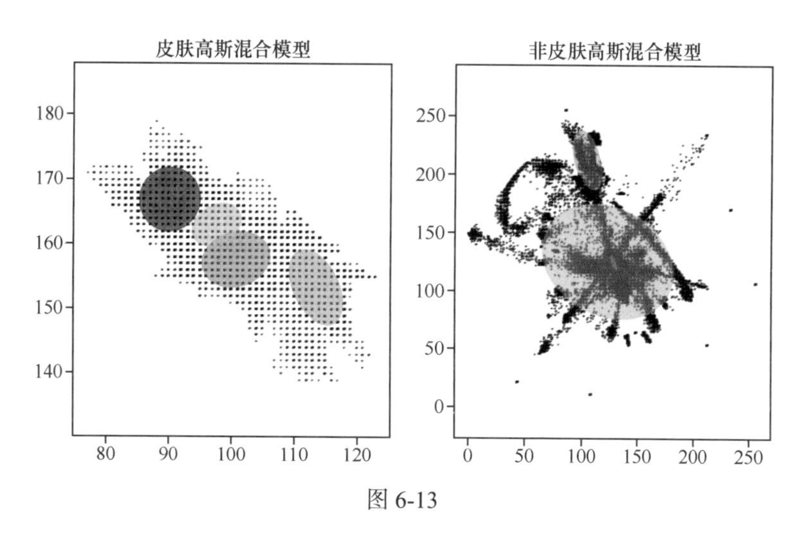

图 6-13

8. 加载要进行图像分割的输入图像（包含人脸 / 皮肤），将该输入图像转换为 YCbCr 颜色空间，并使用上述两种高斯混合模型对图像中的每个像素进行打分。将应用皮肤高斯混合模型预测得分较低的像素（预测为非皮肤的像素）屏蔽掉，得到最终的图像分割结果：

```
image = imread('images/skin.png')[...,:3]
proc_image = np.reshape(rgb2ycbcr(image), (-1, 3))
skin_score = skin_gmm.score_samples(proc_image[...,1:])
not_skin_score = not_skin_gmm.score_samples(proc_image[...,1:])
result = skin_score > not_skin_score
result = result.reshape(image.shape[0], image.shape[1])
result = np.bitwise_and(gray2rgb(255*result.astype(np.uint8)),
image)
```

6.4.3 工作原理

执行上述代码并绘制输入图像及输出的分割图像，则将获得图 6-14 所示的输出。

来自 scikit-learn 库 mixture 模块的 `GaussianMixture` 类被用于实现高斯混合模型。可以使用 `GaussianMixture` 类来估计高斯混合分布的参数，可应用极大似然估计（MLE）。

在本实例中，我们创建了 `GaussianMixture` 类的两个实例：一个实例应用于皮肤（拟合在皮肤样本上），另一个实例应用于非皮肤（拟合在非皮肤样本上）。

通过调用期望最大化算法，`GaussianMixture` 类的 `fit()` 方法被用于估计高斯混合模型的参数。

图 6-14

`GaussianMixture` 类的 `score()` 方法用于计算输入图像中每个像素的对数似然。

6.5 医学图像分割

医学图像分割的目的是检测二维或三维医学图像中不同物体与背景之间的边界。医学图像本质上是高度可变的，这使得医学图像分割变得困难。这些变化是由于人体解剖学的主要变化模式，以及用于获取医学图像的被分割图像的不同形态（例如，X 射线、MRI、CT、显微镜、内窥镜、OCT 等）而产生的。

可以从医学图像分割结果中获得进一步的诊断见解，以帮助医生做出决策。边缘缺失、缺乏纹理对比度等是医学图像分割存在的主要问题，为此人们提出了许多医学图像分割方法，以期解决这些问题。基于所提取的边界信息进行的器官自动测量、细胞计数和模拟，便是医学图像分割的一些应用。在本实例中，我们将介绍如何使用 Python 库（如 SimpleITK 库）和深度学习库（如 Keras 库）来分割一些医学图像。

6.5.1 准备工作

让我们导入所需的 Python 库：

```
import SimpleITK as sitk
import numpy as np
import matplotlib.pylab as plt
from scipy.stats import norm
from sklearn.mixture import GaussianMixture
```

6.5.2 执行步骤

让我们先使用高斯混合模型 - 期望最大化（GMM-EM）和 scikit-learn 库来分割 MRI

图像。

1. 使用 GMM-EM 进行图像分割

使用 GMM-EM 来对 MR T1 大脑图像进行分割，具体步骤如下（这次使用 scikit-learn 库函数）。

（1）下载 `atlas_slicez90.nii.gz` 图像。这是一个高质量的图像，通过记录和平均化患者的 T1 大脑图像而获得）。使用以下代码读取脑切片图像：

```
max_int_val = 512;
image = sitk.ReadImage("images/atlas_slicez90.nii.gz",
sitk.sitkFloat32)
image = sitk.RescaleIntensity(image,0.0,max_int_val)
image_data = sitk.GetArrayFromImage(image)
```

（2）计算高斯混合模型的参数：

```
g = GaussianMixture(n_components=4, covariance_type='diag',
tol=0.01, max_iter=100, n_init=1, init_params='kmeans')
```

（3）使用期望最大化算法来估计高斯混合模型参数（应用极大似然估计）：

```
g.fit(image_data[0].flatten().reshape(-1, 1))
```

（4）定义以下函数来绘制每个高斯模型的概率分布函数：

```
def plot_pdf_models(x, g):
 we = g.weights_
 mu = g.means_
 si = np.sqrt(g.covariances_)
 for ind in range(0,we.shape[0]):
 plt.plot(x,we[ind]*norm.pdf(x, mu[ind], si[ind]),linewidth=4)
```

（5）绘制类的概率分布函数：

```
x = np.linspace(0,max_int_val,500)
plt.figure(figsize=(16, 5), dpi=100)
plot_pdf_models(x,g)
plt.hist(image_data.flatten(), bins=int(max_int_val/6), range=(0,
max_int_val), density=True)
plt.title('Class specific probability distribution
functions',fontsize=20)
plt.show()
```

运行上述代码，将得到图 6-15 所示的输出。

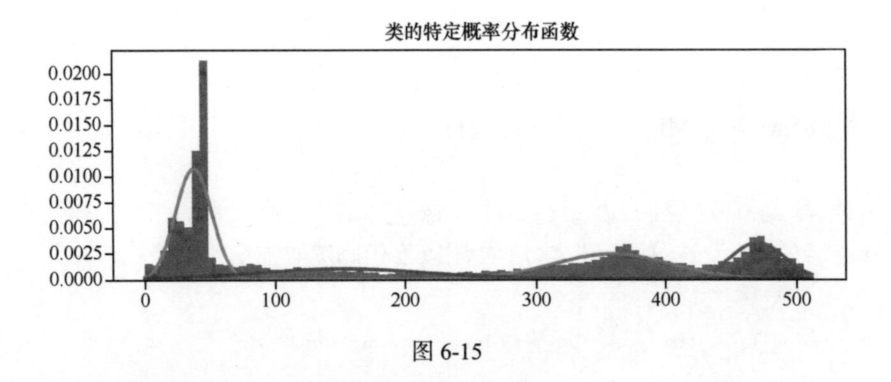

图 6-15

（6）计算并绘制模型中每个高斯的分类后验概率：

```
plt.figure(figsize=(16, 3), dpi=100)
print(x.shape, g.predict_proba(x.reshape(-1,1)).shape)
plt.plot(x,g.predict_proba(x.reshape(-1,1)), linewidth=4)
plt.title('Class posterior probability under each Gaussian in the
model',fontsize=20)
plt.show()
```

运行上述代码，将得到图 6-16 所示的输出。

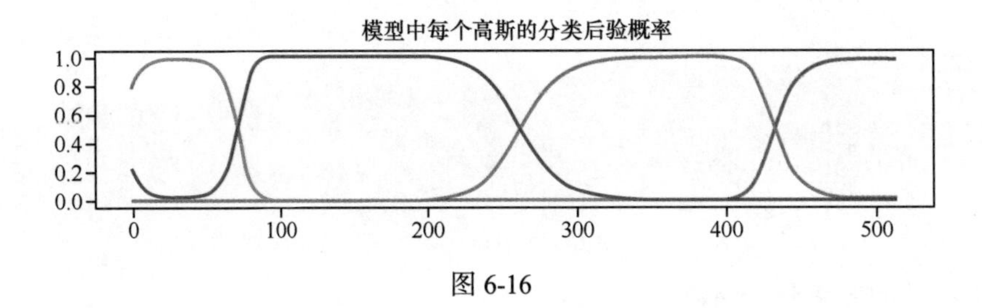

图 6-16

（7）计算应用高斯混合模型进行图像分割后得到的标签图像：

```
label_data = g.predict(image_data[0].flatten().reshape(-1, 1))
#.flatten())
label_data = label_data.reshape(image_data[0].shape)
```

如果绘制输入图像，并且绘制应用 GMM-EM 来分割的（标签）图像，则将得到图 6-17 所示的输出。

2. 使用深度学习进行脑肿瘤图像分割

使用 Keras 中的预训练深度学习模型来分割 MR T2/flair（磁共振成像液体抑制反转恢复序列）的大脑图像，具体步骤如下。

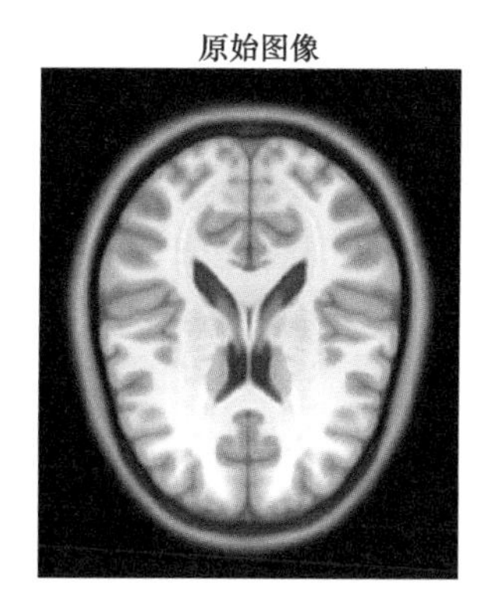

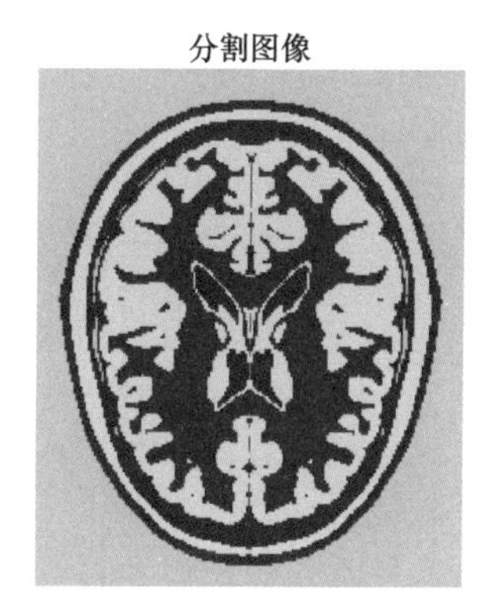

图 6-17

（1）导入所需要的 Python 库：

```
import keras                #version 2.3.1
from keras.models import model_from_json
from keras.utils.vis_utils import plot_model
from skimage.transform import resize
from keras.utils.vis_utils import model_to_dot
keras.utils.vis_utils.pydot = pydot
```

（2）先下载深度学习模型（Unet）的预训练权重，然后通过 .json 文件加载模型结构，通过 weights-full-best.h5 文件加载（预训练）权重。绘制 Unet 深度学习模型架构：

```
loaded_model_json = open('models/model.json', 'r').read()
model = model_from_json(loaded_model_json)
model.load_weights('models/weights-full-best.h5')
plot_model(model, to_file='images/model_plot.png',
show_shapes=True, show_layer_names=True)
```

如果运行以上代码，则权重将被加载到模型中。图 6-18 所示的是 Unet 模型体系结构的一部分。

（3）使用 MRI flair 和 T2 图像（两种输入图像的大小必须都为 240 像素 ×240 像素）作为全脑肿瘤图像分割的输入图像。为深度学习模型准备输入数据，使用以下代码来预处理输入图像（例如，调整图像大小、z-score 归一化、重塑形状等）：

```
x = np.zeros((1,2,240,240),np.float32)
Flair =
resize((rgb2gray(imread('images/Flair.png')).astype('float32')),
(240,240))
```

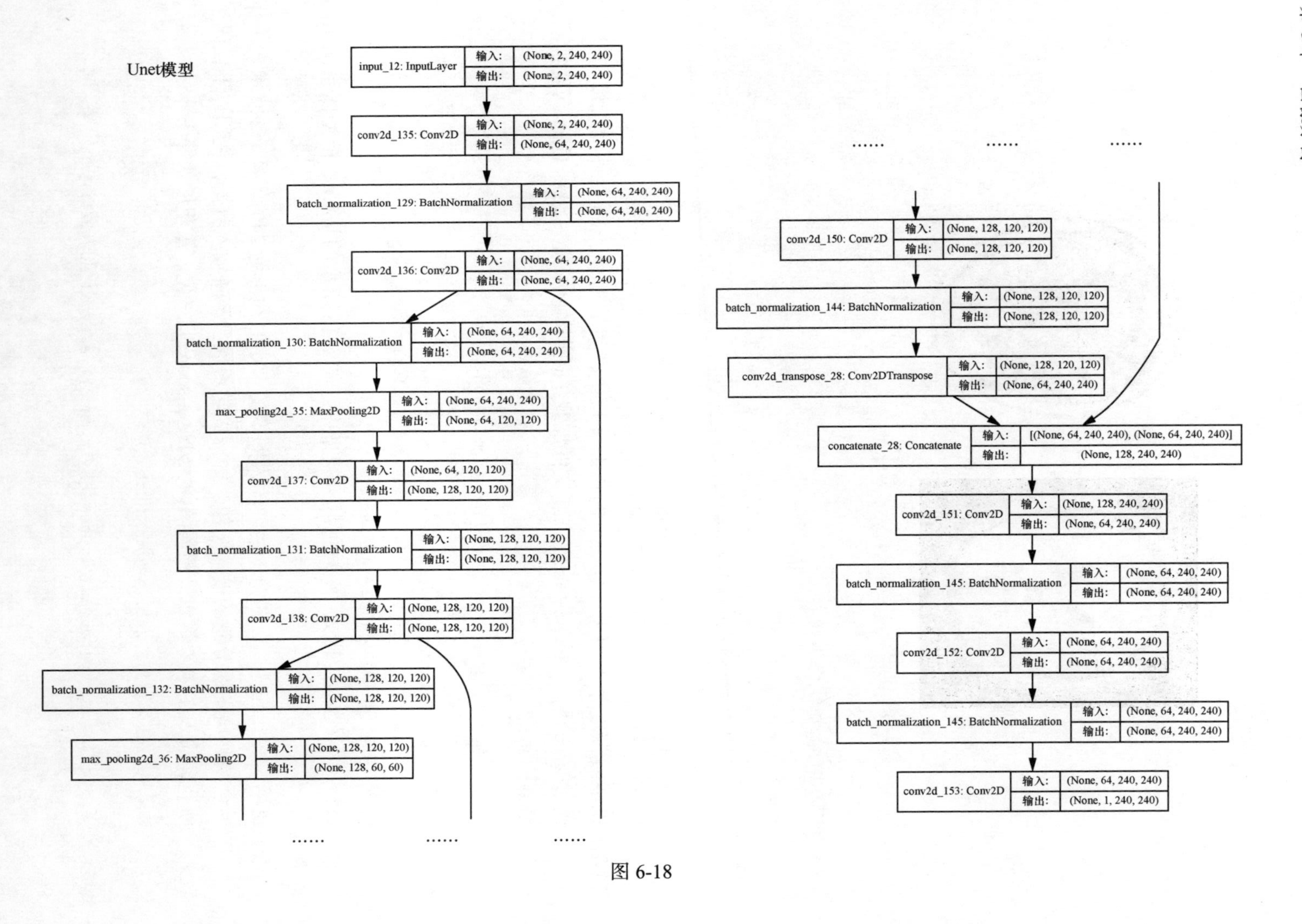
Unet模型
input_12: InputLayer
输入: (None, 2, 240, 240)
输出: (None, 2, 240, 240)
conv2d_135: Conv2D
输入: (None, 2, 240, 240)
输出: (None, 64, 240, 240)
batch_normalization_129: BatchNormalization
输入: (None, 64, 240, 240)
输出: (None, 64, 240, 240)
conv2d_136: Conv2D
输入: (None, 64, 240, 240)
输出: (None, 64, 240, 240)
batch_normalization_130: BatchNormalization
输入: (None, 64, 240, 240)
输出: (None, 64, 240, 240)
max_pooling2d_35: MaxPooling2D
输入: (None, 64, 240, 240)
输出: (None, 64, 120, 120)
conv2d_137: Conv2D
输入: (None, 64, 120, 120)
输出: (None, 128, 120, 120)
batch_normalization_131: BatchNormalization
输入: (None, 128, 120, 120)
输出: (None, 128, 120, 120)
conv2d_138: Conv2D
输入: (None, 128, 120, 120)
输出: (None, 128, 120, 120)
batch_normalization_132: BatchNormalization
输入: (None, 128, 120, 120)
输出: (None, 128, 120, 120)
max_pooling2d_36: MaxPooling2D
输入: (None, 128, 120, 120)
输出: (None, 128, 60, 60)
......
......
......
......
......
......
conv2d_150: Conv2D
输入: (None, 128, 120, 120)
输出: (None, 128, 120, 120)
batch_normalization_144: BatchNormalization
输入: (None, 128, 120, 120)
输出: (None, 128, 120, 120)
conv2d_transpose_28: Conv2DTranspose
输入: (None, 128, 120, 120)
输出: (None, 64, 240, 240)
concatenate_28: Concatenate
输入: [(None, 64, 240, 240), (None, 64, 240, 240)]
输出: (None, 128, 240, 240)
conv2d_151: Conv2D
输入: (None, 128, 240, 240)
输出: (None, 64, 240, 240)
batch_normalization_145: BatchNormalization
输入: (None, 64, 240, 240)
输出: (None, 64, 240, 240)
conv2d_152: Conv2D
输入: (None, 64, 240, 240)
输出: (None, 64, 240, 240)
batch_normalization_145: BatchNormalization
输入: (None, 64, 240, 240)
输出: (None, 64, 240, 240)
conv2d_153: Conv2D
输入: (None, 64, 240, 240)
输出: (None, 1, 240, 240)

图 6-18

```
T2 = resize((rgb2gray(imread('images/T2.png'))).astype('float32'),
(240,240))
ground_truth = resize(rgb2gray(imread('images/ground_truth.png')),
(240,240))
T2 = (T2-T2.mean()) / T2.std()
Flair = (Flair-Flair.mean()) / Flair.std()
x[:,:1,:,:] = np.reshape(Flair, (1,1,240,240))
x[:,1:,:,:] = np.reshape(T2, (1,1,240,240))
```

（4）通过运行 Unet 模型正向传播网络，从输入图像中预测肿瘤：

```
pred_full = model.predict(x)
pred_full = np.reshape(pred_full, (240,240))
```

（5）如果执行此代码并绘制输入图像、全脑真实值图像（以红色显示）以及预测肿瘤图像（以黄色显示），则将获得图 6-19 所示的输出。

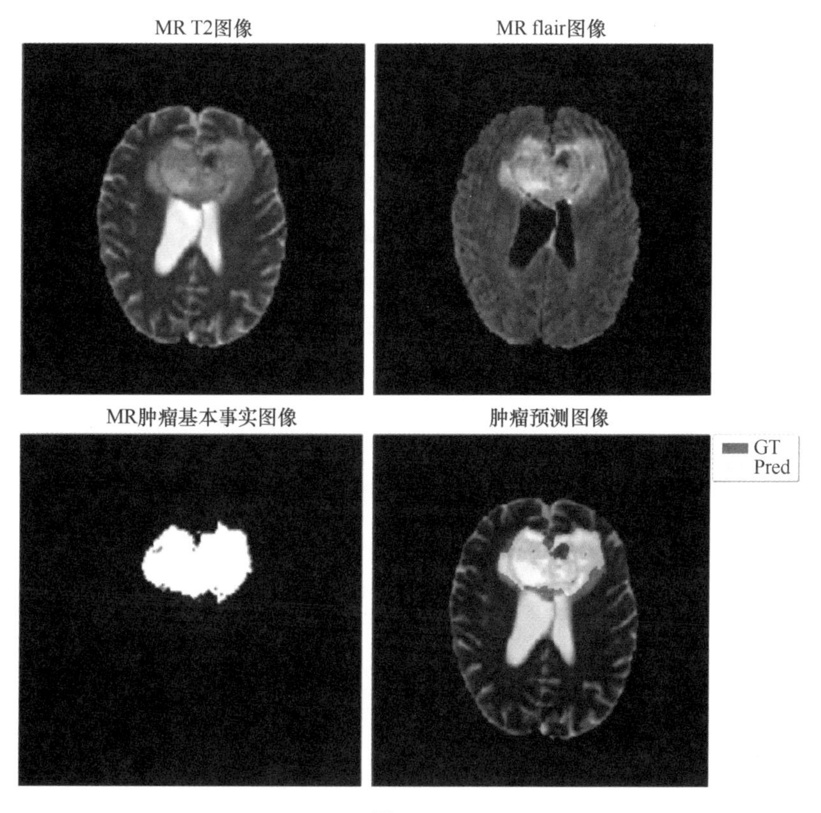

图 6-19

3. 使用分水岭进行图像分割

在本实例中，我们将介绍如何使用 SimpleITK 库函数从三维聚焦离子束扫描电子显微镜（FIB-SEM）图像中分割细菌。这种细菌的名字叫枯草芽孢杆菌，是一种杆状生物，天然存在于植物和土壤中。本实例的相关步骤如下。

（1）使用以下代码进行如下操作：读取细菌图像，使用手动选择的阈值进行阈值化处理，并将前景（细菌）与背景（树脂）分开。使用形态学的打开和关闭操作来去除细菌图像中的小组件 / 孔洞：

```
img =
sitk.ReadImage('images/fib_sem_bacillus_subtilis_slice_118.png',
sitk.sitkFloat32)
f = sitk.RescaleIntensityImageFilter()
img = f.Execute(img, 0, 255)
thresh_value = 120
thresh_img = img>thresh_value
cleaned_thresh_img = sitk.BinaryOpeningByReconstruction(thresh_img,
[10, 10, 10])
cleaned_thresh_img =
sitk.BinaryClosingByReconstruction(cleaned_thresh_img, [10, 10,
10])
```

（2）计算距离图。与对象边界距离大于或等于 10 的种子会被进行唯一标记。在清除所有大小小于或等于 15 像素的种子后，用连续的对象标签重新标记种子对象：

```
dist_img = sitk.SignedMaurerDistanceMap(cleaned_thresh_img != 0, \
                insideIsPositive=False, squaredDistance=False, \
                useImageSpacing=False)
radius = 10
seeds = sitk.ConnectedComponent(dist_img < -radius)
seeds = sitk.RelabelComponent(seeds, minimumObjectSize=15)
```

（3）在计算的距离图上运行分水岭图像分割算法（将种子作为标记）：

```
ws = sitk.MorphologicalWatershedFromMarkers(dist_img, seeds,
markWatershedLine=True)
ws = sitk.Mask( ws, sitk.Cast(cleaned_thresh_img, ws.GetPixelID()))
```

运行此代码并绘制所有获得的图像，则将获得图 6-20 所示的输出。

6.5.3 工作原理

在实例中，我们使用 SimpleITK 库的 MorphologicalWatershedFromMarkers 类来实现基于形态学运算符的形态学运算的分水岭图像分割。

将分水岭像素标记为 0；对输出图像标签重新排序，使得对象标签成为连续性的；然

后使用一个 `RelabelComponent` 图像滤波器，根据对象大小对这些对象进行排序。

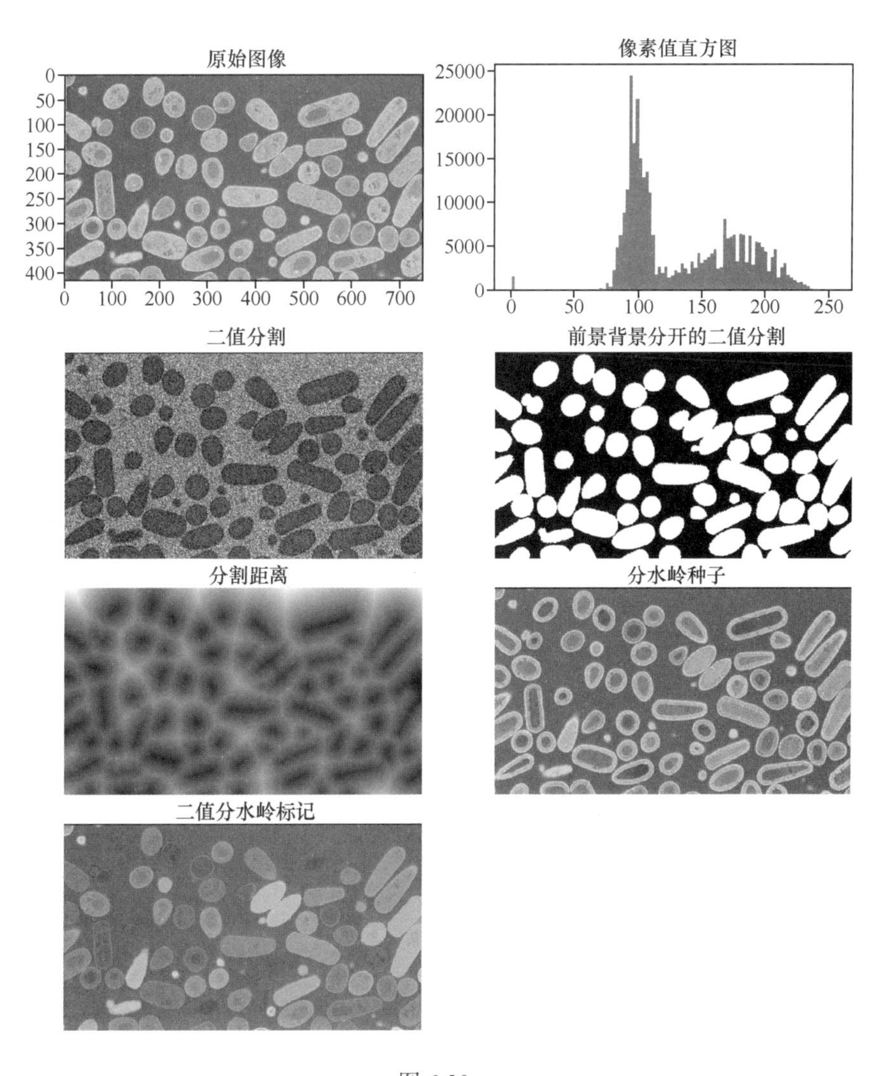

图 6-20

6.5.4 更多实践

读者可以使用连通区域标记来分割 MRI 图像。实例输出图 6-21 所示的一个图像。

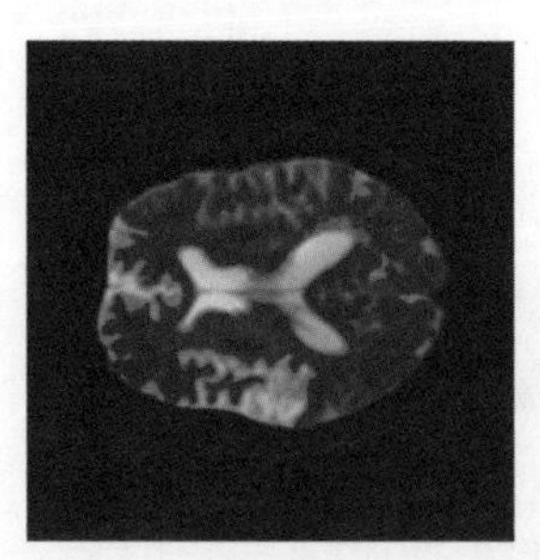

图 6-21

使用 SimpleIK 实现区域增长图像分割，用以分割 MR T1 图像，如图 6-22 所示。

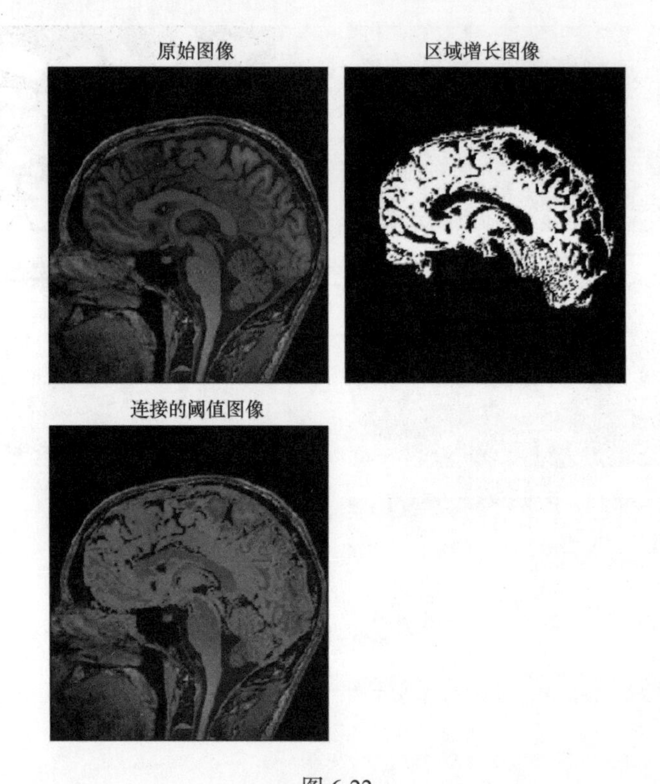

图 6-22

6.6 深度语义分割

语义分割是指在像素级别对图像的理解，即发生在要为图像中的每个像素分配一个对象分类（语义标签）时。这是一个从粗到精的推理过程。该过程通过执行密集的预测来实现细粒度的推断，从而推断出每个像素的标签。每个像素都会被分配像素周围的对象（或区域）类别的一个标签。在本实例中，我们将介绍如何使用几个深度学习（预训练）模型来执行图像的语义分割（使用 DeepLab V3 和 Caffe FCN）。

6.6.1 准备工作

我们先登录 GitHub 官方网站下载预训练模型 deeplabv3_pascal_trainval_2018_01_04.tar.gz。使用以下代码导入所需的库（tensorflow 库模块和 keras 库模块）：

```
from PIL import Image
import tensorflow as tf
from tensorflow.python.platform import gfile
from keras.models import *
from keras.layers import *
from keras.optimizers import *
from keras.callbacks import ModelCheckpoint, LearningRateScheduler
from keras.preprocessing.image import ImageDataGenerator
from keras import backend as keras
import numpy as np
import skimage.io as io
import skimage.transform as trans
import matplotlib.pylab as plt
import imutils
from glob import glob
import os, time
```

6.6.2 执行步骤

我们先使用预训练的 DeepLab V3 模型进行语义分割，然后使用 FCN 模型进行语义分割。

1. 使用 DeepLab V3 模型进行语义分割

执行基于 DeepLab V3 模型的语义分割，具体步骤如下。

（1）定义以下函数来加载预训练的 DeepLab V3 模型（frozen_inference_graph），并在 tensorflow 框架下运行正向传递来获得分割图：

```
def run_semantic_segmentation(image, model_path):

    input_tensor_name = 'ImageTensor:0'
    output_tensor_name = 'SemanticPredictions:0'
    input_size = 513

    graph = tf.Graph()
    graph_def = None
    with gfile.FastGFile(model_path, 'rb') as f:
```

```
            graph_def = tf.GraphDef()
            graph_def.ParseFromString(f.read())
        if graph_def is None:
          raise RuntimeError('Cannot find inference graph in tar \
                          archive.')
        with graph.as_default():
          tf.import_graph_def(graph_def, name='')

        sess = tf.Session(graph=graph)
        width, height = image.size
        resize_ratio = 1.0 * input_size / max(width, height)
        target_size = (int(resize_ratio * width), \
                    int(resize_ratio * height))
        resized_image = image.convert('RGB').resize(target_size, \
                          Image.ANTIALIAS)
        batch_seg_map = sess.run(
            output_tensor_name,
            feed_dict={input_tensor_name: [np.asarray(resized_image)]})
        seg_map = batch_seg_map[0]
        return resized_image, seg_map
```

（2）定义以下函数来创建 pascal 数据集的标签 colormap：

```
def create_pascal_label_colormap():
  colormap = np.zeros((256, 3), dtype=int)
  ind = np.arange(256, dtype=int)
  for shift in reversed(range(8)):
    for channel in range(3):
      colormap[:, channel] |= ((ind >> channel) & 1) << shift
    ind >>= 3
  return colormap
```

（3）定义一个函数，通过该函数将语义分割图像的标签转换为所需 colormap 中的颜色：

```
def label_to_color_image(label):
  colormap = create_pascal_label_colormap()
  if np.max(label) >= len(colormap):
    raise ValueError('label value too large.')
  return colormap[label]
```

（4）定义以下函数来可视化语义分割后图像：

```
def visualize_segmentation(image, seg_map):
  plt.figure(figsize=(20, 15))
  plt.subplots_adjust(left=0, right=1, bottom=0, top=0.95, \
        wspace=0.05, hspace=0.05)
  plt.subplot(221), plt.imshow(image), plt.axis('off'), \
        plt.title('input image', size=20)
```

```
plt.subplot(222)
seg_image = label_to_color_image(seg_map).astype(np.uint8)
plt.imshow(seg_image), plt.axis('off'), \
      plt.title('segmentation map', size=20)
plt.subplot(223), plt.imshow(image), plt.imshow(seg_image, \
      alpha=0.7), plt.axis('off')
plt.title('segmentation overlay', size=20)
unique_labels = np.unique(seg_map)
ax = plt.subplot(224)
plt.imshow(full_color_map[unique_labels].astype(np.uint8), \
           interpolation='nearest')
ax.yaxis.tick_right(), plt.yticks(range(len(unique_labels)), \
           label_names[unique_labels])
plt.xticks([], [])
ax.tick_params(width=0.0, labelsize=20), plt.grid('off')
plt.show()
```

（5）读取输入图像，使用 DeepLab V3 模型执行语义分割，并使用以下代码将语义分割结果可视化：

```
label_names = np.asarray([
    'background', 'aeroplane', 'bicycle', 'bird', 'boat', 'bottle',
    'bus', 'car', 'cat', 'chair', 'cow', 'diningtable', 'dog',
    'horse', 'motorbike', 'person', 'pottedplant', 'sheep', 'sofa',
    'train', 'tv'
])

full_label_map =
np.arange(len(label_names)).reshape(len(label_names), 1)
full_color_map = label_to_color_image(full_label_map)
image, seg_map =
run_semantic_segmentation(Image.open('images/pets.png'),
    'models/frozen_inference_graph.pb')
visualize_segmentation(image, seg_map)
```

如果运行上述代码，将得到图 6-23 所示的输出（注意这一输出与上一个实例的实例分割输出之间的区别）。

对另一个（道路）图像运行相同的函数，将获得图 6-24 所示的输出。

2. 使用 FCN 模型进行语义分割

执行基于预训练的全卷积网络（FCN）模型的语义分割，具体步骤如下。

（1）下载预训练的 Caffe FCN 模型，并将其保存到 `models` 文件夹。使用以下代码加载分类标签名称，并对图例进行初始化的可视化处理：

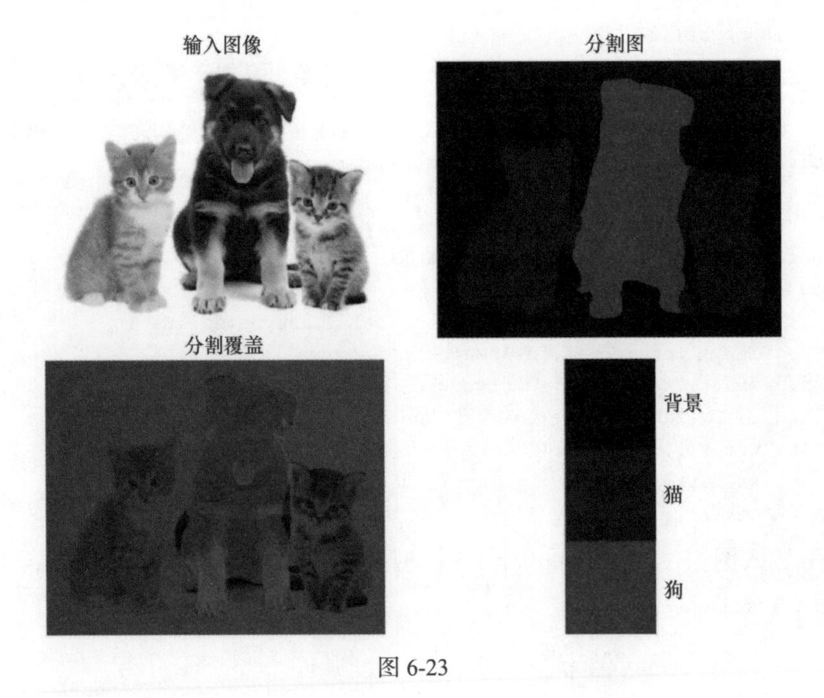

图 6-23

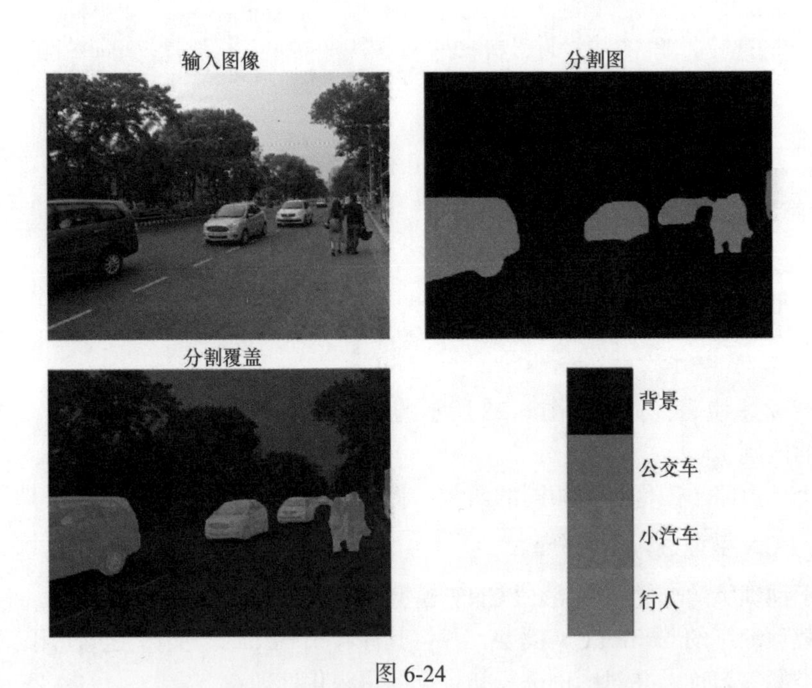

图 6-24

```
lines = open('models/pascalclasses.
txt').read().strip().split("\n")
classes, colors = [], []
for line in lines:
   words = line.split(' ')
   classes.append(words[0])
   colors.append(list(map(int, words[1:])))
colors = np.array(colors, dtype="uint8")
legend = np.zeros(((len(classes) * 25) + 25, 300, 3),
dtype="uint8")

# iterate over the class names and colors and draw
for (i, (className, color)) in enumerate(zip(classes, colors)):
   color = [int(c) for c in color]
   cv2.putText(legend, className, (5, (i * 25) + 17), \
           cv2.FONT_HERSHEY_SIMPLEX, 0.5, (0, 0, 255), 2)
   cv2.rectangle(legend, (100, (i * 25)), (300, (i * 25) + 25), \
           tuple(color), -1)
```

（2）加载序列化的 FCN 模型，将输入图像 `blob` 设置为 FCN 模型的输入，并使用 OpenCV-Python 库函数在该模型上运行正向传播：

```
model = cv2.dnn.readNetFromCaffe \
  ('models/fcn8s-heavy-pascal.prototxt', \
  'models/fcn8s-heavy-pascal.caffemodel')
image = cv2.imread('images/cycling.jpeg')
image = cv2.cvtColor(image, cv2.COLOR_BGR2RGB)
image = imutils.resize(image, width=500)
blob = cv2.dnn.blobFromImage(image, 1, (image.shape[1], \
          image.shape[0]))
model.setInput(blob)
output = model.forward()
```

（3）从所获得的 FCN 模型的输出中，获得分类的总数以及掩膜图像形状。针对图像中的每个像素坐标，找到概率最大的分类标签。找到与分类标签相对应的颜色（像素在输出的掩膜图像中表示的颜色）。将掩膜图像和分类映射的大小调整为输入图像大小：

```
(num_classes, height, width) = output.shape[1:4]
labels = output[0].argmax(0)
mask = colors[labels]
mask = cv2.resize(mask, (image.shape[1], image.shape[0]), \
          interpolation=cv2.INTER_NEAREST)
labels = cv2.resize(labels, (image.shape[1], image.shape[0]), \
          interpolation=cv2.INTER_NEAREST)
```

（4）计算输入图像和掩膜图像的加权线性组合以创建一个语义分割叠加（例如，output=0.3*image+0.7*mask），并绘制图像，得到图6-25所示的图像输出。

图6-25

6.7 深度实例分割

与深度语义分割类似，深度实例分割同样为图像中的每个像素指定一个标签。这些标签共同为输入图像中的每个对象生成基于像素的掩膜图像。这两种技术的区别在于，即使多个对象具有相同的分类标签（例如，图6-26所示的输入图像中有两只猫和一条狗），实例分割也应将每个对象实例报告为独特的实例（例如，共有3个独特的对象：两只猫和一条狗），而不是像语义分割那样报告找到的独特分类标签总数（例如，两个独特的分类，即猫和狗），如图 6-26 所示。

图 6-26

在本实例中，我们将介绍如何使用预训练的掩膜 R-CNN 深度学习模型来执行实例分割。

基于区域的卷积神经网络（R-CNN）是一种基于深度学习的开创性的对象检测模型。该算法包括以下 4 个步骤。

1. 将图像输入网络中。
2. 使用诸如选择性搜索之类的算法计算候选区域（可能包含对象的图像区域）。
3. 使用预训练卷积神经网络（CNN）为每个候选区域提取 ROI。
4. 基于支持向量机（SVM）分类器，使用提取的特征对每个候选区域进行分类。

然而，由于 R-CNN 模型在实践中运行得非常缓慢，因此引入 Faster R-CNN 模型——该模型使用端到端可训练的网络模型，算法步骤如下。

1. 将图像和相应的真实边界框输入网络中。
2. 提取特征图。
3. 引入 ROI Pooling，提取 ROI 特征向量。
4. 使用两组完全连接的网络层来预测分类标签，并计算对应于每个候选区域对象分类的边界框。

6.7.1　准备工作

下载预训练的 Mask R-CNN 模型，解压 `frozen_inference_graph.pb` 文件，并将其保存到 `models` 文件夹中。使用如下代码先导入所有必需的库：

```
import numpy as np
import time
import cv2
import os
```

```
import random
import matplotlib.pylab as plt
print(cv2.__version__)
# 4.1.0
```

6.7.2 执行步骤

我们使用 OpenCV-Python 库函数来实现深度实例分割，具体步骤如下。

1. 定义以下函数，使用 HSV 颜色空间生成 N 个随机（明亮）颜色：

```
def random_colors(N, bright=True):
 brightness = 1.0 if bright else 0.7
 hsv = [(i / N, 1, brightness) for i in range(N)]
 colors = list(map(lambda c: colorsys.hsv_to_rgb(*c), hsv))
 random.shuffle(colors)
 return 256*np.array(colors)
```

2. 初始化模型常量以及下载模型的路径：

```
model_path = 'models\\'
conf = 0.5
thresh = 0.3
```

3. 读取 COCO 分类标签——预训练的 Mask R-CNN 模型是在该分类标签上进行训练的：

```
labels_path = os.path.sep.join([model_path,
"object_detection_classes_coco.txt"])
labels = open(labels_path).read().strip().split("\n")
```

4. 初始化预训练的 Mask R-CNN 模型的权重以及配置文件的路径：

```
weights_path = os.path.sep.join([model_path,
"frozen_inference_graph.pb"])
config_path = os.path.sep.join([model_path,
"mask_rcnn_inception_v2_coco_2018_01_28.pbtxt"])
```

5. 从硬盘加载预训练的 Mask R-CNN 模型：

```
net = cv2.dnn.readNetFromTensorflow(weights_path, config_path)
```

6. 读取要进行实例分割的输入图像，将其设置为加载模型的输入，并在模型上对该图像输入进行正向传播，以获得对象掩膜图像和边界框：

```
image = cv2.imread('images/pets.jpg')
blob = cv2.dnn.blobFromImage(image, swapRB=True, crop=False)
net.setInput(blob)
(boxes, masks) = net.forward(["detection_out_final",
"detection_masks"])
num_classes = masks.shape[1]
```

```
num_detections = boxes.shape[2]
print('# instances: {}'.format(num_detections))
# instances: 4
colors = random_colors(num_detections)
print("# classes: {}".format(num_classes))
# classes: 90
```

7. 对于所检测到的每个对象，如果分数确认高于置信阈值，则计算边界框坐标：

```
h = image.shape[0]
w = image.shape[1]

for i in range(num_detections):
 box = boxes[0, 0, i]
 mask = masks[i]
 score = box[2]
 if score > conf:
   class_id = int(box[1])
   left, top, right, bottom = int(w * box[3]), int(h * box[4]), \
                              int(w * box[5]), int(h * box[6])
   left, top = max(0, min(left, w - 1)), max(0, min(top, h - 1))
   right, bottom = max(0, min(right, w - 1)), \
                   max(0, min(bottom, h - 1))
   class_mask = mask[class_id]
```

8. 为模型所检测到的每个对象提取掩膜，使用相应分类标签的颜色对掩膜图像进行着色，并将掩膜图像与输入图像进行混合（以创建叠加图像）：

```
label = labels[class_id]
class_mask = cv2.resize(class_mask, (right - left + 1, \
                        bottom - top + 1))
mask = (class_mask > thresh)
roi = image[top:bottom+1, left:right+1][mask]
color_index = np.random.randint(0, len(colors)-1)
color = np.array(colors[color_index])

image[top:bottom+1, left:right+1][mask] = (0.4*color + \
                        0.6 * roi).astype(np.uint8)
```

9. 使用以下代码在分割的叠加图像上绘制对象边界（带轮廓）：

```
mask = mask.astype(np.uint8)
contours, hierarchy = cv2.findContours(mask, cv2.RETR_TREE, \
                                  cv2.CHAIN_APPROX_SIMPLE)
cv2.drawContours(image[top:bottom+1, left:right+1], contours, \
                 -1, color, 3, cv2.LINE_8, hierarchy, 100)
label_size, _ = cv2.getTextSize(label, \
```

```
                cv2.FONT_HERSHEY_SIMPLEX, 0.5, 1)
top = max(top, label_size[1])
cv2.putText(image, label, ((left + right)//2, top), \
                    cv2.FONT_HERSHEY_SIMPLEX, 0.75, (0,0,0), 2)
cv2.imwrite('images/instance_seg_out.png', image)
```

6.7.3 工作原理

运行上述代码并绘制输入图像、分割后的输出图像，将获得图 6-27 所示的效果。

图 6-27

Mask R-CNN 可以检测 90 种分类，包括人、动物、车辆、标志、食物等（要查看所支持的分类，可查看 `object_detection_classes_coco.txt` 文件）。

使用 `cv2.dnn.blobFromImage()` 函数从输入图像构建一个 blob，然后将其传递给深度神经网络模型。

输入图像需要经过预处理，才能作为输入进入深度学习模型（这同样是由 `cv2.dnn.blobFromImage()` 函数来完成的）。预处理步骤通常包括均值减法、缩放和可选的通道交换。

从模型输出中提取每一个检测到的对象的分类标签和置信度。弱的预测（低置信度的预测，即置信度小于置信阈值的预测）被过滤掉。

从模型输出中提取掩膜图像。对掩膜图像进行阈值化处理，得到二值图像。并且针对所检测到的每个对象，提取 ROI。

最后，我们将掩膜区域与 ROI 进行融合，生成分割覆盖图像——也就是深度实例分割的输出。

第7章 图像分类

在本章中，我们将介绍图像分类问题，即从一组固定的标签（类别）中，将（最可能的）标签分配给输入图像。图像分类是一项有监督机器学习任务。除此之外，我们还将学习如何使用不同的Python库对图像进行分类。图像分类具有广泛的实际应用，是图像处理的核心问题之一。此外，许多其他看似不同的图像处理任务（例如，对象检测和图像分割）都可以简化为图像分类。图像分类是指根据图像的视觉内容为图像分配标签（分类）的过程。例如，可以开发二值图像分类算法（模型）来预测一幅图像中是否有人。

在本章中，我们将重点介绍如何实现两种类型的图像分类器。第一种类型是基于特征的图像分类器，在该类型中，特征生成（预处理）算法会提取一组图像特征，用于表示图像。然后使用图像分类算法（经典的有监督机器学习算法）利用特征对图像进行分类。基于特征的图像分类如图7-1所示。

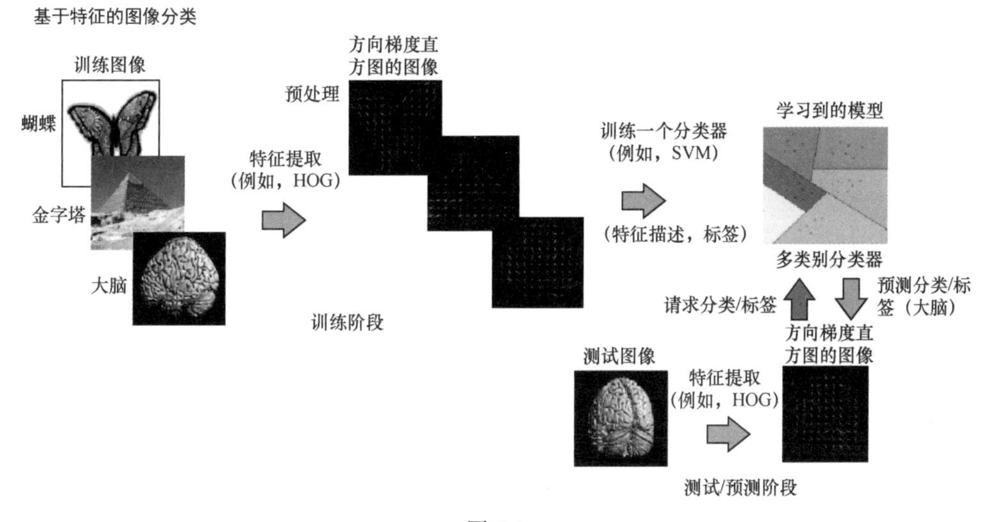

图7-1

第二种类型是深度学习分类器，该类型并不执行任何预处理步骤（例如特征提取），而是训练一个端到端的深度神经网络来执行分类任务。图7-2显示了基于深度学习（端到端）的图像分类。

图像分类是一项有监督机器学习任务，其包括两个阶段：训练阶段和测试阶段。在训练阶段，一组被标记的输入图像（带有已知的类别标签）会被提供给分类算法，而该算法则会使用输入（通常是学习到的模型参数）来训练分类模型。通常，会使用一组（保留的）验证图像来评估模型在未知图像上的当前性能。一旦完成训练，学习模型就可以被用于分类或预测新（测试）图像的标签——这被称为测试阶段。可以将新（测试）图像的预测标签与真实标签进行对比，以便比较分类器的准确度。

在本章中，我们将介绍以下实例：

- 使用 scikit-learn 库对图像进行分类（方向梯度直方图和逻辑回归）；
- 使用 Gabor 滤波器组对纹理进行分类；
- 使用 VGG19/Inception V3/MobileNet/ResNet101（基于 PyTorch 库）对图像进行分类；
- 图像分类的微调（使用迁移学习）；
- 使用深度学习模型对交通标志进行分类（基于 PyTorch 库）；
- 使用深度学习模型实现人体姿势估计。

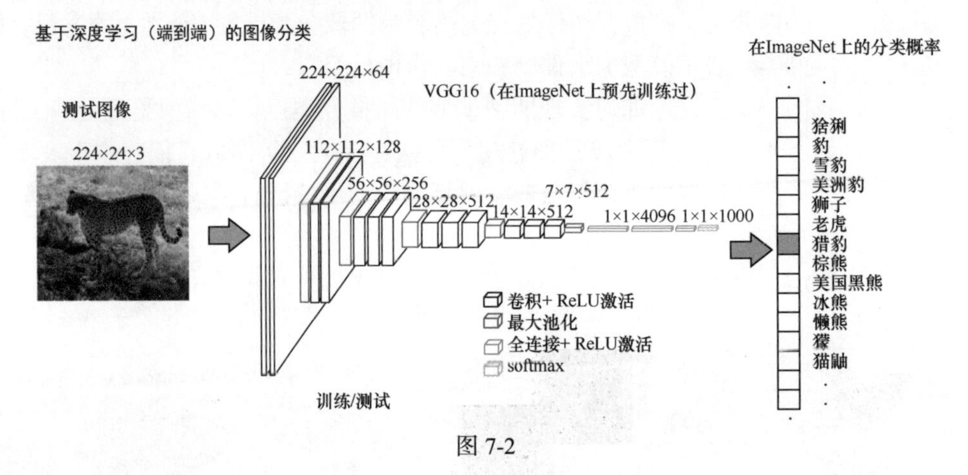

图 7-2

7.1 使用 scikit-learn 库对图像进行分类（方向梯度直方图和逻辑回归）

在本实例中，我们将使用 scikit-image 库函数和 scikit-learn 库函数来实现基于特征的图像分类器。多分类逻辑回归（softmax 回归）分类器将在从训练图像集中所提取的方向梯度直方图（HOG）的描述符上进行训练。

图 7-3 所示的方程式显示了如何在训练阶段估计 K 分类 softmax 回归分类器的参数（例如，使用随机梯度下降），然后在给定输入图像的情况下，使用所学习的模型来预测在测试阶段中某种类别标签的概率：

7.1.1 准备工作

在本实例中，我们将使用多分类逻辑回归分类器（该分类器带有从图像中提取的 HOG

特征）在 scikit-learn 库的实现来对图像进行分类。首先，使用以下代码导入所需的 Python 库：

```
%matplotlib inline
import numpy as np
from skimage.io import imread
from skimage.color import gray2rgb
from skimage.transform import resize
from skimage.feature import hog
from sklearn.linear_model import
 LogisticRegression
from sklearn.model_selection import train_
test_split
from sklearn.metrics import classification_
report, accuracy_score
from glob import glob
from matplotlib import pyplot as plt
```

多元逻辑回归分类器（softmax回归）

训练（参数估计）

$$J(\theta) = -\left[\sum_{i=1}^{m}\sum_{k=1}^{K} 1\left\{y^{(i)} = k\right\} \log \frac{\exp(\theta^{(k)\top} x^{(i)})}{\sum_{j=1}^{K} \exp(\theta^{(j)\top} x^{(i)})}\right]$$

$$\nabla_{\theta^{(k)}} J(\theta) = -\sum_{i=1}^{m}\left[x^{(i)}\left(1\left\{y^{(i)} = k\right\} - P(y^{(i)} = k \mid x^{(i)}; \theta)\right)\right]$$

$$\text{SGD: } \theta = \theta - \alpha \nabla_{\theta} J(\theta; x^{(i)}, y^{(i)})$$

预测

$$P(y^{(i)} = k \mid x^{(i)}; \theta) = \frac{\exp(\theta^{(k)\top} x^{(i)})}{\sum_{j=1}^{K} \exp(\theta^{(j)\top} x^{(i)})}$$

图 7-3

7.1.2 执行步骤

我们将针对本实例执行以下步骤。

1. 下载 Caltech101 图像数据集，并对其进行解压缩处理。在 `Caltech101` 图像数据集中，有着对应于 101 个分类的图像对象。在实例中，为了加快预处理和训练阶段，我们只使用了其中的一个子集，该子集对应于 12 个分类标签（大脑、蝴蝶、佛陀、椅子、大象、笔记本电脑、钢琴、鸽子、比萨饼、金字塔、犀牛和向日葵）。如果需要，读者可以在实例中使用所有分类进行训练。
2. 从不同文件夹中读取对应于 10 个不同分类（在单独的文件夹中提取）的图像，并使用以下代码从图像中提取 HOG 图像 / 描述符。输出每个分类标签的图像数量：

```
images, hog_images = [], []
X, y = [], []
ppc = 16
sz = 200
for dir in glob('images/Caltech101_images/*'):
    image_files = glob(dir + '/*.jpg')
    label = dir.split('\\')[-1]
    print(label, len(image_files))
    for image_file in image_files:
        image = resize(imread(image_file), (sz,sz))
        if len(image.shape) == 2: # if a gray-scale image
            image = gray2rgb(image)
        fd,hog_image = hog(image, orientations=8, \
                       pixels_per_cell=(ppc,ppc),
```

```
                                cells_per_block=(4, 4), \
                                block_norm= 'L2',visualize=True)
                images.append(image)
                hog_images.append(hog_image)
                X.append(fd)
                y.append(label)
        # brain 98
        # butterfly 91
        # buddha 85
        # chair 62
        # elephant 64
        # laptop 81
        # piano 99
        # pigeon 45
        # pizza 53
        # pyramid 57
        # rhino 59
        # sunflower 85
```

3. 如果使用 matplotlib 绘制一些输入图像，则将得到图 7-4 所示的图像。

图 7-4

4. 执行上述的代码，绘制通过前述图像所创建的 HOG 图像。经过操作，得到图 7-5 所示的图像。

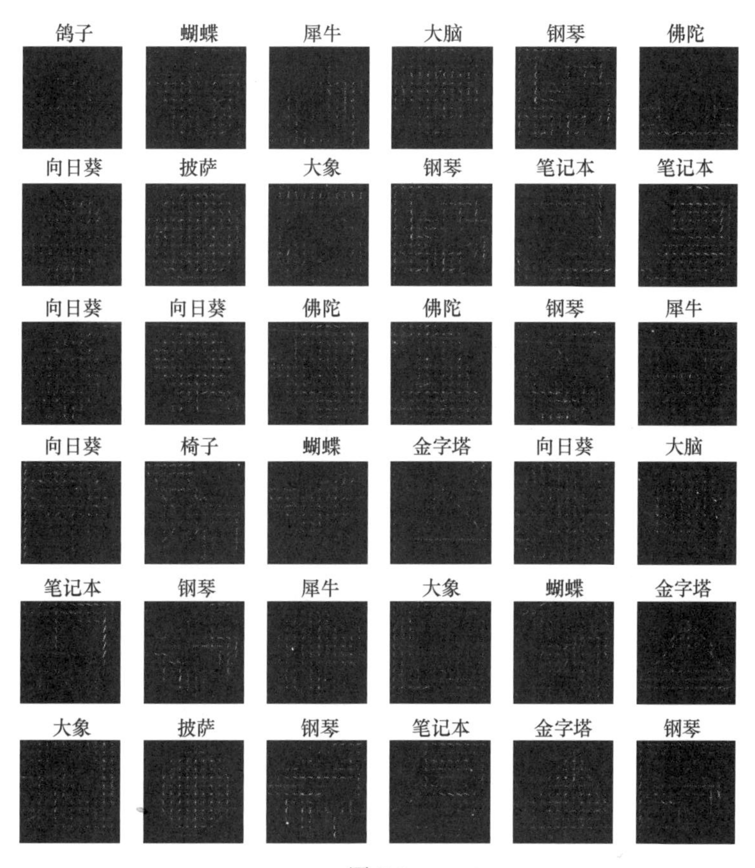

图 7-5

5. 针对每个图像使用 HOG 描述符和标签来创建可供分类器使用的图像数据集。将数据集分成两个部分：90% 用于训练，10% 用作测试数据集。最后，实例化 `LogisticRegression` 类以便用于多类分类，并在所创建的训练数据集上训练分类器：

```
X = np.array(X)
y = np.array(y)
indices = np.arange(len(X))
X_train, X_test, y_train, y_test, id_train, id_test =
train_test_split(X, y, indices,
test_size=0.1, random_state=1)
clf = LogisticRegression(C=1000, random_state=0, solver='lbfgs',
multi_class='multinomial')
clf.fit(X_train, y_train)
```

6. 预测所创建的测试数据集中的图像的标签，并计算测试数据集（模型在训练时，看不到该测试数据集）上的预测的准确度：

```
y_pred = clf.predict(X_test)
print("Accuracy: " + str(accuracy_score(y_test, y_pred)))
print('\n')
# Accuracy: 0.7439024390243902
print(classification_report(y_test, y_pred))
```

实例将获得如图 7-6 所示的分类报告，在报告中显示了使用当前模型在测试图像数据集上进行图像分类的准确度。实例可以在测试图像数据集上获得大约 80.6% 的准确率。

准确率：0.8068181818181818

	精度	召回	f1-得分	支持每个类别的用例数
大脑	0.90	0.75	0.82	12
佛陀	0.75	0.60	0.67	5
蝴蝶	0.88	0.78	0.82	9
椅子	1.00	0.25	0.40	4
大象	0.78	0.88	0.82	8
笔记本电脑	0.88	1.00	0.93	7
钢琴	1.00	1.00	1.00	12
鸽子	1.00	0.60	0.75	5
披萨	0.38	0.75	0.50	4
金字塔	0.60	0.75	0.67	4
犀牛	0.70	1.00	0.82	7
向日葵	0.90	0.82	0.86	11
准确率			0.81	88
宏观平均	0.81	0.76	0.76	88
加权平均	0.85	0.81	0.81	88

图 7-6

7. 绘制所有测试图像，以及测试图像的实际（基本真实）标签和图像分类器所预测的标签：

```
plt.figure(figsize=(20,20))
j = 0
for i in id_test:
    plt.subplot(10,10,j+1), plt.imshow(images[i]), plt.axis('off')
    plt.title('{}/{}'.format(y_test[j], y_pred[j]))
    j += 1
plt.suptitle('Actual vs. Predicted Class Labels', size=20)
plt.show()
```

7.1.3 工作原理

运行上述代码并绘制预测结果以及测试图像数据集中的图像的实际标签，将得到图 7-7 所示的图像。

图 7-7

调用 scikit-image 库 `feature` 模块中的 `hog()` 函数为给定图像提取 HOG。该函数通过以下步骤来计算 HOG。

- （可选）全局性归一化图像。
- 计算梯度图像。
- 计算梯度直方图。
- 执行块归一化。
- 展平为特征向量（特征描述符）。

因为最终的图像维度被视为颜色（RGB 颜色空间）通道，所以将 `hog()` 函数的多通道参数 multichannel 设置为 True。图像集中的一些图像是灰度图像（二维）。将每一个二维图像转换为三维矩阵，用到了 scikit-image 颜色模块的 gray2rgb() 函数。

Hog() 函数返回输入图像的 HOG 描述符以及相应的 HOG 图像。当 feature_vector 显示为 True 时，会返回作为特征向量的一维矩阵。如果将 visualize 参数设置为 True，函数同样会返回 HOG 图像的可视化图像。

使用来自 sklearn.model_selection 模块中的 train_test_split() 函数，将图像数据集随机分割成训练数据集和测试数据集（其中训练数据集占 90%，测试数据集占 10%），test_size 参数值设置为 0.1。

要使逻辑回归（logit）分类器模型与训练数据集相匹配，我们需要将 sklearn.linear_model 模块中的 LogisticRegression 类实例化。在该多类分类实例中，如果 multi_class 参数值被设置为多项式，就会用到交叉熵（cross-entropy）损失函数（lbfgs 求解器支持）。

调用 predict() 方法，预测测试图像的分类。调用 sklearn.metric 中的 classification_report() 函数和 accuracy_score() 函数，对测试数据集上的模型性能（相对于基本真实标签）进行评估。

7.1.4 更多实践

使用 SVM 分类器（调用 scikit-learn 模块中的 svm.SVC() 函数和 svm.LinearSVC() 函数），而不是具有 HOG 特征的逻辑回归分类器。SVM 分类器会提高测试图像的准确度吗？使用迁移学习 / 微调（提示：请参阅下面几个实例来了解）来提高图像分类的准确度。

7.2 使用 Gabor 滤波器组对纹理进行分类

在本实例中，我们将介绍如何通过调用 scikit-image 库 filter 模块中的函数，使用 Gabor 滤波器组对纹理进行分类。Gabor 滤波器的两个关键参数是频率和方向，该滤波器在 ROI 邻域周围的给定方向上检测图像中给定频率内容存在与否。Gabor 核具有实部和虚部，其中实部用于滤波图像。滤波后图像的均值和方差（通常基于 LSE）被用作（纹理）分类的特征。Gabor 滤波器的脉冲响应是正弦函数和高斯函数的乘积，如图 7-8 所示。

$$g(x,y;\lambda,\theta,\psi,\sigma,\gamma)=\exp\left(-\frac{x'^2+\gamma^2y'^2}{2\sigma^2}\right)\exp\left(i\left(2\pi\frac{x'}{\lambda}+\psi\right)\right)$$

其中 $x'=x\cos\theta+y\sin\theta$

$y'=-x\sin\theta+y\cos\theta$

λ 正弦因子的波长

θ Gabor函数平行条纹的法线方向

ψ 相抵消

σ 高斯包络的标准差

γ 空间长宽比

图 7-8

7.2.1 准备工作

先下载纹理图像，并解压所下载的数据以获得纹理图像。所下载的数据中有 25 个纹理分类，每个纹理分类有单独的文件夹，每个文件夹中有 41 个图像。为便于展示，在本实例中，我们用到 4 个纹理分类，并将这些分类重命名为 woods、stones、bricks 和 checks。首先，使用以下代码导入所需的 Python 库：

```
import numpy as np
import matplotlib.pyplot as plt
from skimage.io import imread
from skimage.color import rgb2gray
from skimage.filters import gabor_kernel
import scipy.ndimage as ndi
```

7.2.2 执行步骤

我们使用 scikit-learn 模块的 Gabor 滤波器来实现纹理分类，具体步骤如下。

1. 使用以下代码来准备 Gabor 滤波器组核函数：

```
kernels = []
for theta in range(4):
    theta = theta / 4. * np.pi
    for sigma in (1, 3):
        for frequency in (0.05, 0.25):
            kernel = np.real(gabor_kernel(frequency, \
                        theta=theta, sigma_x=sigma, sigma_y=sigma))
            kernels.append(kernel)
```

2. 定义以下函数，使用 Gabor 滤波器组核函数（具有实部和虚部）对输入图像进行卷积：

```
def power(image, kernel):
    # Normalize images for better comparison.
    image = (image - image.mean()) / image.std()
    return np.sqrt(ndi.convolve(image, np.real(kernel), \
               mode='wrap')**2 + ndi.convolve(image, \
               np.imag(kernel), mode='wrap')**2)
```

3. 对于 4 个纹理分类中的每一个分类，实例会用到两个图像——一个图像作为参考图像，另一个图像作为测试图像。首先，使用以下代码加载所选 4 个分类中每个分类的参考图像：

```
image_names = ['images/UIUC_textures/woods/T04_01.jpg',
 'images/UIUC_textures/stones/T12_01.jpg',
 'images/UIUC_textures/bricks/T15_01.jpg',
```

```
 'images/UIUC_textures/checks/T25_01.jpg']
labels = ['woods', 'stones', 'bricks', 'checks']
images = []
for image_name in image_names:
    images.append(rgb2gray(imread(image_name)))
```

4. 创建具有不同参数值（theta 和 frequency）的 4 个滤波器组核函数：

```
results = []
kernel_params = []
for theta in (0, 1):
    theta = theta / 4. * np.pi
    for frequency in (0.1, 0.4):
        kernel = gabor_kernel(frequency, theta=theta)
        params = 'theta=%d,\nfrequency=%.2f' % \
                 (theta * 180 / np.pi, frequency)
        kernel_params.append(params)
        results.append((kernel, [power(img, kernel) for img \
                 in images]))
```

5. 如果运行上述代码并绘制原始输入图像、Gabor 滤波器组及其响应（卷积图像），则将得到图 7-9 所示的输出。

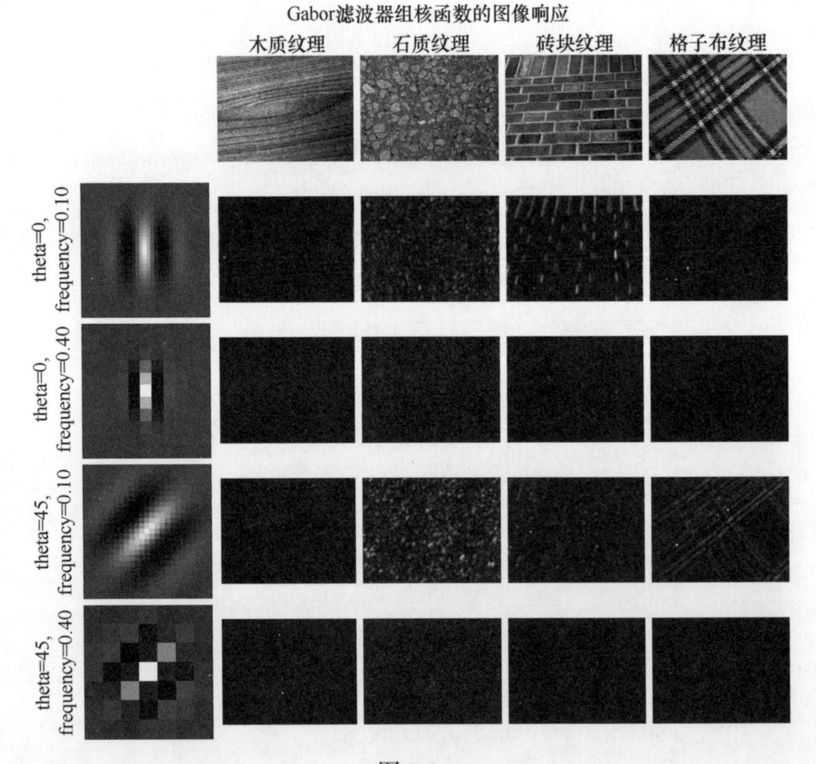

图 7-9

6. 实现 compute_feats() 函数，以提取对应于 Gabor 滤波器组核函数的图像特征：

```
def compute_feats(image, kernels):
    feats = np.zeros((len(kernels), 2), dtype=np.double)
    for k, kernel in enumerate(kernels):
        filtered = ndi.convolve(image, kernel, mode='wrap')
        feats[k, 0] = filtered.mean()
        feats[k, 1] = filtered.var()
    return feats
```

7. 实现执行分类任务的函数 match()，以接收新图像的提取特征和参考图像的特征作为参数，然后将新图像与参考图像进行匹配并返回在特征空间中最近（此处使用欧几里得距离）的参考图像的索引：

```
def match(feats, ref_feats):
    min_error = np.inf
    min_i = None
    for i in range(ref_feats.shape[0]):
        error = np.sum((feats - ref_feats[i, :])**2)
        if error < min_error:
            min_error = error
            min_i = i
    return min_i
```

8. 提取参考图像的特征和新测试图像的特征。对测试图像进行分类——将每个新（测试）图像与最近的参考图像匹配，并使用参考图像的分类标记测试图像：

```
ref_feats = np.zeros((4, len(kernels), 2), dtype=np.double)
for i in range(4):
 ref_feats[i, :, :] = compute_feats(images[i], kernels)

print('Images matched against references using Gabor filter
banks:')

new_image_names = ['images/UIUC_textures/woods/T04_02.jpg',
             'images/UIUC_textures/stones/T12_02.jpg',
             'images/UIUC_textures/bricks/T15_02.jpg',
             'images/UIUC_textures/checks/T25_02.jpg',
             ]

for i in range(4):
    image = rgb2gray(imread(new_image_names[i]))
    feats = compute_feats(image, kernels)
    mindex = match(feats, ref_feats)
    print('original: {}, match result: {}'.format(labels[i],
labels[mindex]))
```

9. 如果运行上述代码，绘制原始测试图像，并绘制用于识别这些原始测试图像的参考图像，则将得到图 7-10 所示的输出。

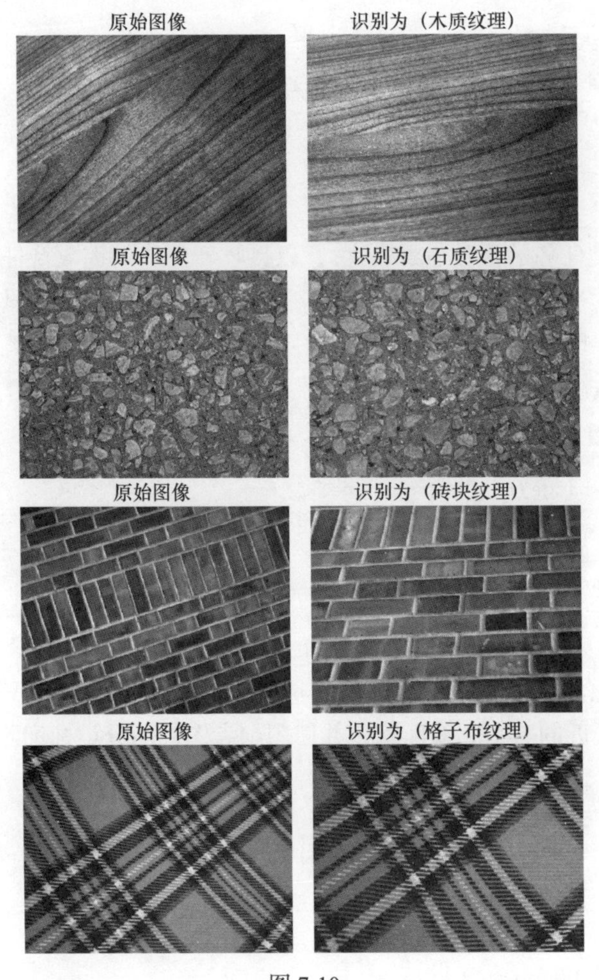

图 7-10

可以看到，测试图像被匹配为与参考图像（欧几里得距离）最近的图像。

7.2.3　工作原理

调用 `skimage.filters` 模块中的 `gabor_kernel()` 函数，通过该函数返回复数形式的二维 Gabor 滤波器组核函数。

Gabor 滤波器组核函数是一个高斯核函数乘（调制）一个（复数形式的）谐波函数。Gabor 滤波器组核函数由一个实部的余弦项和一个虚部的正弦项组成。

函数的频率参数 `frequency` 表示谐波的空间频率（以像素为单位）。

频率为∞波长，其数值也与 σ 成反比。类似地，带宽是 ∞ $/\sigma$，其中，σ 是高斯核函数的标准偏差。

θ 参数表示以弧度为单位的方向（例如，“$\theta = 0$”表示谐波朝向 x 方向）。

带宽 `bandwidth` 参数表示 Gabor 滤波器所捕获的带宽。对于给定的带宽，当频率增加时，σx 和 σy 会减少。

（可选）参数 σx 和 σy 分别表示 x 和 y 方向的标准偏差。例如，当 $\theta = \pi/2$ 时，Gabor 滤波器核会进行 90° 旋转，σx 控制垂直方向。

`match()` 函数通过计算测试图像的 Gabor 特征与每个参考图像的 Gabor 特征之间的距离并返回最接近的参考图像，进而找到测试图像的最佳可能匹配。

7.2.4 更多实践

局部值模式（LBP）和 Haralick 特征（使用 GLCM 矩阵）同样可用于纹理分类（分别调用 `skimage.feature` 模块中的 `local_binary_pattern()` 函数，以及 `mahotas.features` 模块中的 `haralick()` 函数）。读者可以使用这些特征实现纹理分类。

7.3 使用 VGG19/Inception V3/MobileNet/ResNet101（基于 PyTorch 库）对图像进行分类

在本实例中，我们将介绍如何把基于 torchvision 程序包的预训练（在 ImageNet 上）深度学习模型应用于一些著名的模型。ImageNet 是按照 WordNet 层次结构组织的图像数据库。成百上千的图像属于层次结构中的每个节点。

图 7-11 显示了参与 ImageNet 竞赛的几个流行的深度神经网络所达到的最高精度（top-1 accuracy）：从图表最左侧的 AlexNet（Krizhevsky 等人 2012 年提出）到图表最右侧表现最佳的 Inception-v4（Szegedy 等人 2016 年提出）。

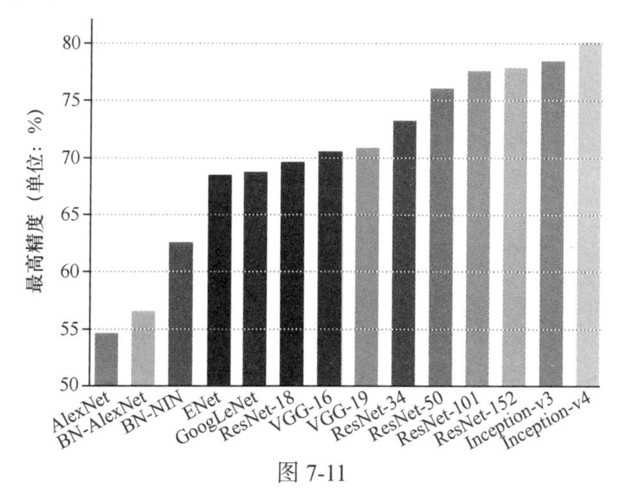

图 7-11

最高精度是指，CNN 预测的该图像的最高概率分类被正确标记的平均次数。最高错误率（top-1 error）则用于表示模型预测的分类（模型赋予最高置信度的分类标签）与实际分类（真实分类）不同时的出错概率。

7.3.1 准备工作

我们先使用以下代码导入所需的 Python 库：

```
import torch
from torchvision import models, transforms
from PIL import Image, ImageDraw, ImageFont
import matplotlib.pylab as plt
```

7.3.2 执行步骤

我们使用基于 PyTorch/torchvision 程序包预训练的深度神经网络模型对图像进行分类，具体步骤如下。

1. 实现 `classify()` 函数，以接收输入图像、预训练模型（从 ImageNet 上获得）和预训练模型名称和 `ImageNet` 类标签作为参数，并返回与最高预测概率对应的分类器：

```
def classify(img, model_index, model_name, model_pred, labels):
    _, index = torch.max(model_pred, 1)
    model_pred, indices = torch.sort(model_pred, dim=1,\
        descending=True)
    percentage = torch.nn.functional.softmax(model_pred, dim=1)\
       [0] * 100
    draw = ImageDraw.Draw(img)
    font = ImageFont.truetype(r'arial.ttf', 50)
    draw.text((5, 5+model_index*50),'{}, pred: \
              {},{}%'.format(model_name, labels[index[0]], \
              round(percentage[0].item(),2)),(255,0,0),font=font)
    return indices, percentage
```

2. 读取 ImageNet 分类（共有 1000 个分类），并在 torchvision 程序包中列出可用模型：

```
with open('models/imagenet_classes.txt') as f:
  labels = [line.strip() for line in f.readlines()]
print(dir(models))

# ['AlexNet', 'DenseNet', 'GoogLeNet', 'Inception3', 'MNASNet',
'MobileNetV2', 'ResNet', 'ShuffleNetV2', 'SqueezeNet', 'VGG',
'__builtins__', '__cached__', '__doc__', '__file__', '__loader__',
'__name__', '__package__', '__path__', '__spec__', '_utils',
```

```
'alexnet', 'densenet', 'densenet121', 'densenet161', 'densenet169',
'densenet201', 'detection', 'googlenet', 'inception',
'inception_v3', 'mnasnet', 'mnasnet0_5', 'mnasnet0_75',
'mnasnet1_0', 'mnasnet1_3', 'mobilenet', 'mobilenet_v2', 'resnet',
'resnet101', 'resnet152', 'resnet18', 'resnet34', 'resnet50',
'resnext101_32x8d', 'resnext50_32x4d', 'segmentation',
'shufflenet_v2_x0_5', 'shufflenet_v2_x1_0', 'shufflenet_v2_x1_5',
'shufflenet_v2_x2_0', #'shufflenetv2', 'squeezenet',
'squeezenet1_0', 'squeezenet1_1', 'utils', 'vgg', 'vgg11',
'vgg11_bn', 'vgg13', 'vgg13_bn', 'vgg16', 'vgg16_bn', 'vgg19',
'vgg19_bn', 'video', 'wide_resnet101_2', 'wide_resnet50_2']
```

3. 调用以下代码对输入图像应用组合变换（例如，调整图像大小、图像中心裁剪和 z-score 归一化变换，然后将图像转换为张量），将这些组合变换作为图像分类的预处理步骤：

```
transform = transforms.Compose([
 transforms.Resize(256),
 transforms.CenterCrop(224),
 transforms.ToTensor(),
 transforms.Normalize(
 mean=[0.485, 0.456, 0.406],
 std=[0.229, 0.224, 0.225]
 )])
```

4. 使用预训练的深度神经网络读取要分类的输入图像。将之前定义的预处理转换应用于图像：

```
for imgfile in ["images/cheetah.png", "images/swan.png"]:
 img = Image.open(imgfile).convert('RGB')
 img_t = transform(img)
 batch_t = torch.unsqueeze(img_t, 0)
```

5. 使用以下代码实例化几个预训练的（使用 ImageNet 权重）有名的深度学习模型（例如 VGG16、MobileNetV2、InceptionV3 和 ResNet101）。在输入图像上运行正向传播，并获得可能的图像分类的预测（以及对应于 ImageNet 中的 1000 个分类中每个分类的概率值）：

```
vgg19 = models.vgg19(pretrained=True)
vgg19.eval()
pred = vgg19(batch_t)
classify(img, 0, 'vgg19', pred, labels)

mobilenetv2 = models.mobilenet_v2(pretrained=True)
mobilenetv2.eval()
pred = mobilenetv2(batch_t)
```

```
classify(img, 1, 'mobilenetv2', pred, labels)
inceptionv3 = models.inception_v3(pretrained=True)
inceptionv3.eval()
pred = inceptionv3(batch_t)
classify(img, 2, 'inceptionv3', pred, labels)

resnet101 = models.resnet101(pretrained=True)
resnet101.eval()
pred = resnet101(batch_t)
indices, percentages = classify(img, 3, 'resnet101', pred, labels)
```

7.3.3 工作原理

运行上述代码，得到输入图像最有可能的分类（以及在 1000 个分类标签中每个分类的概率）。如图 7-12 所示，输入的猎豹图像被 4 个预训练模型正确分类，成功的概率很高。

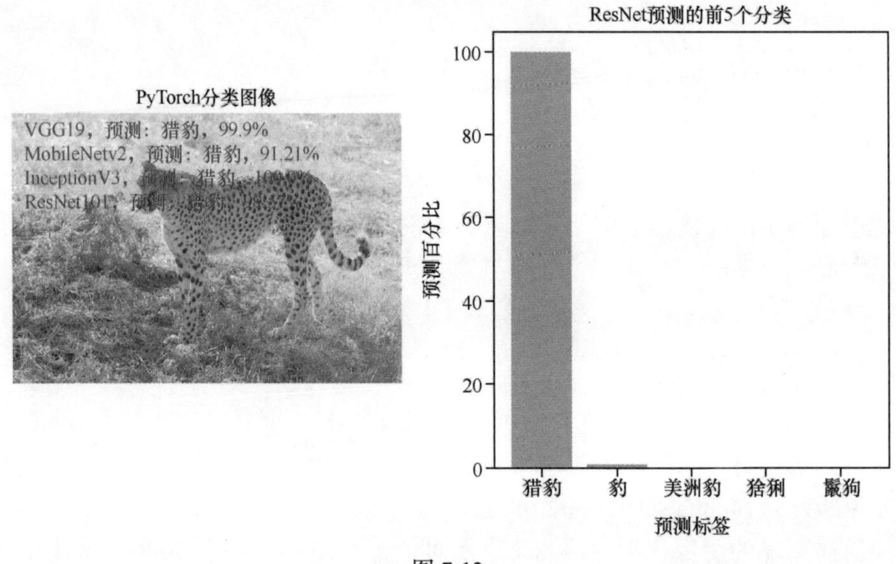

图 7-12

如果输入的是天鹅图像，则除 mobilenetv2 外的所有预训练模型都将图像分类为鹅（goose），而 mobilenetv2 模型则将图像分类为美国白鹭（American egret），如图 7-13 所示。

首次实例化预训练模型时，其权重将缓存到一个目录中，该目录可以通过 TORCH_MODEL_ZOO 环境变量（使用 torch.utils.model_zoo.load_url() 函数）进行设置。

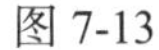
图 7-13

目录中存在一个名为 ResNet 的条目（此处指的是 Python 下模型的分类）和一个名为 resnet 的函数（一个实例化 ResNet 模型的便利函数）。还要注意，便利函数 `resnet50`、`resnet101` 和 `resnet152` 中的每一个都可实例化 ResNet 模型类，但是网络层的数量不同（分别为 50 层、101 层和 152 层）。ResNet101 模型的参数数量约为 44.5。

首先，加载和预处理输入图像（使其具有相应模型预期的形状和均值或标准偏差），以确保模型输出有意义的结果。

使用 `torchvision.transforms` 对输入图像进行变换，并使用 `Compose()` 函数对一系列图像变换进行分组（作为预处理步骤，将一个变量变换创建为应用于输入图像的所有变换的组合；例如，调整大小、中心裁剪和规格化）。

通过从预训练模型（在 ImageNet 上）加载模型权重来创建深度神经网络的实例。例如，对于 `models.vgg19(pretrained=True)`，第一次下载模型的权重，然后缓存（PyTorch 模型扩展名通常为 `.pt/.pth`）。

使用 `resnet101.eval()` 方法将模型设置为评价模式（例如，对于模型 resnet101）。

其次，为了运行推断（利用输入图像在预训练模型上进行正向传播），调用 `resnet101()` 方法（针对于 `ResNet101` 模型）。该方法输出包含 1000 个元素（分类）的向量，其中，每个元素值表示输入图像属于特定分类的概率（根据预训练模型）。

最后，我们需要从输出向量中找出对应于最大分数的分类的索引（使用 `np.argmax()` 函数）。该分类索引用于从分类列表中提取预测分类的名称。实例可以从输出概率向量中得到预测分类对应的概率（例如，`ResNet101` 模型以 99.57% 的置信度正确预测了猎豹图像）。

可以使用以下评估标准来比较预训练模型的性能（表现）：top-1/top-5 误差值、CPU/GPU 上的推理时间、模型大小。一个好的模型的误差值、推理时间、模型大小均较小。

7.3.4 更多实践

使用来自 Keras 库的预训练模型执行图像分类任务。比较不同模型的 top-1 和 top-5 准确率。同样，使用来自 Caffe 的预训练模型对图像进行分类。最后，训练自己的图像数据集并学习模型（例如 VGG19）的权重，然后使用该模型来预测未知图像。

7.4 图像分类的微调（使用迁移学习）

迁移学习是一种深度学习技术，通过将从解决一个问题中所获得的知识应用于一个相关但却不同的问题来实现知识的重用。我们通过一个例子帮助读者理解。假设当前有 3 种花（玫瑰、向日葵和郁金香）。在本例中，我们可以使用标准的预训练模型，例如 VGG16/19、ResNet50 或 InceptionV3 模型（在带有 1000 个分类输出的 ImageNet 数据集上），来对某些花卉图像进行分类，但是由于当前这些花卉分类不在标准模型训练的真实分类中，因此标准模型无法对其正确分类。换句话说，它们是标准模型不知道的分类。图 7-14 显示了预训练 VGG16 模型是如何对当前花卉图像进行错误分类的（使用来自 Keras 库的预训练模型进行分类）。

图 7-14

当从头开始训练深层神经网络时，我们需要大量数据（以及强大的计算资源）来训练神经网络（因为神经网络有数百万个参数，我们的目标是通过训练获得一组最佳参数）。当数据集太小，不足以训练深度网络时，问题就会产生。此时，迁移学习就派上用场了。

由于标准神经网络模型（例如 VGG16/19）相当大，并且在许多图像上进行过训练，因此它们能够学习不同分类的许多不同的特征。我们可以简单地将卷积层重新用作特征提取器，用以学习低级和高级图像特征，并仅仅训练**完全连接**（**FC**）层权重（参数）。这就是迁移学习。但是如果仅在 FC 层可训练（卷积层固定，使用 ImageNet 数据集预训练的 VGG16 深度神经网络）的情况下使用迁移学习来对一个由玫瑰、向日葵和郁金香图像所组成的小数据集进行分类，则会看到，使用迁移学习对测试数据集进行预测的准确度并不高。在本实例中，我们将介绍如何使用微调（类似于迁移学习，但具有更多可训练层）来训练一个在测试数据集上具有更好精度的模型。

再次微调深度神经网络，以尝试修改预训练神经网络的参数（通过仅训练部分选定的几个网络层），使其适应新任务（例如，使用新的分类标签对花朵进行分类）。由于深度神经网络的初始网络层仅学习一般性的特征（例如，图像中的边缘），而较深的网络层则通过微调学习更具体的模式（相对于它正在训练的任务），因此，初始网络层保持不变（通过冻结）并且会针对新任务重新训练一些较深网络层。由于整个网络没有被训练并且不需要从头开始训练，因此针对该部分训练所需要的数据数量并不多。微调神经网络并不需要从头开始进行训练（需要更新的参数数量较少，重新训练较深网络层所需的时间也较少）。

7.4.1　准备工作

我们先登录 TensorFlow 官方网站，从 TensorFlow 实例图像数据集中下载输入图像。这里使用了 1800 幅图像（3 个分类，每个分类对应 600 幅图像），这是小数量的图像集，尤其适合用于迁移学习。实例使用每个分类的 500 幅图像进行训练，保留每个分类剩余的 100 幅图像，用来测试训练后的模型。

在本实例中，我们仍将创建一个名为 `flower_photos` 的文件夹（包含两个子文件夹：`train` 和 `test`），并将训练图像和测试图像分别保存在这两个子文件夹中。文件夹结构如图 7-15 所示。

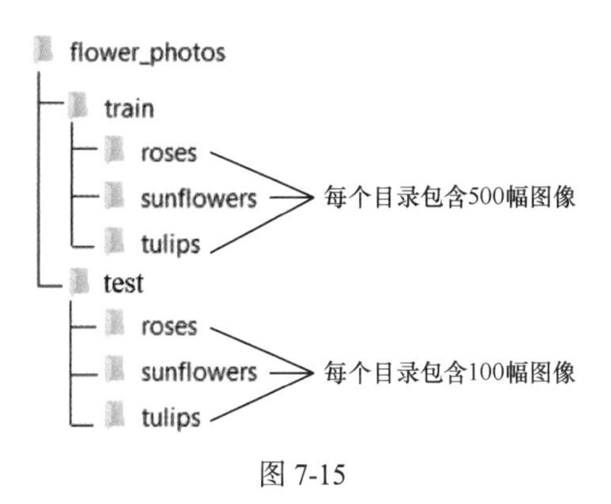

图 7-15

让我们使用以下代码导入所需的 Python 库：

```
from keras.applications import VGG16
from keras.preprocessing.image import ImageDataGenerator
```

```
from keras import models, layers, optimizers
from keras.layers.normalization import BatchNormalization
from keras.preprocessing.image import load_img
from keras import models
from keras import layers
from keras import optimizers
import pydot_ng as pydot
from keras.utils import plot_model
import matplotlib.pylab as plt
import numpy as np
```

7.4.2 执行步骤

我们使用 Keras 库来实现微调（基于迁移学习），具体步骤如下。

1. 定义训练数据集和测试数据集目录，以及在训练前输入图像将被调整的大小：

```
train_dir = 'images/flower_photos/train'
test_dir = 'images/flower_photos/test'
image_size = 224
```

2. 加载预训练的 VGG16 网络，但不加载神经网络顶部的 FC 层：

```
vgg_conv = VGG16(weights='imagenet', include_top=False,
input_shape=(image_size, image_size, 3))
```

3. 冻结除最后两个卷积层外的所有卷积层以及 FC 层，以便重用这些层的预训练权重（无须重新训练）：

```
for layer in vgg_conv.layers[:-2]:
   layer.trainable = False
```

4. 使用以下代码来验证每个层的状态（可训练的或不可训练的）：

```
for layer in vgg_conv.layers:
   print(layer, layer.trainable)
```

5. 现在使用 Keras 库来创建一个连续的神经网络模型，并将 VGG16 基本模型（带卷积层）添加到其中。然后添加两个新的 FC 层。输出模型摘要以查看模型结构以及可训练的参数的数量：

```
model = models.Sequential()
model.add(vgg_conv)
model.add(layers.Flatten())
model.add(layers.Dense(1024, activation='relu'))
model.add(layers.Dropout(0.5))
model.add(layers.Dense(3, activation='softmax'))
model.summary()
# Total params: 40,408,899
```

```
# Trainable params: 25,694,211
# Non-trainable params: 14,714,688
```

6. 从输入图像中加载训练图像和测试输入图像。将验证分割设置为 0.2，即将保留 20% 的训练图像（作为验证数据集）用来评估在剩余 80% 训练图像上所训练的分类器模型（验证是一种流行的机器学习技术，可以通过减少模型方差来帮助提高模型的通用性，该模型随后更有可能在未知测试图像上实现更高的准确度）。定义训练批次大小（一次正向 / 反向传播要传送的训练图像数量）：

```
train_datagen = ImageDataGenerator(rescale=1./255,
validation_split=0.2) # set validation split
test_datagen = ImageDataGenerator(rescale=1./255)
train_batchsize = 100
```

7. 定义训练、验证和测试数据生成器，以从适当的目录中读取 / 生成批次的图像和标签。配置之前为训练而创建的模型：

```
train_generator = train_datagen.flow_from_directory(
        train_dir,
        target_size=(image_size, image_size),
        batch_size=train_batchsize,
        class_mode='categorical',
        subset='training')

validation_generator = train_datagen.flow_from_directory(
        train_dir,
        target_size=(image_size, image_size),
        batch_size=train_batchsize,
        class_mode='categorical',
        classes = ['roses', 'sunflowers', 'tulips'],
        subset='validation') # set as validation data

test_generator = test_datagen.flow_from_directory(
        test_dir,
        target_size=(image_size, image_size),
        batch_size=1,
        class_mode='categorical',
        classes = ['roses', 'sunflowers', 'tulips'],
        shuffle=False)

model.compile(loss='categorical_crossentropy',
              optimizer=optimizers.RMSprop(lr=1e-5),
              metrics=['acc'])
```

8. 使用以下代码来绘制模型架构：

```
plot_model(model, to_file='images/model.png')
```

如果运行前一行代码，模型结构将保存到所提供的 .png 文件中。所保存的模型体系结构将如图 7-16 所示。

9. 使用以下代码来训练模型。保存所获得的权重：

```
history = model.fit_generator(
      train_generator,
      steps_per_epoch=train_generator.\
            samples/train_generator.batch_size,
      epochs=20,
      validation_data=validation_generator,
      validation_steps=validation_generator.\
            samples/validation_generator.batch_size,
      verbose=1)
model.save('all_freezed.h5')
```

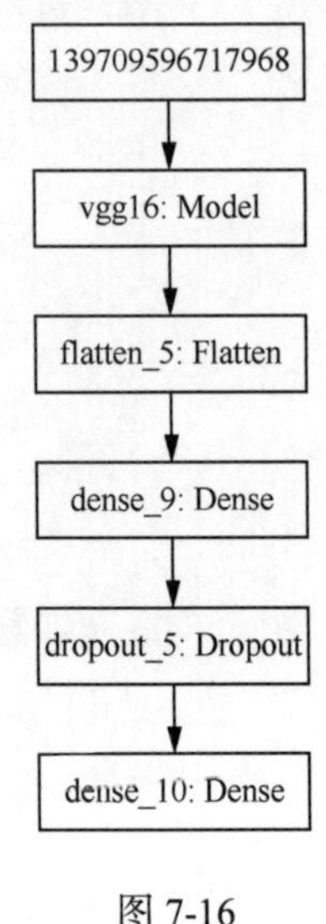

图 7-16

10. 从训练历史记录 history 中提取准确率值和损失值：

```
acc = history.history['acc']
val_acc = history.history['val_acc']
loss = history.history['loss']
val_loss = history.history['val_loss']
```

11. 从生成器中获取测试文件名和相应的真实值（ground truth），并将分类索引映射到标签：

```
test_generator.reset()
fnames = test_generator.filenames
ground_truth = test_generator.classes
label2index = test_generator.class_indices
index2label = dict((v,k) for k,v in label2index.items())
```

12. 使用测试数据生成器预测测试图像的标签。调用以下代码，使用生成器从模型中获取预测，将预测与相应的真实值进行比较，并计算模型所犯错误（误差）的数量：

```
predictions = model.predict_generator(test_generator,
steps=len(fnames))
predicted_classes = np.argmax(predictions,axis=-1)
predicted_classes = np.array([index2label[k] for k in
predicted_classes])
ground_truth = np.array([index2label[k] for k in ground_truth])
errors = np.where(predicted_classes != ground_truth)[0]
print("No of errors =
{}/{}".format(len(errors),test_generator.samples))
# No of errors = 45/300
```

7.4.3 工作原理

如果运行上述代码，绘制训练图像数据集和验证图像数据集的精度和损失，并查看精度和损失是如何伴随着轮次（epoch）而变化的，则将得到图 7-17 所示的输出。

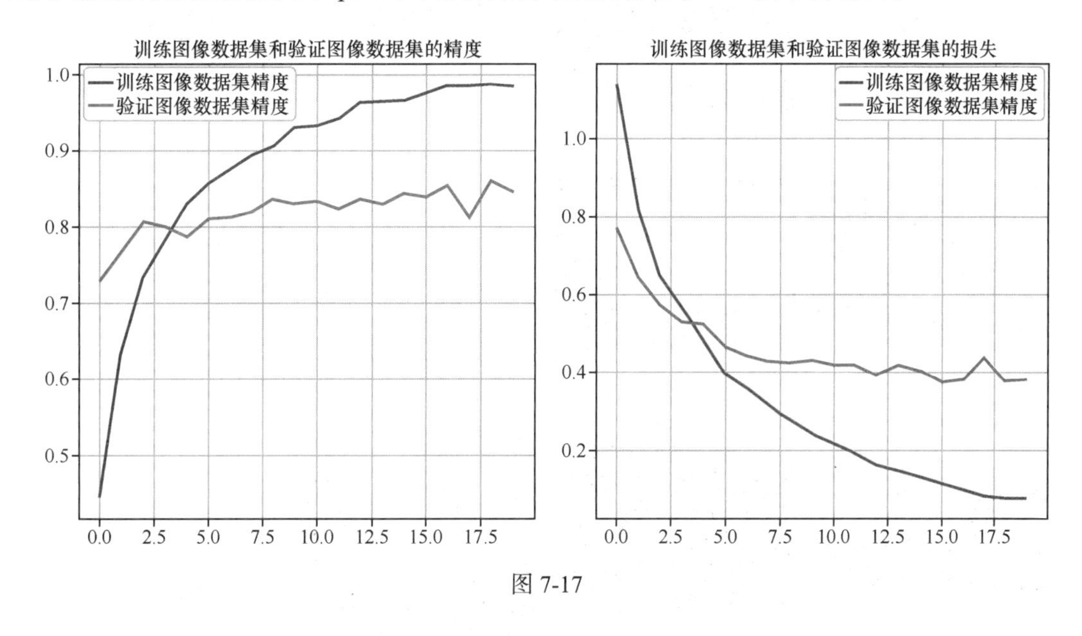

图 7-17

在这一轮次中，微调模型中有 45 幅测试图像（300 幅图像中的 45 幅）的分类错误（预测标签≠真实标签），其中的一些图像如图 7-18 所示。可以看到，预测精度有所提高。

预训练的 VGG16 模型只加载了卷积层的权重（`include_top=False`，不加载最后两个 FC 层对应的权重），该模型被用作分类器模型。注意：最后两个层的大小为 7×7×512。

先在预训练的卷积层的顶部添加两个新的 FC 层（这些层的权重将使用前向 / 后向传播在训练图像数据集上进行训练），再添加带有 3 个分类的 softmax 输出层。

使用 `ImageDataGenerator` 类来加载图像，并使用 `flow_from_directory()` 函数生成图像和标签的批次。调用 `model.compile()` 函数，使用分类交叉熵损失（因为我们有 3 个类）和学习率为 10^{-5} 的 `RMSProp` 优化器来配置模型。

调用 `model.fit_generator()` 方法来训练模型。使用 Keras 库实现的微调模型来部分地训练 VGG16 模型，也就是说，该模型仅从训练数据集中学习 FC 层和最后两个卷积层的权重。

调用 `model.predict_generator()` 方法来预测测试图像的标签。在 Keras 库中，神经网络的每一层都有一个可训练的参数。要冻结（停止训练）任何给定网络层，需要将该层所对应的参数设置为 `False`。

在本实例中，我们对每一层进行了检查，以选择要重新训练的网络层。

图 7-18

7.4.4 更多实践

如果选择更多卷积层进行重新训练（微调），可能会发生什么情况？例如，如果选择最后 4 个（或 6 个）卷积层并通过调整前述的代码对其进行重新训练，又会怎样？对测试准确度有什么影响？会改善准确度吗？将优化器更改为 Adam，并调整（超）参数的轮次、学习率和批量大小 `batch_size`。注意超参数调优对测试准确度的影响。仅使用迁移学习就可以获得更高准确度的模型吗？尝试使用 PyTorch 库和 TensorFlow 实现迁移学习 / 微调。

7.5 使用深度学习模型对交通标志进行分类（基于 PyTorch 库）

在本实例中，我们将介绍如何使用 PyTorch 库从头开始训练自定义神经网络，并使用模型的预测对交通标志进行分类。我们将使用德国交通标志识别基准（GTSRB）数据集作为训练或测试的输入图像。这些图像标记有 43 个不同的交通标志。该数据集包含 39209 幅训练图像和 12630 幅测试图像。对于本实例，我们推荐使用带有 GPU 的计算机，以加快训练过程。

7.5.1 准备工作

下载压缩的 pickle 序列化的数据集，然后将其解压缩到 `images` 文件夹中的 `traffic_signs` 文件夹（它包含 3 个 pickle 文件，这 3 个文件分别包含用于训练、验证和测试的图像）。数据集的摘要信息如下：

- 34799 幅训练图像；
- 4410 幅验证图像；
- 12630 幅测试图像；
- 图像大小 = (32, 32)；
- 43 个独特的分类。

首先导入以下 Python 包：

```
import pickle
import numpy as np
import pandas as pd
import matplotlib.pylab as plt
import seaborn as sns
import cv2
import torch
from torch.utils.data.dataset import Dataset
from torch.utils.data import DataLoader
import torchvision.transforms as transforms
from torchvision.utils import make_grid
import torch.utils.data.sampler as sampler
from torch import nn, optim
```

7.5.2 执行步骤

我们在德国交通标志识别基准（GTSRB）图像上训练用于交通标志分类的深度神经网络，具体步骤如下。

1. 加载训练数据集、验证数据集和测试数据集对应的 pickle 文件：

```
training_file = "traffic_signs/train.p"
validation_file = "traffic_signs/valid.p"
testing_file = "traffic_signs/test.p"
with open(training_file, mode='rb') as f: train = pickle.load(f)
with open(validation_file, mode='rb') as f: valid = pickle.load(f)
with open(testing_file, mode='rb') as f: test = pickle.load(f)
```

2. 使用以下代码，从训练图像、验证图像和测试图像中提取特征（图像）和标签（交通标志）：

```
X_train, y_train = train['features'], train['labels']
X_valid, y_valid = valid['features'], valid['labels']
X_test, y_test = test['features'], test['labels']
n_signs = len(np.unique(y_train))
print(X_train.shape, X_valid.shape, X_test.shape, n_signs)
# (34799, 32, 32, 3) (4410, 32, 32, 3) (12630, 32, 32, 3) 43
```

3. 加载 `signal_names.csv` 文件，并在交通信号分类 ID 和名称之间创建映射：

```
signal_names = pd.read_csv('images/signal_names.csv')
signal_names.head()
```

4. 带有交通信号 `Classid` 和 `SignName` 的数据帧的前几行如图 7-19 所示。

	ClassId	SignName
0	0	Speed limit (20km/h)
1	1	Speed limit (30km/h)
2	2	Speed limit (50km/h)
3	3	Speed limit (60km/h)
4	4	Speed limit (70km/h)

图 7-19

5. 如果绘制交通信号分类 ID 对应于它们的出现频率，则将得到图 7-20 所示的柱状图（注意，柱状图中的数据分布非常不平衡）。
6. 如果从训练图像中选择一些样本，并将其连同标签一起绘制，则将得到图 7-21 所示的图像。
7. 通过定义 `TrafficNet` 类（从 `nn.Module` 继承）实现 IDSIA 团队提出的多列 CNN 模型（MCDNN 模型）。使用以下代码，利用构造函数（`__init__()` 方法）定义神经网络（具有卷积层、池化层和全连接的层），并使用 forward() 方法在神经网络中实现向正向传播：

```
class TraffficNet(nn.Module):

 def __init__(self, gray=False):
  super(TraffficNet, self).__init__()
  input_chan = 1 if gray else 3
  self.conv1 = nn.Conv2d(input_chan, 6, 5)
  self.pool = nn.MaxPool2d(2, 2)
  self.conv2 = nn.Conv2d(6, 16, 5)
  self.fc1 = nn.Linear(16 * 5 * 5, 120)
  self.fc2 = nn.Linear(120, 84)
  self.fc3 = nn.Linear(84, 43)

 def forward(self, x):
  x = self.pool(F.relu(self.conv1(x)))
  x = self.pool(F.relu(self.conv2(x)))
  x = x.view(-1, 16 * 5 * 5)
  x = F.relu(self.fc1(x))
  x = F.relu(self.fc2(x))
  x = self.fc3(x)
  return x
```

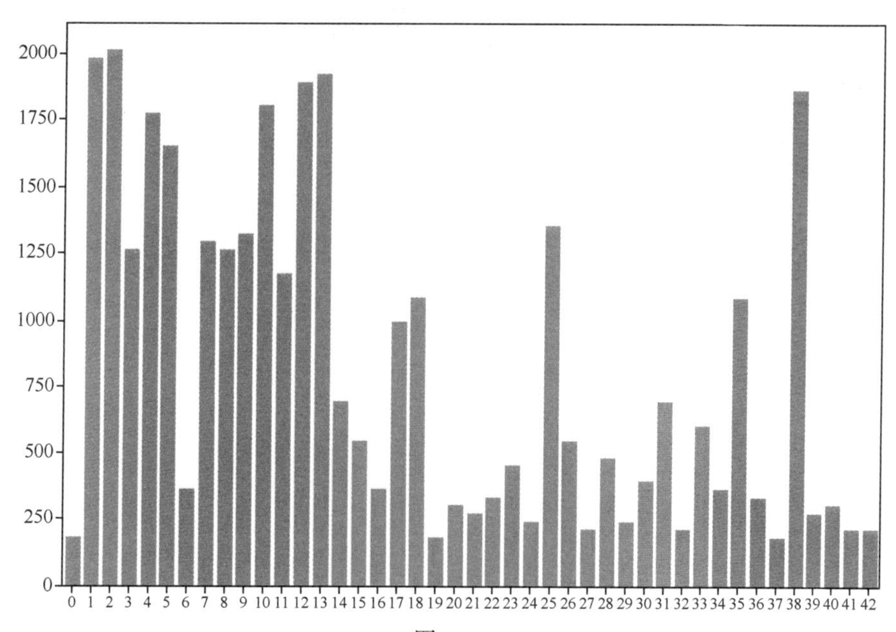

图 7-20

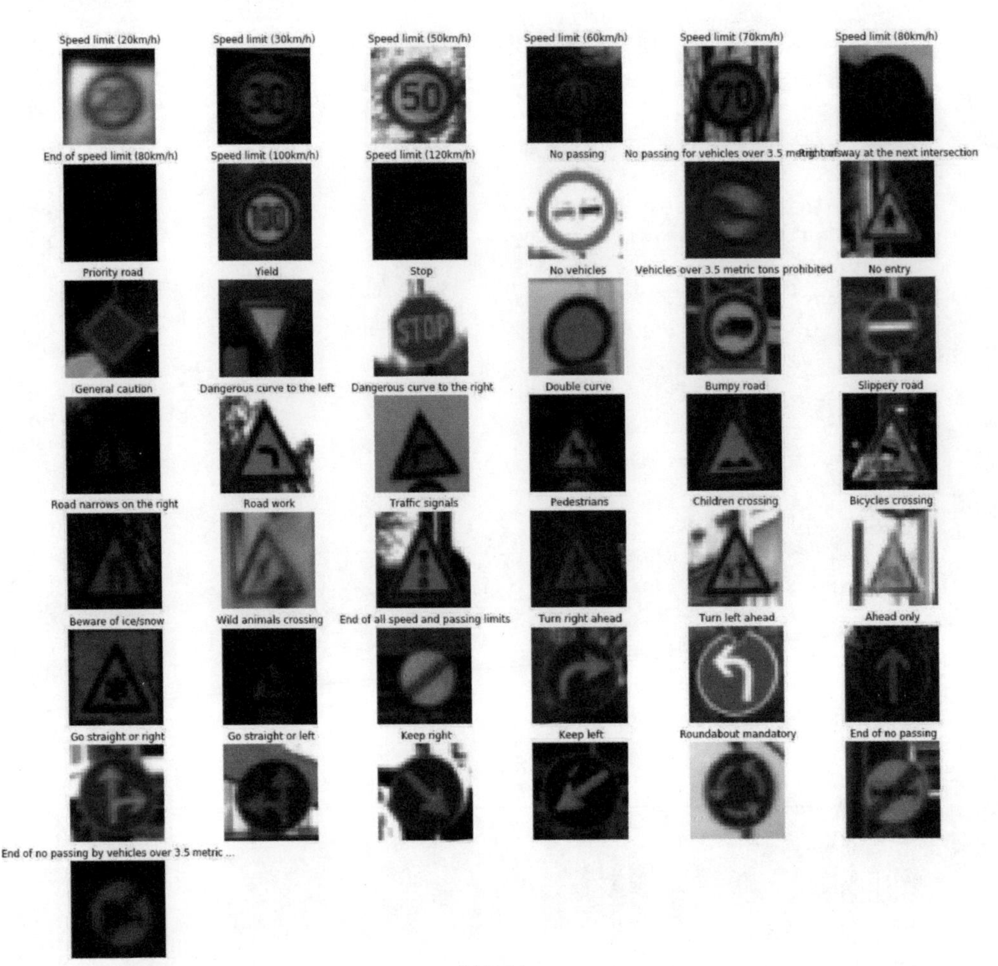

图 7-21

8. 输入图像具有高对比度变化，使用带有 CLAHE 变换的对比度归一化（使用 OpenCV-Python 库函数对图像应用自适应直方图均衡化）：

```
class ClaheTranform:
 def __init__(self, clipLimit=2.5, tileGridSize=(4, 4)):
  self.clipLimit = clipLimit
  self.tileGridSize = tileGridSize

 def __call__(self, im):
  img_y = cv2.cvtColor(im, cv2.COLOR_RGB2YCrCb)[:,:,0]
  clahe = cv2.createCLAHE(clipLimit=self.clipLimit, \
            tileGridSize=self.tileGridSize)
  img_y = clahe.apply(img_y)
  img_output = img_y.reshape(img_y.shape + (1,))
  return img_output
```

9. 所下载的输入数据集是使用 pickle 文件完成序列化的。通过从 PyTorch 库的 `Dataset` 类继承来定义 `PickledTrafficSignsDataset` 类：

```
class PickledTrafficSignsDataset(Dataset):
 def __init__(self, file_path, transform=None):
  with open(file_path, mode='rb') as f:
  data = pickle.load(f)
  self.features = data['features']
  self.labels = data['labels']
  self.count = len(self.labels)
  self.transform = transform

 def __getitem__(self, index):
  feature = self.features[index]
  if self.transform is not None:
   feature = self.transform(feature)
  return (feature, self.labels[index])

 def __len__(self):
  return self.count
```

10. 定义 `train()` 函数来实现整个训练过程，从加载数据开始，应用变换，然后运行训练轮次：

```
def train(model, device):

 data_transforms = transforms.Compose([
  ClaheTranform(),
  transforms.ToTensor()
 ])
 liveloss = PlotLosses()
 torch.manual_seed(1)
 train_dataset = PickledTrafficSignsDataset(training_file, \
                 transform=data_transforms)
 valid_dataset = PickledTrafficSignsDataset(validation_file, \
                 transform=data_transforms)
 test_dataset = PickledTrafficSignsDataset(testing_file, \
                 transform=data_transforms)
 class_sample_count = np.bincount(train_dataset.labels)
 weights = 1 / np.array([class_sample_count[y] for y in \
                 train_dataset.labels])
 samp = sampler.WeightedRandomSampler(weights, 43 * 2000)
 train_loader = DataLoader(train_dataset, batch_size=64, \
                 sampler=samp)
 valid_loader = DataLoader(valid_dataset, batch_size=64, \
                 shuffle=False)
 test_loader = DataLoader(test_dataset, batch_size=64, \
```

```
                shuffle=False)
optimizer = optim.SGD(model.parameters(), lr=0.005, momentum=0.7)
train_epochs(model, device, train_loader, valid_loader, optimizer)
```

11. 定义将运行实际训练轮次的以下函数（尝试运行 20 个轮次）。对于每个轮次，首先使用训练数据加载器在模型上进行正向传播，然后使用验证数据加载器在模型上进行正向传播。将模型的运行模式从 `train` 模式切换到 `eval` 模式，来分别使用输入的训练数据集和验证数据集：

```
def train_epochs(model, device, train_data_loader,
valid_data_loader, optimizer):

 liveloss = PlotLosses()
 loss_function = nn.CrossEntropyLoss()
 running_loss = 0.0
 running_corrects = 0
 data_loaders = {'train': train_data_loader,
'validation':valid_data_loader}

for epoch in range(20):
 logs = {}
 for phase in ['train', 'validation']:
  if phase == 'train': model.train()
  else: model.eval()
  running_loss = 0.0
  running_corrects = 0
  total = 0
```

12. 对于训练阶段，计算训练损失并运行反向传播以更新模型权重；对于验证阶段，只需计算验证损失（调用 `loss_function()` 函数，参数为交通信号实例的实际分类标签和预测分类标签）：

```
for batch_idx, (data, target) in enumerate(data_loaders[phase]):

    if phase == 'train':
      output = model(data.to(device))
      target = target.long().to(device)
      loss = loss_function(output, target)
      optimizer.zero_grad()
      loss.backward()
      optimizer.step()
    else:
      with torch.no_grad():
      output = model(data.to(device))
      target = target.long().to(device)
      loss = loss_function(output, target)

    if batch_idx % 100 == 0:
```

```
        print('Train Epoch: {} [{}/{} ({:.0f}%)]\t{} \
             Loss: {:.6f}'.format(epoch, batch_idx *
              len(data), len(data_loaders[phase].dataset),
              100. * batch_idx / len(data_loaders[phase]), phase,
              loss.item()))
```

13. 比较模型预测分类和真实分类标签，以计算正确预测的实例数。跟踪运行中的损失函数，并使用 livelossplot 工具自动绘制训练阶段损失函数和验证阶段损失函数：

```
    pred = torch.argmax(output, dim=1)
    running_loss += loss.detach()
    running_corrects += torch.sum(pred == target).sum().item()
    total += target.size(0)
    epoch_loss = running_loss / len(data_loaders[phase].dataset)
    epoch_acc = running_corrects / total

    prefix = ''
    if phase == 'validation': prefix = 'val_'
    logs[prefix + 'log loss'] = epoch_loss.item()
    logs[prefix + 'accuracy'] = epoch_acc.item()
  liveloss.update(logs) ·
  liveloss.draw()
```

如果运行上述代码并在训练阶段使用 livelossplot 工具自动绘制对数损失 / 准确度（log loss/accuracy），则将得到图 7-22 所示的输出。

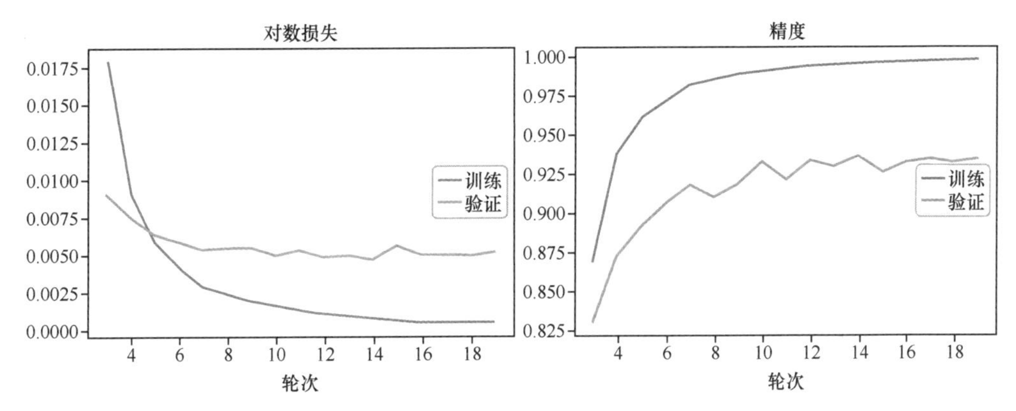

对数损失
训练（最小：0.000，最大：0.145，cur：0.000）
验证（最小：0.005，最大：0.058，cur：0.005）

精度：
训练（最小：0.028，最大：0.997，cur：0.997）
验证（最小：0.035，最大：0.936，cur：0.934）
训练轮次：19 [0/34799 (0%)]　训练损失：0.002379
训练轮次：19 [6400/34799 (7%)]　训练损失：0.002805
训练轮次：19 [12800/34799 (15%)]　训练损失：0.003652

图 7-22

如果运行上述代码并从测试数据集中绘制一些带有预测标签的图像，则将得到图 7-23 所示的输出。

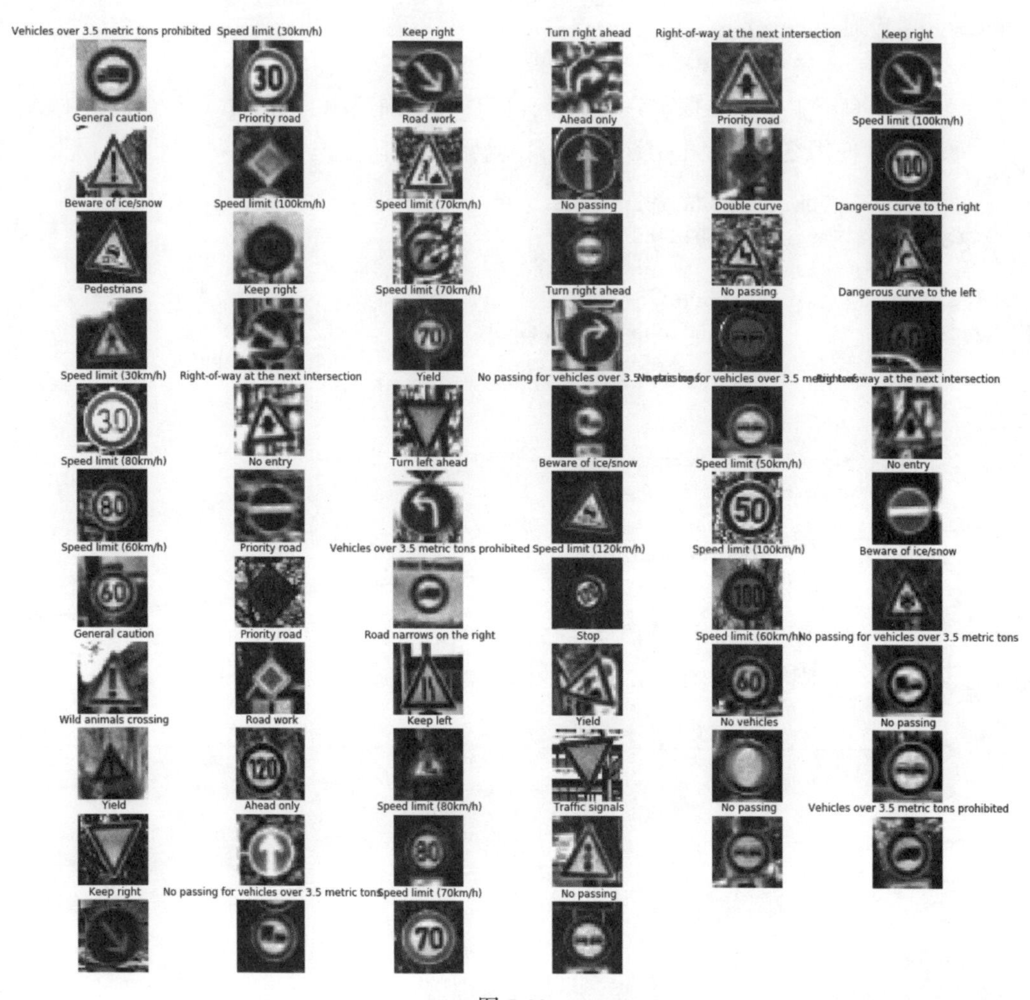

图 7-23

7.5.3 工作原理

从上一个输出的条形图可以看出，数据集分布是非常不平衡的：一些分类中有多达 2000 幅与之对应的样本图像，而少数分类则仅有 200 幅左右的样本图像。

训练数据集中的分类不平衡可能会导致学习到有偏差的模型，这仅仅是因为，相比其他图像，模型会更频繁地看到与某些交通标志分类相对应的图像。

使用抽样来解决分类分布不平衡问题，也借此防止过拟合。对于 43 个分类中的所有分类，调用 `WeightedRandomSampler()` 函数以相同的频率对图像进行采样（每个分类采样 2000 幅图像，这同样增加了输入图像的总数），然后将采样图像传递给 PyTorch 库的数据加载器。

使用对比度受限自适应直方图均衡化（CLAHE）算法将图像划分为上下文区域，然后对每个区域应用直方图均衡化。由于使用的灰度值是均匀分布的，因此与使用普通直方图均衡化相比，使用 CLAHE 算法使得图像的隐藏特征显现得似乎更加明显。

通过将输入的彩色图像从 RGB 颜色空间转换到 YCbCr 颜色空间，然后从 YCbCr 颜色空间提取强度通道 Y，将彩色图像转换为灰度图像。抽象类 `torch.utils.data.Dataset` 表示可以使用 `torch.utils.data.DataLoader` 进行迭代的数据集。

为了防止过拟合，我们使用 dropout 技术和批量归一化技术，使用 `livelossplot` 库来绘制实时训练阶段损失函数。

`torch.no_grad()` 函数在验证阶段停止梯度计算（因为在评估阶段，实例仅仅想评估到目前为止在保留的验证数据集上学习的模型，而不是想在此阶段更新权重）。

7.5.4　更多实践

计算在测试数据集上训练的模型的准确度，并绘制混淆矩阵。模型达到了什么样的测试准确度？如何改进该模型？

7.6　使用深度学习实现人体姿势估计

人体姿势估计是一项图像处理 / 计算机视觉任务，用于预测人体骨骼中的不同关键点（关节 / 标志，例如肘部、膝盖、颈部、肩部、臀部和胸部）的位置，其中，骨骼代表人体（将一组坐标连接起来，以确定人体的整体姿势）的姿势（方向）。肢体（肢体对）由两部分关节之间的有效连接定义，两部分关节的某些组合可能无法形成有效的肢体对。

相比单人姿势估计，多人姿势估计会更加困难，因为图像中的人数和位置都是未知的。作为解决此问题的自底向上的方法，首先检测所有特征人物的图像的所有部分，然后对于个体相对应的部分进行关联 / 分组。一种流行的自底向上的方法是 OpenPose 网络（来自卡内基梅隆大学），该方法首先提取输入图像特征（使用 VGG19 模型的前几层，如图 7-24 所示），这些特征被馈送到卷积层的两个平行分支中。以下 3 个步骤总结了 OpenPose 网络的工作原理。

- **关键点定位**：第一个分支是使用置信度分数来预测所有关键点（18 个置信度图的集合），其中每个图表示人类骨骼的特定部分。
- **人体关键点亲和场（PAF）**：第二个分支是预测由一组代表着部位之间连接的 38 个 PAF 组成的二维向量场。后续的分支阶段则完善每个分支的预测。
- **贪心推理**：所有关键点都使用贪心算法进行连接（在肢体对之间构建二部图，并使用 PAF 值修剪图中较弱的连接）。

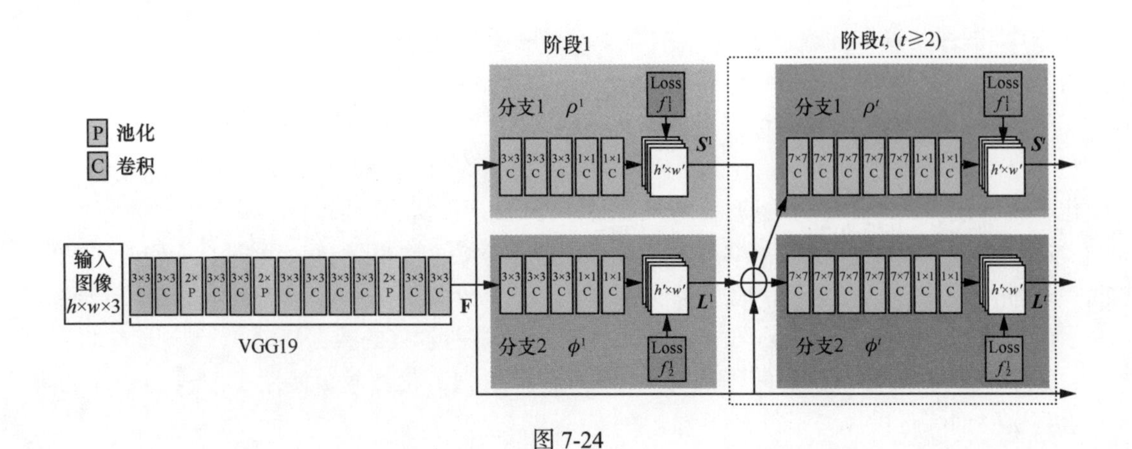

图 7-24

在本实例中，我们将介绍如何使用 OpenPose 深层神经网络模型（该模型在 2016 年赢得了 COCO 关键点挑战赛）进行人体姿势估计——OpenPose深层神经网络模型是基于 OpenCV-Python 库函数的预训练 Caffe 模型构建的。

7.6.1 准备工作

下载预训练的 Caffe 模型。Caffe 模型在多人数据集（MPI）上完成训练。首先，使用以下代码导入所需的 Python 库：

```
import cv2
import time
import numpy as np
import matplotlib.pyplot as plt
print(cv2.__version__)
# 3.4.4
```

7.6.2 执行步骤

我们实现基于预训练的 Caffe 模型的人体姿势估计，具体步骤如下。

1. 这个 MPI 数据集包含有 15 个对应于人体的不同部位的关键点——先定义这些关键点。我们还需要为连接关键点的肢体定义姿势对。使用姿势亲和图预测肢体：

```
n_points = 15
body_parts = {"Head": 0, "Neck": 1, "RShoulder": 2, "RElbow": 3,
"RWrist": 4, "LShoulder": 5, "LElbow": 6, "LWrist": 7, "RHip": 8,
"RKnee": 9, "RAnkle": 10, "LHip": 11, "LKnee": 12, "LAnkle": 13,
"Chest": 14, "Background": 15}

pose_pairs = [ ["Head", "Neck"], ["Neck", "RShoulder"],
```

```
["RShoulder",
"RElbow"], ["RElbow", "RWrist"], ["Neck", "LShoulder"],
["LShoulder",
"LElbow"], ["LElbow", "LWrist"], ["Neck", "Chest"], ["Chest",
"RHip"],
["RHip", "RKnee"], ["RKnee", "RAnkle"], ["Chest", "LHip"], ["LHip",
"LKnee"], ["LKnee", "LAnkle"] ]
```

2. 加载所下载的预训练模型（在 Caffe 深度学习框架模型上经过训练的模型）。Caffe 模型包括两个文件：`.prototxt` 文件（描述神经网络模型的架构）和 `.caffemodel` 文件（存储训练模型的权重）。使用以下代码来读取这些文件，并将模型加载到内存中：

```
proto_file = "models/pose_deploy_linevec_faster_4_stages.prototxt"
weights_file = "models/pose_iter_160000.caffemodel"
net = cv2.dnn.readNetFromCaffe(proto_file, weights_file)
```

3. 读取将要估计人姿势的输入图像。使用以下代码来准备要传递到网络的输入图像：

```
image = cv2.imread("images/leander.jpg")
height, width = image.shape[:2]
blob = cv2.dnn.blobFromImage(image, 1.0 / 255, (368,368), (0, 0,
0), swapRB=False, crop=False)
net.setInput(blob)
```

4. 对输入神经网络模型中的输入图像，仅仅通过进行正向传播即可生成预测：

```
output = net.forward()
```

模型生成的输出为矩阵，带有 4 个维度。输出的内容以及维度如下。

- 图像 ID（在将多个图像输入模型时需要）。
- 关键点的索引。该模型会生成串联置信度和部分亲和度图，用作输出。对于 MPI 模型，该模型生成 44 个点，对应于 15 个关键点置信度图、1 个背景和 14×2 个部分亲和度图。实例使用与关键点对应的前几个点。
- 输出图的高度。
- 输出图的宽度。

5. 使用以下代码来绘制前 5 个关键点的关键点置信图：

```
h, w = output.shape[2:4]

plt.figure(figsize=[14,10])
plt.imshow(cv2.cvtColor(image, cv2.COLOR_BGR2RGB))
prob_map = np.zeros((width, height))
for i in range(1,5):
 pmap = output[0, i, :, :]
 prob_map += cv2.resize(pmap, (height, width))
plt.imshow(prob_map, alpha=0.6)
```

```
plt.colorbar()
plt.axis("off")
plt.show()
```

如果运行上述代码，则将得到图 7-25 所示的输出。

图 7-25

6. 对于每个关键点，查看在图像中是否存在这个关键点，并从该关键点检索对应于置信度图最大值的关键点坐标（以及用于减少误报的阈值）：

```
threshold = 0.1
image1 = image.copy()
points = []
for i in range(n_points):
 prob_map = output[0, i, :, :] # confidence map of \
       corresponding body's part.
 min_val, prob, min_loc, point = cv2.minMaxLoc(prob_map)
 # scale the point to fit on the original image
 x = (width * point[0]) / w
 y = (height * point[1]) / h
 if prob > threshold :
  cv2.circle(image1, (int(x), int(y)), 8, (255, 0, 255), \
          thickness=-1, lineType=cv2.FILLED)
  cv2.putText(image1, "{}".format(i), (int(x), int(y)), \
          cv2.FONT_HERSHEY_SIMPLEX, 0.6, (0, 255, 0), 2, \
          lineType=cv2.LINE_AA)
  cv2.circle(image, (int(x), int(y)), 8, (255, 0, 255), \

          thickness=-1, lineType=cv2.FILLED)
 points.append((int(x), int(y)))
else :
 points.append(None)
```

7. 由于关键点的索引是事先已知的，因此只需将这些索引配对连接起来即可在图像上绘制骨架：

```
for pair in pose_pairs:
 part_from = body_parts[pair[0]]
 part_to = body_parts[pair[1]]
 if points[part_from] and points[part_to]:
  cv2.line(image, points[part_from], points[part_to], \
          (0, 255, 0), 3)

plt.figure(figsize=[20,12])
plt.subplot(121), plt.imshow(cv2.cvtColor(image1,
cv2.COLOR_BGR2RGB)), plt.axis('off'), plt.title('Keypoints',
size=20)
plt.subplot(122), plt.imshow(cv2.cvtColor(image,
cv2.COLOR_BGR2RGB)), plt.axis('off'), plt.title('Pose', size=20)
plt.show()
```

如果运行上述代码，则将得到图 7-26 所示的输出。

图 7-26

7.6.3 工作原理

调用 cv2.dnn.blobFromImage() 函数，将图像从 OpenCV 格式转换为 Caffe 框架所能接收的 blob 格式。首先，像素值被归一化，使其处在 (0,1) 范围内；其次，给出要改变的目标图像的大小；最后，减去平均值。由于 OpenCV 和 Caffe 框架使用相同的 BGR 颜色格式，因此不需要进行颜色通道变换。

使用 cv2.minMaxLoc() 函数来计算置信图的局部极大值。

第 8 章 图像中的目标检测

目标检测是一项图像处理/计算机视觉任务，利用其检测与图像中给定类型（例如人脸、人、车辆和建筑物）相对应的（语义）目标实例。在本章中，我们将学习实现一些最先进的目标检测技术。以下图像处理任务是相互关联的（尽管它们涉及不同的任务）：图像分类、目标定位和目标检测。在第 7 章中所讨论的图像分类旨在预测图像的分类标签，而目标定位则是处理识别图像中的目标的位置并绘制其边界框的问题。目标检测融合了这两项任务的特点（分类 + 定位），即在图像中每个感兴趣的目标（可能有多个目标）周围绘制一个边界框，并为每个目标指定一个分类标签。所有这些任务统称为目标识别问题。这些技术之间的区别如图 8-1 所示。

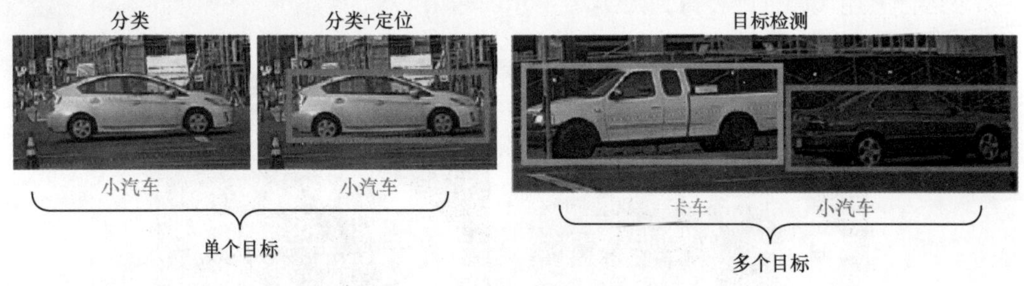

图 8-1

在本章中，我们将介绍以下实例：

- 基于 HOG/SVM 的目标检测；
- 基于 YOLO v3 的目标检测；
- 基于 Faster R-CNN 的目标检测；
- 基于 Mask R-CNN 的目标检测；
- 基于 OpenCV-Python 的多目标跟踪；
- 使用 EAST/Tesseract 来检测 / 识别图像中的文本；
- 使用 Viola-Jones/Haar 特征进行人脸检测。

8.1 基于 HOG/SVM 的目标检测

HOG 描述符是一种常用的目标检测特征描述符。HOG 描述符可以从图像中计算获得。首先，计算水平梯度图像和垂直梯度图像，然后在所有的块上计算梯度直方图并进行归一化处理，最后展平为特征描述符向量。这些最终获得的归一化块描述符被称为 HOG 描述符，这是一种应用于各种计算机视觉和图像处理，以进行目标检测的特征描述符。

HOG 描述符在检测人类、动物、人脸和文本的使用方面尤其成功。上述内容已经描述了如何从图像中计算 HOG 描述符。首先，使用多个正面训练样本图像、反面训练样本图像来训练（线性）SVM 二值分类器模型。正面训练样本图像是模型想要检测的目标的实例。反面训练数据集则可以不包含实例想要检测的目标的任何图像。正面训练样本原始图像和反面训练数据集原始图像都会被转换成 HOG 块描述符。SVM 训练器会选择最佳超平面 / 决策边界（使用一组支持向量定义）来分离训练图像数据集中的正面样本和反面样本。随后，SVM 模型使用支持向量对测试图像中的 HOG 块描述符进行分类，以检测目标的存在 / 不存在。

分类通常是通过在测试图像上重复地步进一个（宽为 64 像素、高为 128 像素）滑动窗口并计算 HOG 描述符来实现的。由于 HOG 描述符计算不包括内在的比例，并且目标可以在图像中以多个比例出现，因此 HOG 描述符计算会在比例金字塔的每个级别上重复地进行。比例金字塔中每个级别之间的比例因子通常在 1.05 和 1.2 之间，并且图像会反复缩小，直到缩放后的原始图像无法再容纳完整的 HOG 窗口为止。如果 SVM 分类器预测到某尺寸的检测目标，则返回相应的边界框。图 8-2 所示的是一个典型的 HOG 目标（人）检测工作流程。

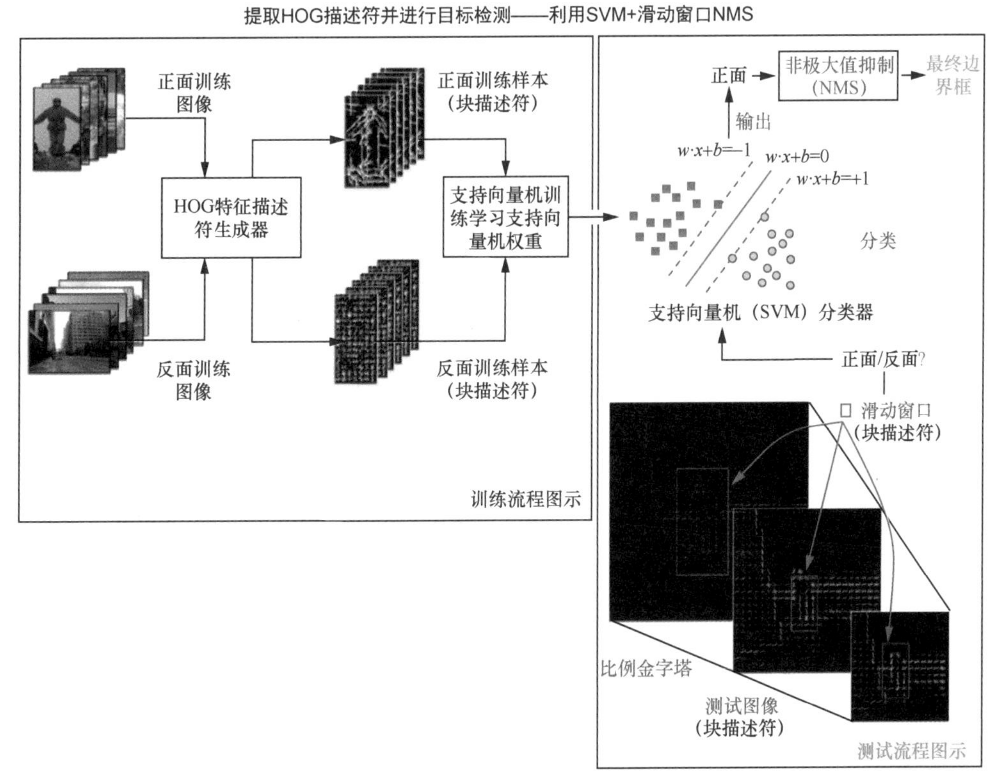

图 8-2

在本实例中，我们将介绍如何调用 OpenCV-Python 库函数来检测图像中的人体目标。

8.1.1　准备工作

我们先使用以下代码导入所需的 Python 库：

```
import numpy as np
import cv2
import matplotlib.pylab as plt
```

8.1.2　执行步骤

使用 OpenCV-Python 库函数检测图像中的行人，具体步骤如下。

1. 读取图像并使用以下代码初始化 HOG 检测器：

```
img = cv2.imread("images/walk.jpg")
hog = cv2.HOGDescriptor()
```

2. 将 SVM 检测器初始化为默认的行人检测器：

```
hog.setSVMDetector(cv2.HOGDescriptor_getDefaultPeopleDetector())
```

3. 运行检测算法，其中空间步长为 4 像素（水平和垂直方向），步长缩放为 1.1，并且不分组矩形（注意，HOG 在比例金字塔中的多个比例上检测同一目标）。可以看到，检测器检测到 314 个可能的边界框（对同一目标进行了多次检测）：

```
(found_bounding_boxes, weights) = hog.detectMultiScale(img, \
                                  winStride=(4, 4), padding=(8, 8), \
                                  scale=1.1, finalThreshold=0)
print(len(found_bounding_boxes)) # number of bounding boxes
# 314
```

4. 定义以下函数来实现非最大抑制（NMS）以忽略冗余、重叠的边界框：

```
def non_max_suppression(boxes, scores, threshold):
    assert boxes.shape[0] == scores.shape[0]
    ys1, xs1, ys2, xs2 = boxes[:, 0], boxes[:, 1], boxes[:, 2], \
                         boxes[:, 3]
    areas = (ys2 - ys1) * (xs2 - xs1)
    scores_indexes = scores.argsort().tolist()
    boxes_keep_index = []
    while len(scores_indexes):
      index = scores_indexes.pop()
      boxes_keep_index.append(index)
      if not len(scores_indexes):
         break
      ious = compute_iou(boxes[index], boxes[scores_indexes], \
```

```
                            areas[index], areas[scores_indexes])
        filtered_indexes = set((ious > threshold).nonzero()[0])
        scores_indexes = [v for (i, v) in enumerate(scores_indexes) \
                            if i not in filtered_indexes]
    return np.array(boxes_keep_index)
```

5. 定义以下函数以计算给定框与所有其他框的交并比（iou）度量：

```
def compute_iou(box, boxes, box_area, boxes_area):
    assert boxes.shape[0] == boxes_area.shape[0]
    ys1 = np.maximum(box[0], boxes[:, 0])
    xs1 = np.maximum(box[1], boxes[:, 1])
    ys2 = np.minimum(box[2], boxes[:, 2])
    xs2 = np.minimum(box[3], boxes[:, 3])
    intersections = np.maximum(ys2 - ys1, 0) * \
                    np.maximum(xs2 - xs1, 0)
    unions = box_area + boxes_area - intersections
    ious = intersections / unions
    return ious
```

6. 调用 detectMultiScale 函数来检测输入图像中的行人，并获得相应的边界框：

```
(found_bounding_boxes, weights) = hog.detectMultiScale(img, \
                                    winStride=(4, 4), padding=(8, 8), \
                                    scale=1.1, finalThreshold=0)
print(len(found_bounding_boxes)) # number of bounding boxes
# 70
found_bounding_boxes[:,2] = found_bounding_boxes[:,0] +
found_bounding_boxes[:,2]
found_bounding_boxes[:,3] = found_bounding_boxes[:,1] +
found_bounding_boxes[:,3]
```

7. 使用以下代码来调用 non_max_suppression() 函数，以消除重复检测：

```
box_indices = non_max_suppression(found_bounding_boxes,
weights.ravel(), threshold=0.2)
found_bounding_boxes = found_bounding_boxes[box_indices,:]
found_bounding_boxes[:,2] = found_bounding_boxes[:,2] -
found_bounding_boxes[:,0]
found_bounding_boxes[:,3] = found_bounding_boxes[:,3] -
found_bounding_boxes[:,1]
print(len(found_bounding_boxes)) # number of boundingboxes
# 4
```

8. 作为步骤 7 的选择之一，你也可以使用参数 useMeanshiftGrouping=True 来处理可能的重叠边界框：

```
(found_bounding_boxes, weights) = hog.detectMultiScale(img, \
```

```
                                        winStride=(4, 4), padding=(8, 8), \
                                        scale=1.01,
useMeanshiftGrouping=True)
print(len(found_bounding_boxes)) # number of boundingboxes
# 3
```

9. 在图像上绘制（调用 NMS 或 `useMeanshiftGrouping=True`）所获得的最终边界框：

```
img_with_raw_boxes = img.copy()
for (hx, hy, hw, hh) in found_bounding_boxes:
    cv2.rectangle(img_with_raw_boxes, (hx, hy), (hx + hw, hy + hh),
(0, 0, 255), 2)
plt.figure(figsize=(20, 12))
img_with_raw_boxes = cv2.cvtColor(img_with_raw_boxes,
cv2.COLOR_BGR2RGB)
plt.imshow(img_with_raw_boxes, aspect='auto'), plt.axis('off')
plt.title('Boundingboxes found by HOG-SVM with meanshift grouping',
size=20)
plt.show()
```

如果运行上述代码，则将得到图 8-3 所示的输出。

图 8-3

8.1.3　工作原理

计算来自输入图像的 HOG 描述符，然后将其馈送到预训练的 SVM 分类器（通过调用 cv2 中的 `HOGDescriptor_getDefaultPeopleDetector()` 获得）。该分类器调用基于 OpenCV-Python 库中的 `detectMultiScale()` 函数，以多个比例预测图像块中是否有行人。

目标在不同的比例上多次被检测到，并通过使用 NMS，这些目标被融合在一起（从实例也可能会看到一些误报）。

调用 non_max_suppression() 函数，以避免多次、不同比例地检测到同一目标。

NMS 算法使用交并比（IoU）来计算两个不同边界框 B_1 和 B_2 的重叠量。IoU 定义如图 8-4 所示。

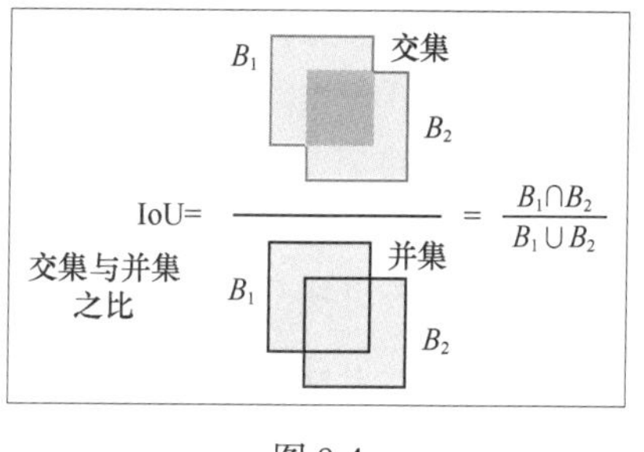

图 8-4

如果 IoU 较低（使用 0.2 的阈值），即没有太多重叠，则两个不同的边界框很有可能对应于所检测到的两个不同的行人。此时 NMS 算法不会丢弃任何边界框预测；否则，会丢弃其中一个边界框。

将最终边界框绘制在图像顶部，所检测到的行人通过边界框（红色矩形）表示。

8.1.4 更多实践

读者可以比较 NMS 和 meanshift-grouping 的后期处理方法，以免进行多次目标检测以及检测误报。使用 winStride、scale 等类似参数的不同值来检测 MultiScale() 函数，并观察参数调整对所检测到的输出目标的影响。

8.2 基于 YOLO v3 的目标检测

图 8-5（图片来自 Ros Girshick）显示了对来自 PASCAL VOC 图像数据集的图像的目标检测——多年来在平均精度方面的提高。可以看到，截至 2012 年年底，目标检测的性能提升有所放缓。2013 年，深度学习方法出现了，目标检测的性能从那时起得到了提升，并且随着时间的推移变得越来越好。

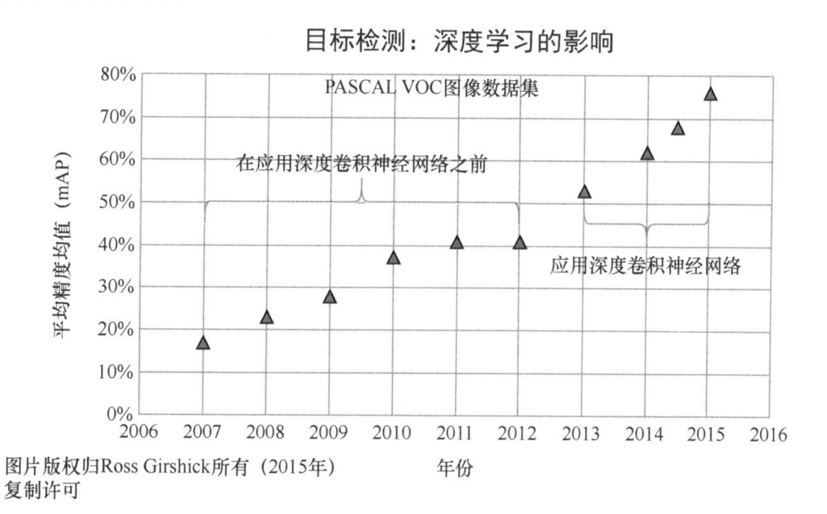

图 8-5

基于深度学习，人们已经开发出了诸如 R-CNN（例如 Faster/Mask R-CNN）和 YOLO 等算法，这些算法大幅地提高了目标检测的精度。在本实例中，我们将讨论两种流行的、应用于目标检测的全卷积网络模型，其中一种模型便是 YOLO（You Only Look Once）模型。与其他算法相比，YOLO 模型给出了较高的目标检测准确率，并且 YOLO 模型可以实时运行。顾名思义，该算法只需查看一次图像，这意味着为了检测图像中的目标，该算法只需进行一次正向传播即可计算出准确的预测。

在本实例中，我们将介绍如何使用 FCN 深度学习模型 YOLO v3 来检测图像中的目标。给定带有一些目标（例如动物和汽车）的输入图像，实例将使用预训练的 YOLO v3 模型来检测图像中的目标（带有边界框的目标）。

与 YOLO v2 模型相比，YOLO v3 模型包括许多渐进式改进。

- YOLO v3 模型使用 Darknet-53 网络（一个具有快捷连接的更深层的网络），而非 YOLO v2 模型所使用的 Darknet-19 网络。
- 使用特征映射（feature map）上采样 / 融合，YOLO v3 模型有更高级的特征提取器 / 目标检测器。
- 为了更有效地检测小目标，YOLO v3 模型以 3 种不同的缩放比例来执行目标检测。
- YOLO v3 模型使用 9 个锚定框（anchor box）（每个缩放比例对应 3 个锚定框，而不是 YOLO v2 模型所使用的共 5 个锚定框），在输入相同大小的图像时，YOLO v3 模型所预测的边界框比 YOLO v2 模型要多。
- YOLO v3 模型使用独立的逻辑回归分类器（通过计算交叉熵误差项），而非 YOLO v2 模型所使用的 softmax（平方损失函数）来计算目标置信度分数和分类标签。

在本实例中，我们将基于 OpenCV-Python 库函数，学习如何使用预训练的 YOLO v3 模型来检测图像中的目标。

8.2.1 准备工作

下载预训练的 YOLO v3 模型文件（例如，YOLOv3-416 模型的 `.cfg` 文件和 `.weights` 文件，YOLO v3-416 模型的输入图像大小为 416×416），然后使用以下代码导入所需的 Python 库：

```
import cv2
import numpy as np
import matplotlib.pylab as plt
from PIL import Image, ImageDraw, ImageFont
import colorsys
from random import shuffle
```

8.2.2 执行步骤

我们基于 OpenCV-Python 库函数并使用 YOLO v3 预训练模型实现目标检测，具体步骤如下。

1. 使用适当的值初始化所有参数（例如，NMS 阈值和分类置信度）：

```
conf_threshold = 0.5 # Confidence threshold
nms_threshold = 0.4 # Non-maximum suppression threshold
width = 416 # Width of network's input image
height = 416 # Height of network's input image
```

2. 从所提供的文本文件中加载目标分类的名称（MS-COCO 数据集对应包含 80 个分类，包括人、自行车、汽车、摩托车、飞机等）。创建与每个目标分类相对应的唯一颜色（以区分所检测到的不同目标的边界框）。使用以下代码初始化模型配置文件以及预训练权重文件路径：

```
classes_file = "models/yolov3/coco_classes.txt";
classes = None
with open(classes_file, 'rt') as f:
    classes = f.read().rstrip('\n').split('\n')
HSV_tuples = [(x/len(classes), x/len(classes), 0.8) for x in
range(len(classes))]
shuffle(HSV_tuples)
colors = list(map(lambda x: colorsys.hsv_to_rgb(*x), HSV_tuples))
model_configuration = "models/yolov3/yolov3.cfg"
model_weights = "models/yolov3/yolov3.weights"
```

3. 使用 Darknet 模型配置文件和权重文件以加载预训练的深度神经网络模型：

```
net = cv2.dnn.readNetFromDarknet(model_configuration,
model_weights)
net.setPreferableBackend(cv2.dnn.DNN_BACKEND_OPENCV)
net.setPreferableTarget(cv2.dnn.DNN_TARGET_CPU)
```

4. 定义以下函数以获得网络中输出层的名称：

```
def get_output_layers(net):
    layers_names = net.getLayerNames()
    return [layers_names[i[0] - 1] for i in
net.getUnconnectedOutLayers()]
```

5. 在预测目标周围绘制边界框（以及具有预测置信度的预测分类标签），我们需要定义以下函数：

```
def draw_box(img, class_id, conf, left, top, right, bottom):
    label = "{}: {:.2f}%".format(classes[class_id], conf * 100)
    color = tuple([int(255*x) for x in colors[class_id]])
    top = top - 15 if top - 15 > 15 else top + 15
    pil_im = Image.fromarray(cv2.cvtColor(img,cv2.COLOR_BGR2RGB))
    thickness = (img.shape[0] + img.shape[1]) // 300
```

```
    font = ImageFont.truetype("arial.ttf", 25)
    draw = ImageDraw.Draw(pil_im)
    label_size = draw.textsize(label, font)
    text_origin = np.array([left,top-label_size[1]] if \
                top-label_size[1] >= 0 else [left,top+1])
    for i in range(thickness):
        draw.rectangle([left + i, top + i, right - i, \
        bottom - i], outline=color)
    draw.rectangle([tuple(text_origin), tuple(text_origin + \
                label_size)], fill=color)
    draw.text(text_origin, label, fill=(0, 0, 0), font=font)
    del draw
    img = cv2.cvtColor(np.array(pil_im), cv2.COLOR_RGB2BGR)
    return img
```

6. 通过以下代码，使用 NMS 清除具有相应低置信度分数的边界框：

```
def post_process(img, outs):
    img_height, img_width = img.shape[0], img.shape[1]
    class_ids = []
    confidences = []
    boxes = []
    for out in outs:
        for detection in out:
            scores = detection[5:]
            class_id = np.argmax(scores)
            confidence = scores[class_id]
            if confidence > conf_threshold:
                center_x, center_y = int(detection[0] * \
                    img_width), int(detection[1] * img_height)
                width, height = int(detection[2] * \
                    img_width), int(detection[3] * img_height)
                left, top = int(center_x - width / 2), \
                    int(center_y - height / 2)
                class_ids.append(class_id)
                confidences.append(float(confidence))
                boxes.append([left, top, width, height])
    indices = cv2.dnn.NMSBoxes(boxes, confidences, \

        conf_threshold, nms_threshold)
    for i in indices:
        i = i[0]
        box = boxes[i]
        left, top, width, height = box[0], box[1], box[2], box[3]
        img = draw_box(img, classIds[i], confidences[i], left, \
                    top, left + width, top + height)
```

```
    return img
```

7. 读取输入图像，从输入图像中获取一个 blob 对象（需要对输入图像进行预处理后获得），然后在 YOLO v3 模型上以图像的 blob 对象作为输入进行正向传播。最后，对使用模型所检测到的所有对象，调用 post_process() 函数来绘制边界框以及对象分类：

```
img = cv2.imread('images/mytable.png')
blob = cv2.dnn.blobFromImage(img, 1/255, (width, height), [0,0,0],
1, crop=False)
net.setInput(blob)
outs = net.forward(get_output_layers(net))
img = post_process(img, outs)
```

运行上述代码，在图像中所检测到的目标的周围绘制边界框，并绘制对应于预测分类的置信度，将获得图 8-6 所示的输出。

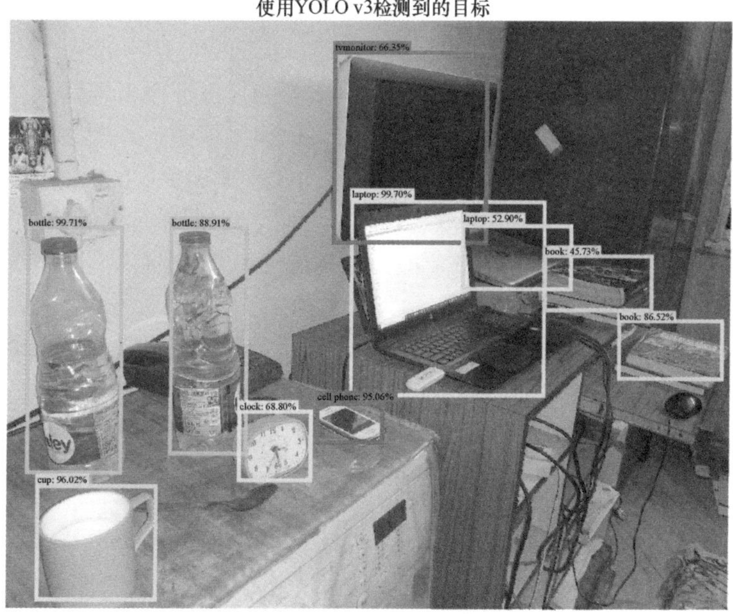

图 8-6

8.2.3 工作原理

post_process() 函数对所有边界框（模型返回的输出）都遍历一遍，随后丢弃低置信度分数的边界框。被检测目标的分类标签对应于最高概率分数的标签。运行 NMS 算法来修剪重叠或冗余的边界框。

调用 OpenCV-Python 库的 cv2.dnn.readNetFromDarknet() 函数来读取预训练的 Darknet 模型，其中，该函数会使用所提供的用于描述网络架构的文本 .cfg 文件以及基于预训练网络的 .weights 文件的路径作为参数。

先调用 cv2.dnn.blobFromImage() 函数从输入图像中创建四维 blob 对象（深度学习模型期望的输入格式）。再调用 net.setInput() 函数来设置网络的输入，接着调用 net.forward() 函数来进行正向传播并获取输出层的输出。最后，调用 post_process() 函数来删除重叠的边界框，以及具有低置信度（小于所提供的置信度阈值）的边界框。

8.2.4 更多实践

读者可以登录 cocodataset 官方网站，下载 MS-COCO 图像数据集，然后通过对模型进行训练来获得预训练权重。读者可以试着训练模型，然后使用模型检测一些未知图像中的目标。

8.3 基于 Faster R-CNN 的目标检测

正如我们在第 7 章所讨论的，在“深度实例分割”实例中，基于区域的目标检测方法（例如，R-CNN 和 Faster R-CNN）是依靠候选区域算法（选择性搜索）来猜测目标位置。Faster R-CNN 是 Girshick 等人提出的又一种基于区域的目标检测模型，该模型被认为是对 R-CNN 模型（2013 年）和 Fast R-CNN 模型（2015 年）的改进。Fast R-CNN 通过引入 ROI Pooling 来减少检测的执行时间（相对于较慢的 R-CNN 模型而言），但候选区域的计算仍然是一个瓶颈。Faster R-CNN 引入了候选区域网络（RPN）。RPN 通过与检测网络共享卷积特征来实现几乎无时间成本的候选区域。

RPN 是一种 FCN，该类型网络可利用目标边界框以及每个位置的目标性分数（区域包含目标的概率）来预测可能包含目标的区域。通过端到端训练，RPN 能够高质量地预测候选区域（使用锚点和注意力机制）。然后，Fast R-CNN 可使用这些区域进行可能的检测。RPN 和 Fast R-CNN 通过连接形成一个网络。该网络基于 4 个损失函数进行联合训练：

- RPN 提供目标 / 非目标的分类（基于目标性分数）；
- RPN 使用回归来计算框坐标；
- 最终分类器（来自 Fast R-CNN）对目标进行分类（基于分类分数）；
- 使用回归来计算与目标相对应的输出边界框。

RPN 基于 CNN 特征实现一个滑动窗口。对于窗口的每个位置，RPN 会计算一个分数和（针对每个锚点）一个边界框（如果 k 是锚点的数量，则需要计算 $4k$ 个边界框坐标）。因此，Faster R-CNN 能够实时执行测试图像中的目标检测。Faster R-CNN 的架构如图 8-7 所示。

在本实例中，我们将介绍如何在 TensorFlow 框架中使用预训练的 Faster R-CNN 模型来检测图像中的目标。

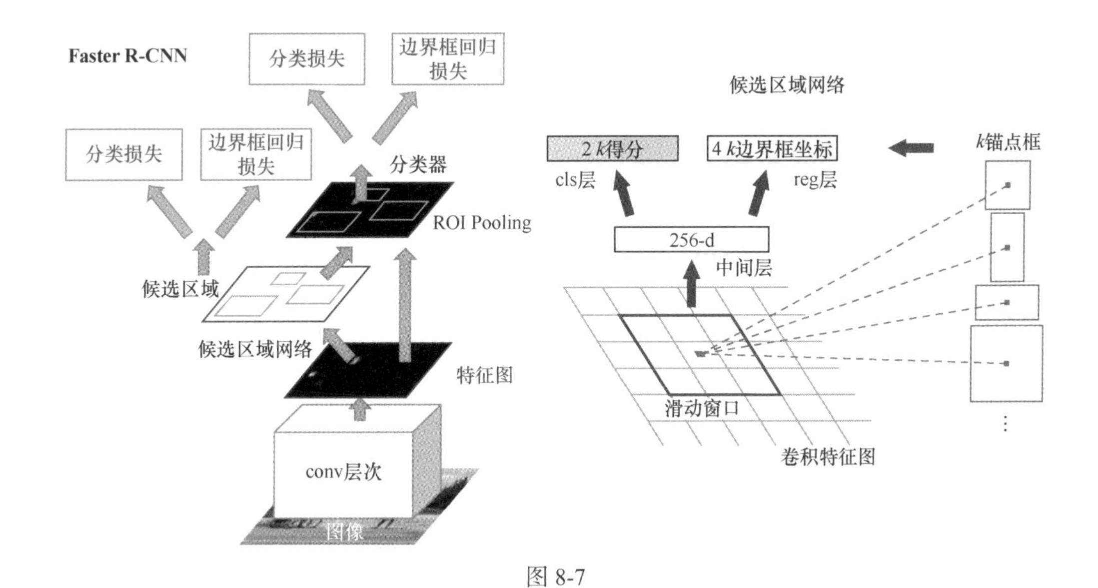

图 8-7

8.3.1 准备工作

我们先从 tensorflow 框架的目标检测模型 Zoo 中下载 Faster R-CNN 的预训练模型（例如 faster_rcnn_resnet101_coco 模型，该模型以 ResNet101 模型为主，并在 MS-COCO 数据集上进行训练），并提取模型（已冻结的推理图）.pb 文件，将其保存在 models 文件夹中的适当位置。使用以下代码导入所有所需的 Python 包：

```
import numpy as np
import cv2
from PIL import Image, ImageFont, ImageDraw

import json
import colorsys
import matplotlib.pylab as plt
import tensorflow as tf
print(tf.__version__)
# 2.0.0
```

8.3.2 执行步骤

基于 TensorFlow 框架中预训练的 Faster R-CNN 实现目标检测，具体步骤如下。

1. 初始化对训练 MobileNet SSD 模型进行目标检测的分类标签列表：

```
with open('models/image_info_test2017.json','r') as R: js =
json.loads(R.read())
labels = {i['id']:i['name'] for i in js['categories']}
```

```
print(len(labels))
# 80
```

2. 为每个分类的边界框生成一组独特的颜色：

```
HSV_tuples = [(x/len(labels), 0.8, 0.8) for x in
range(len(labels))]
colors = list(map(lambda x: colorsys.hsv_to_rgb(*x), HSV_tuples))
```

3. 读取输入图像，以及预训练的 TensorFlow 框架下模型的已冻结推理图：

```
img = cv2.imread('images/bus.jpg')
with
tf.io.gfile.GFile('models/faster_rcnn/frozen_inference_graph.pb',
'rb') as f:
    graph_def = tf.compat.v1.GraphDef()
    graph_def.ParseFromString(f.read())
```

4. 预处理输入图像，将其作为输入数据输入模型中，重建会话，并使用以下代码在模型上进行正向传播：

```
rows, cols = img.shape[:2]
conf = 0.2
with tf.compat.v1.Session() as sess:
 inp = cv2.resize(img, (300, 300))
 inp = inp[:, :, [2, 1, 0]] # BGR2RGB
 sess.graph.as_default()
 tf.import_graph_def(graph_def, name='')
 out = sess.run([sess.graph.get_tensor_by_name('num_detections:0'),
             sess.graph.get_tensor_by_name('detection_scores:0'),
             sess.graph.get_tensor_by_name('detection_boxes:0'),
 sess.graph.get_tensor_by_name('detection_classes:0')],
             feed_dict={'image_tensor:0': inp.reshape(1, \
                          inp.shape[0], inp.shape[1], 3)})
```

5. 使用以下代码，为 Faster R-CNN 预训练模型所检测到的目标绘制边界框（其中，置信度等级超过置信阈值）：

```
for i in range(num_detections):
    idx = int(out[3][0][i])
    score = float(out[1][0][i])
    bbox = [float(v) for v in out[2][0][i]]
    if score > conf:
      x, y, right, bottom = bbox[1] * cols, bbox[0] * rows, \
                            bbox[3] * cols, bbox[2] * rows
      label = "{}: {:.2f}%".format(labels[idx], score * 100)
      color = tuple([int(255*x) for x in colors[idx]])
      y = y - 15 if y - 15 > 15 else y + 15
```

```
thickness, font = (img.shape[0] + img.shape[1]) // 300, \
                  ImageFont.truetype("arial.ttf", 15)
draw = ImageDraw.Draw(Image.fromarray(cv2.cvtColor\
                  (img,cv2.COLOR_BGR2RGB)))
label_size = draw.textsize(label, font)
text_origin = np.array([x, y - label_size[1]] if \
              y - label_size[1] >= 0 else [x, y + 1])
for i in range(thickness):
  draw.rectangle([x + i, y + i, right - i, bottom - i], \
                 outline=color)
draw.rectangle([tuple(text_origin), tuple(text_origin + \
               label_size)], fill=color)
draw.text(text_origin, label, fill=(0, 0, 0), font=font)
```

运行上述代码，则将得到图 8-8 所示的输出。

图 8-8

8.3.3 工作原理

对于图像中所检测到的每个目标，模型所返回的输出（out 变量）（通过在模型上进行正向传播）都包含以下内容。

- 目标的边界框矩形坐标（对于第 *i* 个目标，坐标为 `out[2][0][i]`）。
- 基于置信度指定给目标的分类标签（第 *i* 个目标最可能的分类，坐标为 `out[3][0][i]`）。
- 目标的每个分类标签的概率（置信度）（对应于第 *i* 个目标的最可能类别的置信度，坐标为 `out[1][0][i]`）。

计算图（computational graph）是 `tensorflow` 框架用来呈现计算的核心概念。`GraphDef`

是图表的序列化版本，可以使用 `ParseFromString()` 函数来解析预训练模型的 `GraphDef` 对象。

`import_graph_defg()` 函数可用于导入序列化的 TensorFlow 架构下的 `GraphDef` 协议缓冲区。该函数将单个 `GraphDef` 对象提取为 `tf.Tensor/tf.Operation` 对象。提取后，这些 `tf.Tensor/tf.Operation` 对象会被放置在当前默认图表中。

8.3.4 更多实践

使用 OpenCV-Python 库加载 `tensorflow` 框架下的预训练模型，并运行推理以检测图像中的目标。使用 GPU 在 Pascal VOC 图像集上训练自己的 Faster R-CNN 模型。

要利用 Keras 库进行训练，请参考 GitHub 网站。使用 vanilla R−CNN 模型和 Fast R−CNN 模型实现目标检测，并在测试图像上利用 Faster R−CNN 模型来比较检测速度和检测精度。

8.4 基于 Mask R−CNN 的目标检测

与用于基于区域的目标检测的 Faster R-CNN 算法相比，Girshick 等人所提出的 Mask R-CNN 算法（2017 年）包括许多改进。该算法主要有以下两个贡献。

- ROI Pooling 被替换为 ROI Align 模块（更准确）。
- 在 ROI Align 模块的输出中插入一个额外的分支（该分支接收来自 ROI Align 的输出，随后将其送入两个连续的卷积层。从最后一个卷积层的输出组成目标掩膜）。

`RoIAlign` 模块可提供所选特征图区域和输入图像区域之间更精确的对应关系。像素级分割需要更细粒度的对齐，而不仅仅是计算边界框。Mask R-CNN 的架构如图 8-9 所示。

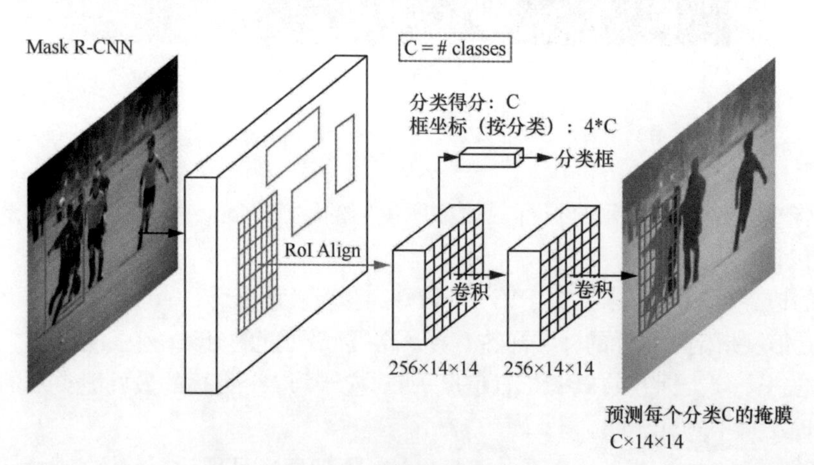

图 8-9

在本实例中，我们将基于 OpenCV-Python 库函数，学习如何使用预训练的 Mask R-CNN（在 tensorflow 框架下）模型来检测图像中的目标。

8.4.1 准备工作

下载预训练的 Mask R-CNN 模型（以 Inception v2 作为主干网络，又一次在 MS-COCO 数据集上使用 tensorflow 框架对模型进行训练），并在 models 文件夹内的适当路径中提取压缩模型。使用以下命令导入所有必要的程序包：

```
import cv2
print(cv2.__version__)
# 4.1.1
import numpy as np
import os.path
import sys
import random
import matplotlib.pylab as plt
```

8.4.2 执行步骤

我们基于 OpenCV-Python 库函数，使用 Mask R-CNN 预训练模型实现目标检测，具体步骤如下。

1. 使用以下代码初始化参数（例如，置信度 Confidencer 的阈值和掩膜 Mask 的阈值）：

```
conf_threshold = 0.5 # Confidence threshold
mask_threshold = 0.3 # Mask threshold
```

2. 定义以下函数以绘制所检测到的目标的预测边界框，根据预测目标的分类对其着色，并将所计算出的掩膜覆盖在输入图像的顶部：

```
def draw_box(img, class_id, conf, left, top, right, bottom,
class_mask):
    cv2.rectangle(img, (left, top), (right, bottom), \
        (255, 178, 50), 3)
    label = '%.2f' % conf
    if classes:
        assert(class_id < len(classes))
        label = '%s:%s' % (classes[class_id], label)
    label_size, base_line = cv2.getTextSize(label, \
                    cv2.FONT_HERSHEY_SIMPLEX, 0.5, 1)
    top = max(top, label_size[1])
    cv2.rectangle(img, (left, top - round(1.5*label_size[1])), \
                      (left + round(1.5*label_size[0]), \
                 top + base_line), (255, 255, 255), cv2.FILLED)
```

```
    cv2.putText(img, label, (left, top),cv2.FONT_HERSHEY_SIMPLEX, \
                0.75, (0,0,0), 1)
    class_mask = cv2.resize(class_mask, (right - left + 1, \
                bottom - top + 1))
    mask = (class_mask > mask_threshold)
    roi = img[top:bottom+1, left:right+1][mask]
    # color = colors[class_id%len(colors)]
comment the above line and uncomment below two lines to generate
   different instance colors
   color_index = random.randint(0, len(colors)-1)
   color = colors[color_index]
   img[top:bottom+1, left:right+1][mask] = ([0.3*color[0], \
                             0.3*color[1], 0.3*color[2]] + \
                             0.7 *roi).astype(np.uint8)
   mask = mask.astype(np.uint8)
   contours, hierarchy = cv2.findContours(mask, \
                            cv2.RETR_TREE,cv2.CHAIN_APPROX_SIMPLE)
   cv2.drawContours(img[top:bottom+1, left:right+1], contours, \
                    -1, color, 3, cv2.LINE_8, hierarchy, 100)
```

3. 定义以下函数对从网络中所获得的输出进行后处理，以提取与所检测到的目标相对应的边界框和掩膜：

```
def post_process(boxes, masks):
    num_classes, num_deetections = masks.shape[1], boxes.shape[2]
    img_height, img_width = img.shape[0], img.shape[1]
    for i in range(num_deetections):
        box = boxes[0, 0, i]
        mask = masks[i]
        score = box[2]
        if score > conf_threshold:
            class_id = int(box[1])
            left,top,right,bottom = int(img_width*box[3]), \
                                    int(img_height*box[4]), \
                                    int(img_width*box[5]), \
                                    int(img_height*box[6])
            left, top = max(0, min(left, img_width - 1)), \
                               max(0, min(top, img_height - 1))
            right, bottom = max(0, min(right, img_width - 1)), \
                                max(0, min(bottom, img_height - 1))
            class_mask = mask[class_id]
            draw_box(img, class_id, score, left, top, right, \
                     bottom, class_mask)
```

4. 使用以下代码从标签名称文件中加载分类名：

```
classes_file = "models/mask_rcnn/mscoco_labels.names";
classes = None
with open(classes_file, 'rt') as f:
   classes = f.read().rstrip('\n').split('\n')
```

5. 通过加载模型的 tensorflow 图表以及权重文件来加载预训练的 Mask R-CNN 模型：

```
text_graph =
"models/mask_rcnn/mask_rcnn_inception_v2_coco_2018_01_28.pbtxt"
model_weights = "models/mask_rcnn/frozen_inference_graph.pb"
net = cv2.dnn.readNetFromTensorflow(model_weights , text_graph)
net.setPreferableBackend(cv2.dnn.DNN_BACKEND_OPENCV)
net.setPreferableTarget(cv2.dnn.DNN_TARGET_CPU)
```

6. 准备颜色，以用其绘制对应于不同分类目标的边界框：

```
colors_file =
"models/mask_rcnn_inception_v2_coco_2018_01_28/colors.txt"
with open(colors_file, 'rt') as f:
    colors_str = f.read().rstrip('\n').split('\n')
colors = []
for i in range(len(colors_str)):
    rgb = colors_str[i].split(' ')
    color = np.array([float(rgb[0]), float(rgb[1]), float(rgb[2])])
    colors.append(color)
```

7. 读取输入图像，预处理图像以创建模型所预期的 blob 对象，并使用以下代码将 blob 对象设置为预训练模型的输入：

```
img = cv2.imread('images/road.png')
blob = cv2.dnn.blobFromImage(img, swapRB=True, crop=False)
net.setInput(blob)
```

8. 使用输入 blob 对象在预训练网络上进行正向传播，然后使用以下代码对所获得的输出进行后向处理，以便在所检测到的目标周围绘制边界框和掩膜：

```
boxes, masks = net.forward(['detection_out_final',
'detection_masks'])
post_process(boxes, masks)
```

如果运行上述代码并绘制输入图像以及输出的处理后图像，则将得到图 8-10 所示的输出。

可以看到，Mask R-CNN 模型正确地检测到输入（测试）图像的部分遮挡目标（汽车）。

图 8-10

8.4.3 工作原理

draw_box() 函数用于执行以下操作：

- 函数在所检测到的目标周围绘制边界框；
- 函数输出目标被指定的（最可能）分类的标签；
- 函数将标签显示在边界框的左上角；
- 函数调整掩膜大小、调整阈值和颜色值，并将其应用于图像；
- 函数在图像上绘制掩膜所对应的轮廓。

post_proress() 函数在每个图像上提取所检测到的每个目标的边界框和掩膜，然后选择恰当的颜色（对应于目标的分类标签）来绘制目标边界框，并将掩膜覆盖在图像上。

8.4.4 更多实践

读者可以在 MS-COCO 数据集上训练 Mask R-CNN，并保存所训练的模型（强烈推荐使用 GPU），然后使用该模型预测读者图像中的目标。

8.5 基于 Python-OpenCV 的多目标跟踪

目标跟踪（在视频中）是一项随时间变化来定位一个或多个移动目标的图像 / 视频处理任务。任务的目的是找到在连续视频帧中的目标对象之间的关联。当目标相对于帧速率移动得更快时，或者当要跟踪的目标随时间改变其方向时，目标跟踪会变得困难。目标跟踪系统会利用一个运动模型——该模型考虑了目标对象如何因其不同的可能运动而改变。

目标跟踪广泛应用于人机交互、安全 / 监视、交通控制等许多领域。由于目标跟踪考虑了目标在过去帧中的外观和位置，因此在某些情况下，尽管目标检测失败，仍然可以跟踪到目标。执行局部搜索的目标跟踪算法很少能执行得非常快速。因此，一旦某个算法第一次检测到一个目标，那么通过该算法无限期地跟踪该目标通常是一个很好的做法。大多数实际应用程序都会同时实现目标跟踪和目标检测。

在本实例中，我们将介绍如何使用 OpenCV-Python 库函数来跟踪视频中的多个目标，其中第一帧中的目标位置将以目标边界框坐标的方式提供给本实例。

8.5.1 准备工作

我们先导入所需要的 Python 库（注意本实例所使用的 `opencv` 的版本为 `3.4.4`）：

```
#pip install opencv-python==3.4.4.19
#pip install opencv-contrib-python==3.4.4.19
import time
import cv2
import matplotlib.pylab as plt
from imutils import resize
print(cv2.__version__)
# 3.4.4
```

8.5.2 执行步骤

我们使用 OpenCV-Python 库函数实现多目标跟踪，具体步骤如下。

1. 使用以下代码来创建 `MultiTracker` 对象：

```
multi_tracker = cv2.MultiTracker_create()
```

2. 在视频中跟踪两辆移动的汽车，将汽车在视频的第一帧中的位置提供给实例。可以尝试从视频中提取帧，并使用目标检测算法在第一帧中获取汽车的边界框：

```
car_bbox = (141,175,45,29)
car2_bbox = (295,170,55,39)
bboxes = [car_bbox, car2_bbox]
colors = [(0, 255, 255), (255, 255, 0)]
```

3. 使用以下代码来读取输入视频的第一帧，并使用第一帧图像和所提供的目标边界框坐标（首先需要在第一帧中定位目标）来初始化多目标跟踪器：

```
vs = cv2.VideoCapture('images/road.mp4')
_, frame = vs.read()
frame = resize(frame, width=500)
for bbox in bboxes:
    multi_tracker.add(cv2.TrackerCSRT_create(), frame, bbox)
```

4. 使用以下代码从视频流中迭代读取帧（例如，每秒读取 3 帧以减少要读取的帧数），直到读取所有帧：

```
j = 0
```

```
while True:
    vs.set(cv2.CAP_PROP_POS_MSEC,(j*300)) # 1 sec read 3 frames
    _, frame = vs.read()
    if frame is None:
        break
```

5. 调整帧的大小（以便实例可以更快地处理帧）并获取帧的尺寸。获取目标在后续帧中的更新位置。检查目标跟踪是否成功。如果成功，则绘制所跟踪的目标：

```
frame = resize(frame, width=500)
success, boxes = multi_tracker.update(frame)
if success:
    for i, box in enumerate(boxes):
        p1 = (int(box[0]), int(box[1]))
        p2 = (int(box[0] + box[2]), int(box[1] + box[3]))
        cv2.rectangle(frame, p1, p2, colors[i], 2, 1)
j += 1
```

如果运行上述代码并为不同的帧绘制目标的更新位置（目标的边界框），则会得到图 8-11 所示的输出。

图 8-11

8.5.3 工作原理

OpenCV 库中的 `MultiTracker` 类用于实现多目标跟踪。多目标跟踪器（仅作为单目标跟踪器的集合来实现）独立地处理被跟踪目标。

多目标跟踪器需要两个输入参数，即参考视频帧（将第一个视频帧作为参考视频帧）和所要跟踪的所有目标（在参考帧中）的位置（以目标的边界框来指定）。然后，跟踪器会同时跟踪后续帧中目标对象的位置。

OpenCV 库包括 8 种不同的目标跟踪器（类型），分别为 BOOSTING、MIL、KCF、TLD、MEDIANFLOW、GOTURN、MOSSE 和 CSRT。KCF 跟踪器快速而准确；CSRT 跟踪器比 KCF 更准确，但速度更慢一些；MOSSE 跟踪器速度极快，却不如 KCF 或 CSRT 准确。

在本实例中，我们使用了 CSRT 跟踪器。

8.5.4 更多实践

读者可以用 KCF、MOSSE 和 GOTURN 跟踪器来跟踪多个目标（GOTURN 跟踪器是基于深度学习的目标跟踪器），并将所获得的跟踪结果与 CSRT 跟踪器所获得的结果加以比较。

8.6 使用 EAST/Tesseract 来检测 / 识别图像中的文本

文本检测是一项检测并定位图像中所包含文本的边界框坐标的图像处理任务。提取和理解图像中所包含的文本信息已经变得重要且流行起来。其中，文本检测充当该过程的预处理任务。在本实例中，我们首先学习使用预训练深度学习模型（称为 EAST）来检测图像中的文本，然后学习如何基于 `pytesseract` 库函数和 `opencv-python` 库函数来识别文本。

EAST（“Efficient and Accuracy Scene Text detection”）可以准确而快速地进行文本检测。EAST 是一个单层的深度神经网络：FCN。由于它可以直接预测输入图像中所出现的单词 / 文本行的边界框（具有任意方向），因此，可以消除不必要的预处理步骤（例如候选聚合和单词分割）。

该模型只需要在预测的几何形状上应用作为后处理步骤的阈值化和 NMS 即可，如图 8-12 所示。

光学字符识别（Optical Character Recognition，OCR）/ 文本识别是指从图像中提取文本的任务。在本实例中，我们将使用 Tesseract 库的 v4 版本进行文本识别。默认情况下，Tesseract 库的 v4 版本会使用基于长短期记忆（LSTM）的识别引擎。`pytesseract` 库仅仅是在 Tesseract 库的命令行工具上提供一个包装器（可以使用 `config` 参数指定命令行参数）。图 8-13 显示了文本检测和文本识别过程的整个流程。

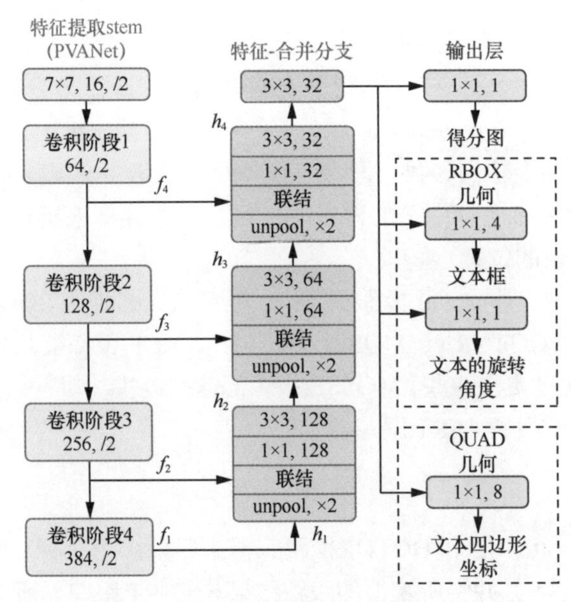
特征提取stem
(PVANet)
特征-合并分支
输出层
7×7, 16, /2
卷积阶段1
64, /2
卷积阶段2
128, /2
卷积阶段3
256, /2
卷积阶段4
384, /2
3×3, 32
3×3, 32
1×1, 32
联结
unpool, ×2
3×3, 64
1×1, 64
联结
unpool, ×2
3×3, 128
1×1, 128
联结
unpool, ×2
1×1, 1
得分图
RBOX
几何
1×1, 4
文本框
1×1, 1
文本的旋转
角度
QUAD
几何
1×1, 8
文本四边形
坐标
EAST文本检测FCN的结构

图 8-12

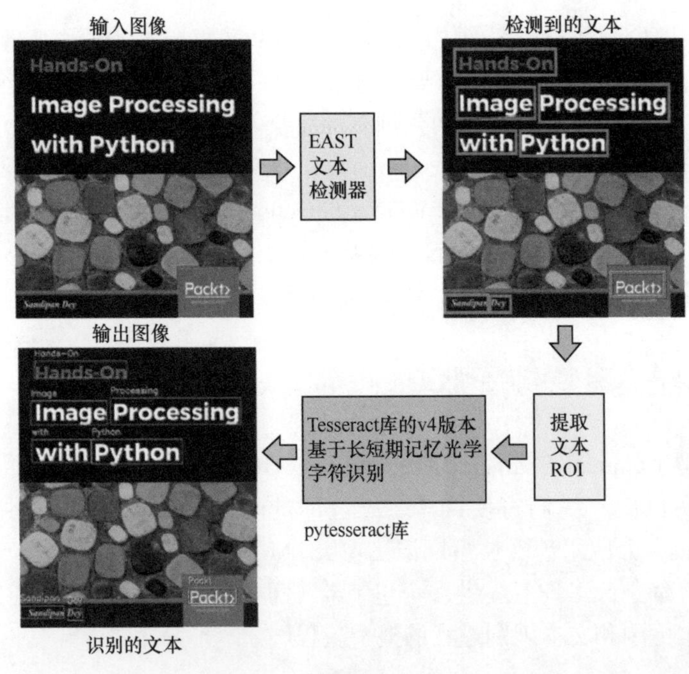
输入图像
检测到的文本
EAST
文本
检测器
输出图像
Tesseract库的v4版本
基于长短期记忆光学
字符识别
提取
文本
ROI
pytesseract库
识别的文本

图 8-13

8.6.1 准备工作

下载预训练深度学习模型 EAST，并将压缩模型解压缩到模型文件夹内的适当路径中。使用以下代码导入所需的 Python 库：

```
import pytesseract
from imutils.object_detection import non_max_suppression

import cv2
import numpy as np
```

8.6.2 执行步骤

我们使用 OpenCV-Python 库函数来实现文本检测和文本识别，具体步骤如下。

1. 定义以下函数来解析 EAST 模型的预测，并提取边界框（检测到的文本位置），以及与边界框相关的置信度：

```
min_confidence = 0.5

def decode_predictions(scores, geometry):
    (num_rows, num_cols) = scores.shape[2:4]
    rects, confidences = [], []
    for y in range(0, num_rows):
        scores_data = scores[0, 0, y]
        x_data0, x_data1 = geometry[0, 0, y], geometry[0, 1, y]
        x_data2, x_data3 = geometry[0, 2, y], geometry[0, 3, y]
        angles_data = geometry[0, 4, y]
        for x in range(0, num_cols):
            if scores_data[x] < min_confidence: continue
            (offset_x, offset_y) = (x * 4.0, y * 4.0)
            angle = angles_data[x]
            cos, sin = np.cos(angle), np.sin(angle)
            h, w = x_data0[x] + x_data2[x], x_data1[x] + x_data3[x]
            end_x = int(offset_x + (cos * x_data1[x]) + \
                    (sin * x_data2[x]))
            end_y = int(offset_y - (sin * x_data1[x]) + \
                    (cos * x_data2[x]))
            start_x, start_y = int(end_x - w), int(end_y - h)
            rects.append((start_x, start_y, end_x, end_y))
            confidences.append(scores_data[x])
    return (rects, confidences)
```

2. 读取输入图像并获得输入图像的形状。使用以下代码，将原始输入图像的大小调整为 320×320，以获取新图像，并确定原始输入图像与新图像的宽度比率和高度比率：

```
im = 'images/book_cover.png'
image = cv2.imread(im)
orig = image.copy()
(orig_height, orig_width) = image.shape[:2]
width = height = 32*10
(w, h) = (width, height)

r_width, r_height = orig_width / float(w), orig_height / float(h)
image = cv2.resize(image, (w, h))
(h, w) = image.shape[:2]
```

3. 加载预训练 EAST 模型的文本检测器模型。定义感兴趣的 EAST 模型的两个输出层的名称（分别是输出概率以及所检测到的文本的边界框的坐标）：

```
layer_names = ["feature_fusion/Conv_7/Sigmoid",
"feature_fusion/concat_3"]
net =
cv2.dnn.readNet('models/text_detection/frozen_east_text_detection.p
b')
```

4. 将输入图像变换为 `blob` 对象，并在模型上进行正向传播以获得输出预测：

```
b, g, r = np.mean(image[...,0]), np.mean(image[...,1]),
np.mean(image[...,2])
blob = cv2.dnn.blobFromImage(image, 1.0, (w, h), (b, g, r),
swapRB=True, crop=False)
net.setInput(blob)
(scores, geometry) = net.forward(layer_names)
```

5. 对预测进行解析，以获得所检测到的文本的边界框，最后使用 NMS 来消除不牢靠的、重叠的边界框：

```
(rects, confidences) = decode_predictions(scores, geometry)
boxes = non_max_suppression(np.array(rects), probs=confidences)
```

6. 对于 EAST 模型所检测到的每个位置（边界框的位置），提取相应的 ROI，然后使用 `pytesseract` 库函数来提取 ROI 内的文本，代码如下：

```
padding = 0.001 #0.01 #0.5
results = []
# loop over the bounding boxes
for (start_x, start_y, end_x, end_y) in boxes:
    start_x, start_y = int(start_x*r_width), int(start_y*r_height)
    end_x, end_y = , int(end_x*r_width), int(end_y*r_height)
    d_x, d_y = int((end_x - start_x) * padding), \
               int((end_y - start_y) * padding)
    start_x, start_y = max(0, start_x - d_x*2), \
```

```
                    max(0, start_y - d_y*2)
    end_x, end_y = min(orig_width, end_x + (d_x * 2)), \
                    min(orig_height, end_y + (d_y * 2))

    roi = orig[start_y:end_y, start_x:end_x]
    config = ("-l eng --oem 1 --psm 11")
    text = pytesseract.image_to_string(roi, config=config)
    results.append(((start_x, start_y, end_x, end_y), text))
    results = sorted(results, key=lambda r:r[0][1])
```

7. 实例对来自所检测到的 ROI 的提取文本执行迭代操作，并在图像的适当位置绘制文本：

```
output = orig.copy()
for ((start_x, start_y, end_x, end_y), text) in results:
    # strip out non-ASCII text so we can draw the text on the image
    text = "".join([c if ord(c) < 128 else "" for c \
            in text]).strip()
    cv2.rectangle(output, (start_x, start_y), (end_x, end_y), \
                        (0, 255, 0), 2)
    cv2.putText(output, text, (start_x, start_y-20), \
            cv2.FONT_HERSHEY_SIMPLEX, 1.2, (0,255,0), 3)
```

如果运行上述代码并绘制原始图像以及在原始图像中所检测到的文本，则会得到图 8-14 所示的输出。

图 8-14

8.6.3 工作原理

在预训练 EAST 模型上进行正向传播，模型返回分数图和几何形状，对这些分数图和几何形状使用 decode_predictions() 函数进行解析，以获得预测中所包含文本的边界框（ROI）。接下来，使用 pytesseract image_to_string() 方法来提取这些 ROI 内的文本。

为了使用 Tesseract 库 v4 版本的 OCR 将文本提取为字符串，我们需要将命令行参数作为配置参数传递给 pytesseract 库的 image_To_string() 方法（例如，我们使用 -l eng--oem 1--psm 11 作为配置参数）：

- 语言（配置为英语）；
- OEM flag=1（对 OCR 使用 LSTM 模型）；

- OEM value=11（被视为稀疏文本，即在无特殊命令中发现尽可能多的文本）。

8.7 使用 Viola-Jones/Haar 特征进行人脸检测

在目标检测中，Haar 特征是非常有用的图像特征。它们是由 Viola 和 Jones 首次引入实时人脸检测器中的特征。利用积分图，可以在恒定时间内完成有效计算任何尺寸（尺度）的 Haar 特征。与大多数其他特征相比，计算速度是 Haar 特征的关键优势。Viola-Jones 人脸检测算法可以使用这些 Haar 特征来检测图像中的人脸。每个 Haar 特征仅仅是一个弱分类器，因此，要获得好的准确度，需要大量的 Haar 特征来进行人脸检测。使用积分图，可以计算出所有可能位置和尺寸的大量 Haar 特征。然后，使用 AdaBoost 集成分类器从大量特征中选择重要特征，并在训练阶段将这些强大特征组合成强分类器模型。然后，学习到的模型就可以用于对具有所选特征的人脸区域进行分类，因而可以将该模型用作人脸检测器。

在本实例中，我们将介绍如何针对人脸和眼睛使用基于 OpenCV 库的预训练分类器（检测器）来检测图像中的人脸。这些预训练分类器被序列化为 XML 文件，并在安装 OpenCV 库时完成安装（可在 `opencv/data/haarcascades/` 文件夹中找到）。实例可能还需要下载预训练分类器用于微笑检测。

8.7.1 准备工作

我们先使用以下代码导入所需的 Python 库：

```
import cv2
import numpy as np
import matplotlib.pylab as plt
```

8.7.2 执行步骤

基于 OpenCV-Python 库，我们使用预训练 Haar-Cascade 分类器来实现人脸检测，具体步骤如下。

1. 分别从相应的 `.xml` 文件中加载用于检测人脸、眼睛和微笑的预训练分类器：

```
face_cascade =
cv2.CascadeClassifier('models/haarcascade_frontalface_alt2.xml')
eye_cascade = cv2.CascadeClassifier('models/haarcascade_eye.xml')
#haarcascade_eye_tree_eyeglasses.xml
smile_cascade =
cv2.CascadeClassifier('models/face_detect/haarcascade_smile.xml')
```

2. 读取输入图像（该图像中包含 7 张人脸）并将输入图像转换为灰度图像。使用 Haar-Cascade 分类器模型来检测图像中的人脸：

```
img = cv2.imread('images/all.png')
gray = cv2.cvtColor(img, cv2.COLOR_BGR2GRAY)
faces = face_cascade.detectMultiScale(gray, 1.01, 8) #
scaleFactor=1.2, minNbr=5
print(len(faces)) # number of faces detected
# 7
```

3. 在每个人脸边界框内，使用所加载的相应预训练模型来检测眼睛和微笑。在输入图像上绘制与所检测到的人脸、眼睛和微笑相对应的边界框，代码如下：

```
for (x,y,w,h) in faces:
    img = cv2.rectangle(img,(x,y),(x+w,y+h),(255,0,0),2)
    roi_gray = gray[y:y+h, x:x+w]
    roi_color = img[y:y+h, x:x+w]
    eyes = eye_cascade.detectMultiScale(roi_gray, 1.04, 10)
    for (ex,ey,ew,eh) in eyes:
        cv2.rectangle(roi_color,(ex,ey),(ex+ew,ey+eh),(0,255,0),2)
    smile = smile_cascade.detectMultiScale(roi_gray, 1.38, 6)
    for (mx,my,mw,mh) in smile:
        cv2.rectangle(roi_color,(mx,my),(mx+mw,my+mh),(0,0,255),2)
```

如果运行上述代码，则将得到图 8-15 所示的输出。

图 8-15

8.7.3 工作原理

基于预训练的人脸 Haar-Cascade 分类器，我们通过调用 `cv2.detectMultiScale()` 函数可以找到图像中的人脸。此函数接收以下参数。

- `scaleFactor`：尺度参数，用于指定每个图像大小缩小程度，并用于创建比例金字塔（例如，如果 `scaleFactor` 为 1.2，则表示将图像大小减小 20%）的参数。`scaleFactor` 参数越小，能找到匹配人脸的可能性就越高（使用模型进行人脸检测时）。
- `minNeighbors`：这是一个用于指定每个候选矩形需要保留的邻居数的参数。此参数会影响所检测到的人脸的质量——较大的值可实现更高质量的检测，但检测数量较少。
- `minSize` 和 `maxSize`：它们分别是可能的最小目标大小和最大目标大小。超过这些值的人脸尺寸目标将会被忽略。

当检测到人脸时，函数会将人脸矩形位置以 `Rec(x,y,w,h)` 矩形列表返回。一旦获得人脸边界框，模型将定义人脸的 ROI，然后会在此 ROI 上执行眼睛检测和微笑检测（眼睛和嘴唇总是可以在人脸上找到）。

8.7.4 更多实践

读者可以使用 dlib 库的基于 HOG 的正面人脸检测器，以及基于 OpenCV 库的 SSD 目标检测算法的预训练深度学习模型来检测图像中的人脸；比较不同人脸检测器的性能（就检测准确度和算法时间复杂度而言）；尝试使用不同角度 / 方向来检测人脸图像，以及检测戴上眼镜的人脸图像；使用基于 dlib 库的人脸特征点检测算法来检测眼睛。

第 9 章 人脸识别、图像描述及其他技术

在本章中，我们将讨论一些用于解决高级图像处理问题的高级机器学习和深度学习技术的应用。我们从一个人脸识别问题入手，尝试使用深度人脸嵌入表征，将从图像中检测到一组人脸与一套固定的已知人脸进行匹配。然后，学习如何使用一些深度学习模型来解决以下问题，如人脸的年龄或性别识别，以及自动为灰度图像着色。我们还将研究另一个有趣的问题，即使用称为 **im2txt** 的深度学习模型来自动为图像添加字幕。最后，我们将集中讨论一些图像生成技术，其间会特别关注图像处理中的一个热门话题：生成模型（例如 GAN、VAE 和 RBM）。术语生成模型（通常与判别模型如 SVM/ 逻辑回归形成对比）是指一类机器学习 / 深度学习模型，该模型旨在通过学习概率来对输入数据（例如图像）的生成或分布进行建模，其目标是通过从学习到的模型中采样来生成新数据（图像）。

在本章中，我们将介绍以下实例：

- 使用 FaceNet（一种深度学习模型）进行人脸识别；
- 使用深度学习模型来识别年龄、性别和情绪；
- 使用深度学习模型进行图像着色；
- 使用卷积神经网络和长短期记忆自动生成图像字幕；
- 使用 GAN 生成图像；
- 使用变分自编码器重建并生成图像；
- 使用受限玻耳兹曼机重建孟加拉语 MNIST 图像。

9.1 使用 FaceNet 进行人脸识别

人脸识别是一项旨在根据人脸图像来识别和验证一个人的图像处理 / 计算机视觉任务。人脸识别问题可以分类为两种不同类型。

- **人脸验证**：这是一个 1 : 1 的匹配问题（例如，使用特定人脸解锁的手机会用到人脸验证）。
- **人脸识别**：这是一个 1 : K 的匹配问题（例如，进入办公室的员工可能需要通过人脸识别打卡）。

FaceNet 是一个用于人脸识别的统一系统（用于验证和识别），有时会被称为**孪生网络**。该网络通过使用深度卷积网络（该网络将人脸图像编码为一个包含 128 个数字的向量）来学习每幅图像的欧几里得嵌入（Euclidean embedding）。针对该网络的训练方式是：（通过**三元组损失函数**）将嵌入空间中的 L2 距离的平方直接与面部相似性相关联。在本实例中，我们将使用一组 6 位数学家——Bayes、Erdos、Euler、Gauss、Markov 和 Turing——的人脸图像（在训练数据集中，每人大约 12 幅图像，而在测试数据集中，每人大约 6 幅图像）。虽然在本章中不打算培训如何使用 FaceNet，但图 9-1 显示了 FaceNet 系统的工作原理（假设该系统是使用三元组损失函数从头开始进行训练的）。FaceNet 学习 embedding 空间函数 $f(x)$，在该函数中，x 是一幅输入图像。当 $x(i)$ 和 $x(j)$ 是同一个人的脸（正数）时，$\|f(x(i))-f(x(j))\|2$ 这个 L2 范数较小；而当脸对应于不同的人（负数）时，L2 范数较大，其中 $f()$ 表示深度 CNN 所呈现的编码（嵌入空间）函数，如图 9-1 所示。

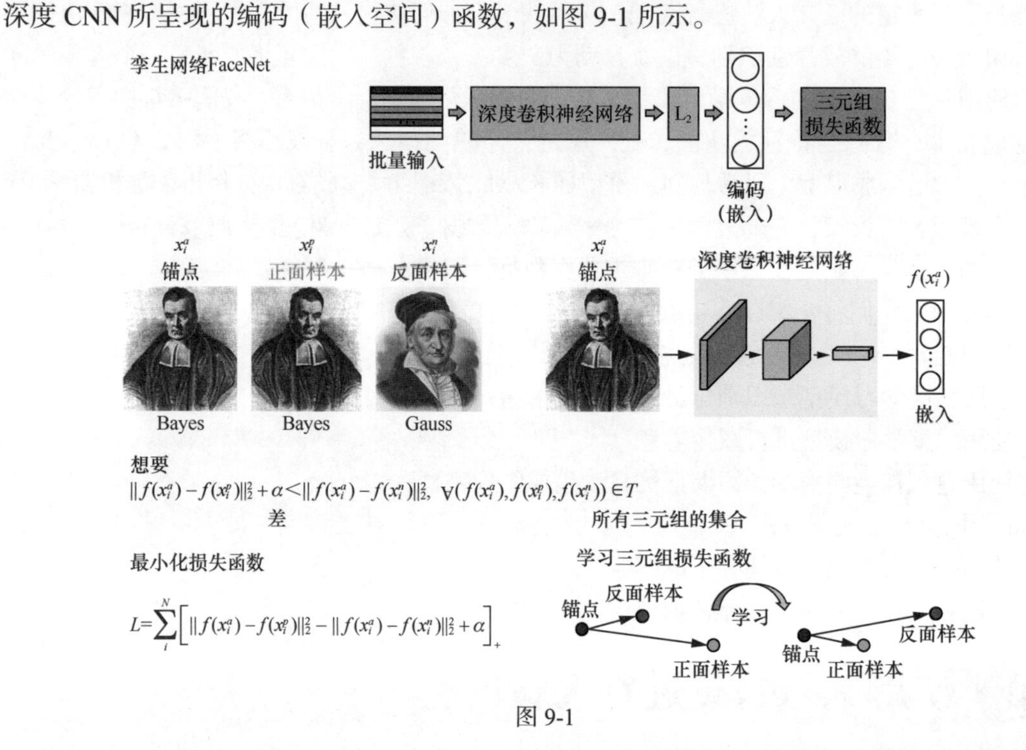

图 9-1

在本实例中，我们将介绍如何使用预训练的 FaceNet 模型（在 Keras 库中）进行人脸识别，以便将图像中的给定人脸识别为 6 位数学家的人脸之一。实例将人脸识别问题转化为 embedding 空间中的多类分类问题。

9.1.1　准备工作

我们先登录互联网，下载预训练的 FaceNet 模型；然后将模型解压提取到 `models` 文件夹。从互联网上下载 6 位数学家的图像。针对每位数学家，下载 20 幅图像，将其中 12 幅图像放入 `train` 文件夹，将剩余的 8 幅图像放入 `test` 文件夹，如图 9-2 所示（test 文件夹中也包含以数学家姓名命名的子文件夹）。

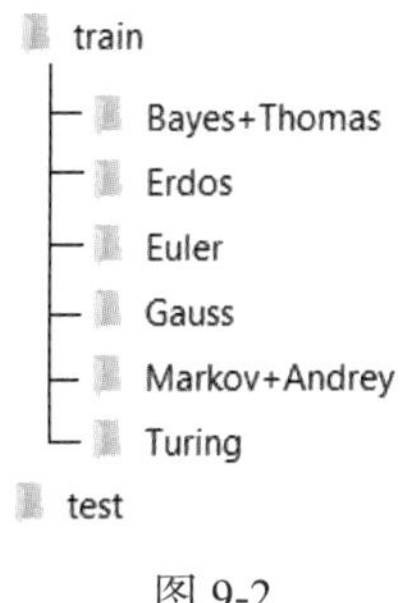

图 9-2

使用以下代码导入所需的 Python 库：

```
from tensorflow.keras.models import load_model
#!pip install mtcnn
import mtcnn
print(mtcnn.__version__)
# 0.1.0
from mtcnn.mtcnn import MTCNN
from sklearn.metrics import accuracy_score
from sklearn.preprocessing import LabelEncoder
from sklearn.preprocessing import Normalizer
from sklearn.svm import SVC
from skimage.io import imread
from skimage.color import rgb2gray, gray2rgb
from skimage.transform import resize
import numpy as np

import matplotlib.pylab as plt
import os
```

9.1.2 执行步骤

让我们使用所下载的预训练 FaceNet 模型实现人脸识别，具体步骤如下。

1. 使用以下代码加载预训练模型：

```
model = load_model('models/facenet_keras.h5')
```

2. 定义以下函数来从给定图像中提取单张人脸。先用 `mtcnn` 库中的人脸检测模块来检测图像中的第一张人脸（提取对应于人脸的边界框），然后提取人脸，将其调整为模型所需的大小，并返回人脸图像：

```
def extract_face(image_file, required_size=(160, 160)):
    image = imread(image_file)
    image = gray2rgb(image) if len(image.shape) < 3 else \
            image[...,:3]
    detector = MTCNN()
    results = detector.detect_faces(image)
    x1, y1, width, height = results[0]['box']
    x2, y2 = abs(x1) + width, abs(y1) + height
    # extract the face
    face = image[y1:y2, x1:x2]
    return resize(face, required_size)
```

3. 定义以下函数来加载给定文件夹中的所有人脸图像，提取人脸，并将它们作为列表返回：

```
def load_faces(folder):
    faces = []
    for filename in os.listdir(folder):
        face = extract_face(folder + filename)
        faces.append(face)
    return faces
```

4. 定义以下函数来加载训练数据集，其中，该数据集中包含每个分类（针对每位数学家的分类）的子文件夹以及对应于各分类的图像。加载每个子文件夹中的所有人脸，并使用与每张人脸相对应的分类的名称（数学家）来标记图像：

```
def load_dataset(folder):
    X, y = [], []
    for sub_folder in os.listdir(folder):
        path = folder + sub_folder + '/'
        if not os.path.isdir(path): continue
        faces = load_faces(path)
        labels = [sub_folder for _ in range(len(faces))]
        print('>loaded %d examples for class: %s' % (len(faces), \
              sub_folder))
        X.extend(faces)
        y.extend(labels)
    return np.array(X), np.array(y)
```

5. 加载训练图像数据集和测试图像数据集。将所有图像保存为单个压缩文件（压缩过程非常耗时，因此只需执行一次，之后可以直接使用压缩数据集进行训练）：

```
X_train, y_train = load_dataset('images/mathematicians/train/')
print(X_train.shape, y_train.shape)
# (72, 160, 160, 3) (72,)
X_test, y_test = load_dataset('images/mathematicians/test/')
```

```
print(X_test.shape, y_test.shape)
# (36, 160, 160, 3) (36,)
np.savez_compressed('images/6-mathematicians.npz', X_train,
y_train, X_test, y_test)
```

6. 解压缩第 5 步中所创建的训练图像数据集和测试图像数据集：

```
data = np.load('images/6-mathematicians.npz')
X_train, y_train, X_test, y_test = data['X_train'], \
                                   data['y_train'], \
                                   data['X_test'], \
                                   data['y_test']
```

如果绘制从训练数据集中随机选择的一些训练图像，则将得到图 9-3 所示的输出。

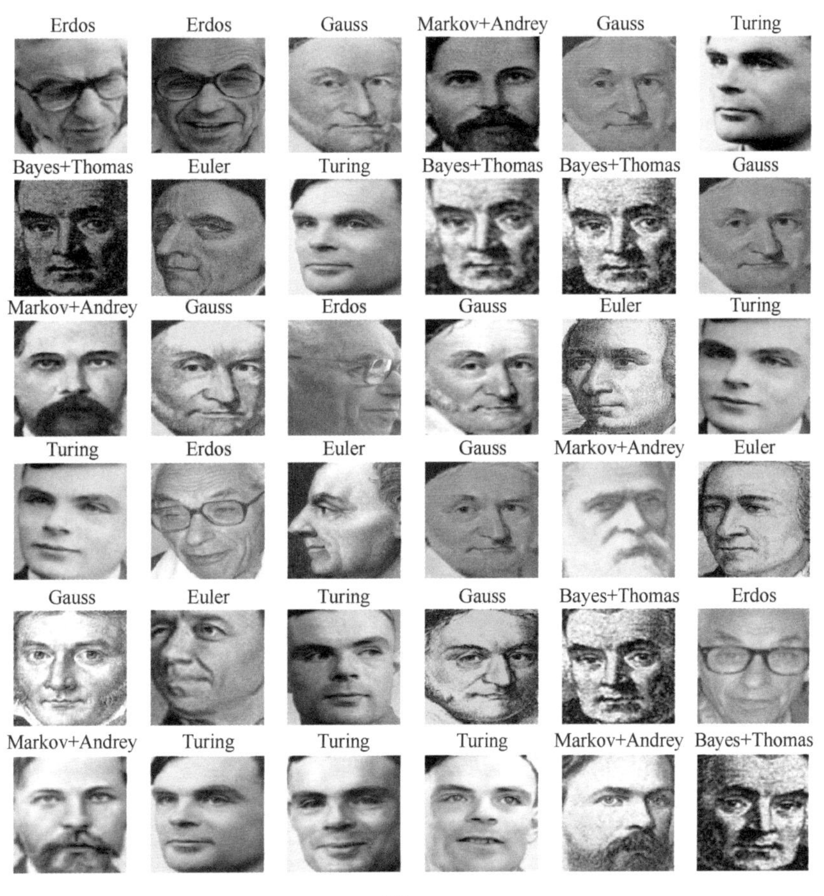

图 9-3

7. 定义以下函数来获取每张给定人脸的人脸嵌入表征。使用预训练模型来预测给定要提取的输入人脸的情况下的人脸嵌入表征：

```
def get_embedding(model, face):
    yhat = model.predict(np.expand_dims(face, axis=0))
    return yhat[0]
```

8. 加载压缩数据，并将其解压缩到训练数据集和测试数据集中。将训练数据集和测试数据集中的每张人脸转换为相应的人脸嵌入表征。使用以下代码以压缩格式保存人脸嵌入表征：

```
data = np.load('images/6-mathematicians.npz')
X_train, y_train, X_test, y_test = data['X_train'], \
        data['y_train'], data['X_test'], data['y_test']
print('Loaded: ', X_train.shape, y_train.shape, X_test.shape,
y_test.shape)
# Loaded: (72, 160, 160, 3) (72,) (36, 160, 160, 3) (36,)
X_train_em = []
for face in X_train:
    X_train_em.append(get_embedding(model, face))
X_train_em = np.asarray(X_train_em)
X_test_em = []
for face in X_test:
    X_test_em.append(get_embedding(model, face))
X_test_em = np.asarray(X_test_em)
np.savez_compressed('models/6-mathematicians-embeddings.npz', \
        X_train_em, y_train, X_test_em, y_test)
```

9. 使用以下代码来加载训练数据集和测试数据集的人脸嵌入表征图像，归一化输入向量并对训练数据集和测试数据集的目标进行标签编码（作为拟合SVM模型之前的预处理步骤）：

```
data = np.load('models/6-mathematicians-embeddings.npz')
X_train, y_train, X_test, y_test = data['X_train'],
data['y_train'], data['X_test'], data['y_test']
print('Dataset: train=%d, test=%d' % (X_train.shape[0],
X_test.shape[0]))
# Dataset: train=72, test=36
in_encoder = Normalizer(norm='l2')
X_train, X_test = in_encoder.transform(X_train),
in_encoder.transform(X_test)
out_encoder = LabelEncoder()
out_encoder.fit(y_train)
y_train, y_test = out_encoder.transform(y_train),
out_encoder.transform(y_test)
```

10. 在训练数据集的人脸嵌入表征图像中训练scikit-learn库的线性SVM模型，预测测试数据集，并计算在训练数据集和测试数据集上的预测准确率：

```
model_svc = SVC(kernel='linear', probability=True)
model_svc.fit(X_train, y_train)
yhat_train, yhat_test = model_svc.predict(X_train),
model_svc.predict(X_test)
score_train, score_test = accuracy_score(y_train, yhat_train),
accuracy_score(y_test, yhat_test)
print('Accuracy: train=%.3f, test=%.3f' % (score_train*100,
score_test*100))
# Accuracy: train=100.000, test=94.444
```

可以看到，在测试数据集上所获得的预测准确率超过 94%。

9.1.3 工作原理

如果从测试数据集中选择一个随机人脸并预测其分类（此处，其分类是数学家的名字）以及预测概率，则将得到图 9-4 所示的输出。

图 9-4

可以看到，基于在人脸嵌入表征图像上所训练的线性 SVM 分类模型，对 Bayes（贝叶斯）人脸正确识别的概率约为 80%。

通过以下步骤，我们可以将人脸识别问题转化为嵌入表征空间中的多类分类问题。

（1）基于 FaceNet 预训练模型从数学家的一组标记训练图像数据集中提取高质量的人脸嵌入表征图像。

（2）使用这些嵌入表征以及分类标签（数学家的名字）来训练线性 SVM 分类器模型（基于 scikit-learn 库）。

（3）使用（刚刚训练过的）分类器模型，通过提取嵌入表征来识别这些数学家的新的未知测试图像，具体方法是在给定人脸图像的编码人脸嵌入表征的情况下，先使用 FaceNet 模型，然后使用分类器来预测数学家的姓名（以及置信度）。

图 9-5 以图形方式显示了前述步骤（简单起见，仅使用 3 个分类标签）。

FaceNet 模型会预期一个 160 × 160 × 3 的彩色人脸图像作为输入（任何图像都需要被调整为该形状），并输出一个长度为 128 的人脸嵌入表征向量。

在步骤 2 中可以观察到，调用 `mtcnn` 库中 `mtcnn` 模块的 `MTCNN()` 函数来创建人脸检测器（使用默认权重）。

在步骤 10 中，创建带有线性核的 `SVC` 类来训练分类器，即在给定从任何数学家的新的人脸图像中所提取（使用预先训练好的 FaceNet 模型）的嵌入表征情况下，该分类器通过使用训练过的 SVM 模型预测最可能的分类（数学家的姓名）来执行人脸识别。

我们可以使用简单的欧几里得（L2）距离来代替 SVM（使用目标人脸嵌入表征来找到具有最小 L2 距离的训练人脸嵌入表征的分类标签，请读者尝试自行实现此功能）。

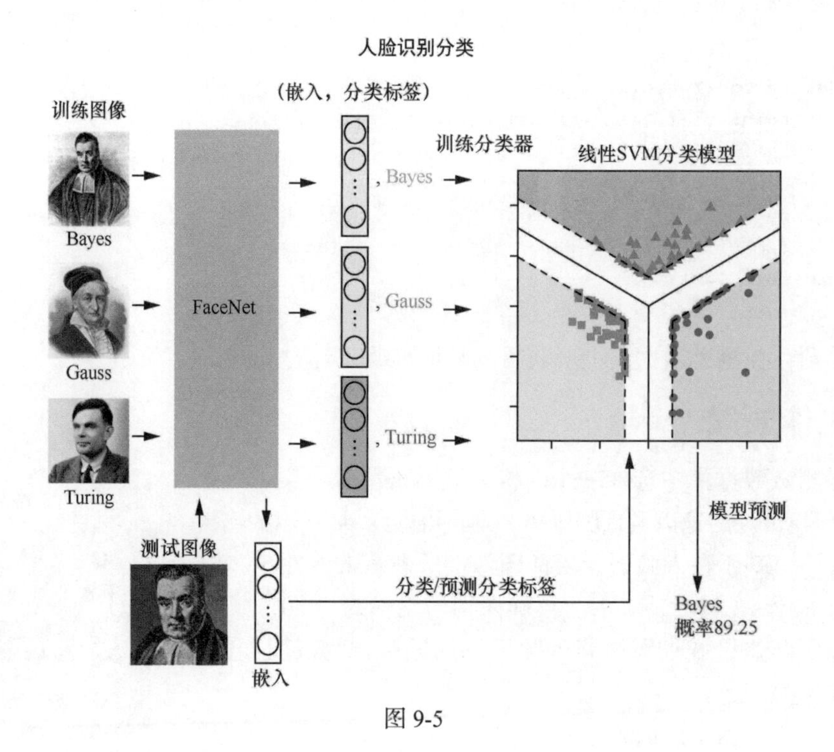

图 9-5

9.2 使用深度学习模型来识别年龄、性别和情绪

我们可以将基于人脸图像的年龄估计作为一个深度分类问题：先使用 CNN 进行分类，然后使用 softmax 函数期望值进行细化［可以使用**深度期望（DEX）**模型来完成］。在本实例中，我们将介绍如何使用预训练深度学习模型（一个添加了两个分类层的 WideResNet 模型，该模型使用单个 CNN 同时估计年龄和性别）从人脸图像中识别年龄和性别。实例将使用名人人脸数据集中的人脸图像进行年龄和性别识别。然后，实例将使用另一个预训练深度学习模型来实现情绪识别，但这一次，实例需要使用人脸检测器来检测人脸（读者也可以使用迁移学习，并在自己的图像上使用分类器，不过，这些都留给读者作为练习进行尝试）。

9.2.1 准备工作

我们先下载预训练深度学习模型，将模型解压提取到 `models` 文件夹中的相应路径。首先导入所需的库：

```
import cv2
import dlib
import numpy as np
from keras.models import load_model
```

```
from keras import backend as K
from keras.models import model_from_json
from glob import glob
import matplotlib.pylab as plt
```

9.2.2 执行步骤

基于 Keras 库中预训练的模型识别年龄、性别和情绪，具体步骤如下。

1. 使用以下代码从所提供的 JSON 文件加载预训练模型的配置，并从预训练权重文件加载模型权重：

```
json_file = open('models/model.json', 'r')
loaded_model_json = json_file.read()
json_file.close()
loaded_model = model_from_json(loaded_model_json)
loaded_model.load_weights('models/weights.29-3.76_utk.hdf5')
```

2. 使用 dlib 库的正面人脸检测器从输入的人脸图像中检测并提取人脸。使用以下代码来获取 dlib 库的人脸检测器：

```
detector = dlib.get_frontal_face_detector()
```

3. 对于使用 dlib 库检测器在输入图像中所检测到的每张人脸，使用深度学习模型，通过将人脸用作输入进行正向传播来预测所检测到的人脸对应的年龄和性别，并提取所预测的年龄和性别：

```
img_size = 64
for img_file in glob('images/musicians/*.jpg'):
    img = cv2.cvtColor(cv2.imread(img_file), cv2.COLOR_BGR2RGB)
    detected = detector(img, 0)
    if len(detected) > 0:

    faces = np.empty((len(detected), img_size, img_size, 3))
    for i, d in enumerate(detected):
        x1, y1, x2, y2, w, h = d.left(),d.top(),d.right()+1,\
                              d.bottom()+1,d.width(),d.height()
        faces[i, :, :, :] = cv2.resize(img[y1:y2+1, \
                            x1:x2+1, :], (img_size, img_size))
    results = loaded_model.predict(faces)
    predicted_genders = results[0]
    ages = np.arange(0, 101).reshape(101, 1)
    predicted_ages = results[1].dot(ages).flatten()
```

如果运行上述代码并绘制图像中所检测到的人脸以及图像中人物的年龄和性别，则将获得图 9-6 所示的输出。

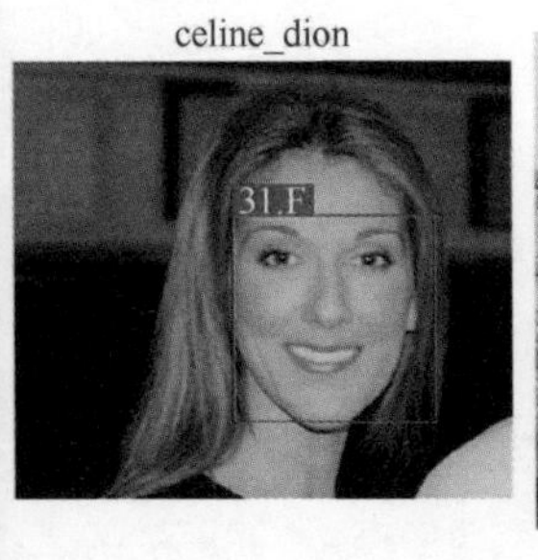

图 9-6

调用 keras.models.model_from_json() 函数来解析 JSON 格式的模型配置文件并获取模型实例。

调用 keras.models.predict() 函数来进行正向传播，并生成输入（人脸）对应的输出（年龄和性别预测）。

9.2.3 更多实践

类似地，使用另一个预训练模型来预测给定图像中人脸的情绪（首先使用人脸检测器来检测人脸）。如果画出查理·卓别林（Charlie Chaplin）脸上的预测情绪，则实例会输出图 9-7 所示的图像。

图 9-7

读者可以登录 Kaggle 官方网站下载 5 位名人（图像）的数据集，并尝试在不同的人脸图像上进行情绪、性别和年龄识别。

9.3 使用深度学习模型进行图像着色

在本实例中，我们将介绍如何使用预训练深度学习模型将灰度图像转换为合理的彩色图像版本。Zhang 等人提出了一种全自动图像着色模型，即在给定输入的灰度图像的情况下，该模型会生成逼真的彩色图像。已在 100 多万张彩色的目标图像上，对该模型进行了实践。在测试阶段，在给定输入的灰度图像的情况下，实例只需要在 CNN 模型上进行正向传播即可预测输出的彩色图像。使用着色图灵测试对该算法进行评估：在图灵测试中，要求人类参与者在模型生成的图像和真实的彩色图像之间做出选择（结果显示，模型在 32% 的试验中成功地欺骗了人类）。深度 CNN 的体系架构如图 9-8 所示。

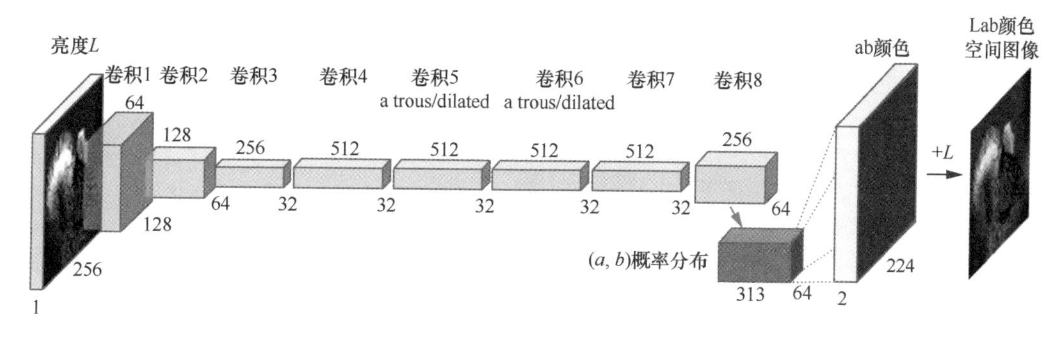

图 9-8

9.3.1　准备工作

下载预训练Caffe模型（例如`colorization_deploy_v2.prototxt`文件和`.caffemodel`文件），然后使用以下命令导入所有必要的包：

```
import numpy as np
import cv2
import matplotlib.pyplot as plt
import imutils
```

9.3.2　执行步骤

我们使用预训练深度学习 Caffe 模型，基于 OpenCV-Python 库函数实现图像着色，具体步骤如下。

1. 从 Caffe 模型的 `prototxt` 文件以及 `weights` 文件将模型读入内存：

```
proto_file = "models/colorization_deploy_v2.prototxt"
weights_file = "models/colorization_release_v2.caffemodel"
net = cv2.dnn.readNetFromCaffe(proto_file, weights_file)
```

2. 使用以下代码加载 bin 中心，并将聚类中心填充为 1 × 1 卷积核：

```
pts_in_hull = np.load('models/pts_in_hull.npy')
pts_in_hull = pts_in_hull.transpose().reshape(2, 313, 1, 1)
net.getLayer(net.getLayerId('class8_ab')).blobs =
[pts_in_hull.astype(np.float32)]
net.getLayer(net.getLayerId('conv8_313_rh')).blobs = [np.full([1,
313], 2.606, np.float32)]
```

3. 对于每个输入图像执行以下代码的操作，即从磁盘读取输入图像，将其转换为 `Lab` 颜色空间，然后提取 L 通道：

```
width = height = 224
for f in glob('images/tocolorize/*.png'):
    image = cv2.cvtColor(cv2.cvtColor(cv2.imread(f), \
          cv2.COLOR_BGR2GRAY), cv2.COLOR_GRAY2BGR)
    img_rgb = (image[:,:,[2, 1, 0]] * 1.0 / 255).astype(np.float32)
    img_lab = cv2.cvtColor(img_rgb, cv2.COLOR_RGB2Lab)
    img_l = img_lab[:,:,0]
```

4. 将 L 通道和图像调整为神经网络所期望的输入大小。进行正向传播以获得预测输出，如下所示：

```
img_l_rs = cv2.resize(img_l, (width, height))
img_l_rs -= 50 # subtract 50 for mean-centering
net.setInput(cv2.dnn.blobFromImage(img_l_rs))
ab_dec = net.forward()[0,:,:,:].transpose((1,2,0))
```

5. 将神经网络所预测的输出图像调整为输入图像的大小，并将图像从 Lab 空间转换为 BGR 空间，以获得彩色的输出图像：

```
(orig_height,orig_width) = img_rgb.shape[:2]
ab_dec_us = cv2.resize(ab_dec, (orig_width, orig_height))
img_lab_out = np.concatenate((img_l[:,:,np.newaxis], \
                        ab_dec_us),axis=2)
img_bgr_out = np.clip(cv2.cvtColor(img_lab_out, \
                        cv2.COLOR_Lab2BGR), 0, 1)
```

运行上述代码并绘制根据输入的灰度图像所获得的彩色图像，将获得图 9-9 所示的输出。

图 9-9

调用步骤 1 中下载的 OpenCV-Python 库中的 `readNetFromCaffe()` 函数，以便加载以 Caffe 框架格式存储的预训练深层神经网络模型。该函数接收 `.prototxt` 文件（描述神经网络体系架构的文本文件）的路径，以及 `.caffemodel` 文件（存储模型的预训练权重的文件）的路径。

9.4 使用卷积神经网络和长短期记忆自动生成图像字幕

自动生成图像字幕是人工智能（AI）领域的一个热门问题，它将图像处理和计算机视觉与自然语言处理（NLP）联系起来。在本实例中，我们将介绍如何使用基于可用于生成字幕（以描述图像内容的自然语言描述的完整句子）的深度循环神经网络架构的预训练生成模型（称为 **Show and Tell**）。训练 Show and Tell 模型的目标是：在给定输入训练图像的情况下，最大化输入字幕文本的可能性。

`im2txt` 是 Show and Tell 模型在 TensorFlow 框架下的实现，模型可以将图像作为输入并生成类似于人类描述图像的的字幕。该模型在超过 300000 张图像上进行过测试。它是一个端到端的深度神经网络，由 CNN（用于学习输入图像的隐式特征）和 RNN（在给定 CNN 特征的条件下用于生成字幕）组成。`im2txt` 的实现利用 **BeamSearch** 迭代地为输入图像选择最佳的 k 个字幕。Show and Tell 模型的架构如图 9-10 所示。

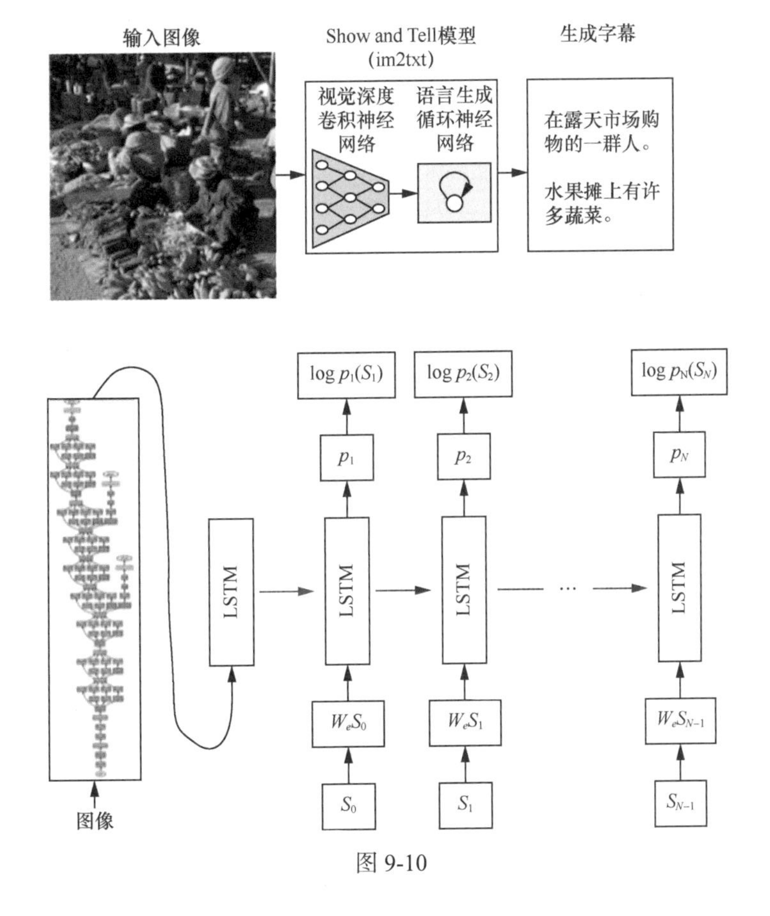

图 9-10

9.4.1 准备工作

我们先将存储库复制到本地计算机中的文件夹中；然后将 models/tree/master/research/im2text/im2text 文件夹复制到本章中所使用的 models 文件夹中；创建一个子文件夹（名称为 cpt），并下载预训练模型检查点文件（model.ckpt-2000000）到 cpt 文件夹中；在 im2txt 文件夹中创建一个空的 __init__.py 文件，以将此文件夹标记为 Python 包目录。文件夹结构如图 9-11 所示。

使用以下代码导入所需的 Python 库：

```
import os, sys
import tensorflow as tf
from glob import glob
from skimage.io import imread
import matplotlib.pylab as plt
from im2txt import configuration
from im2txt import inference_wrapper
from im2txt.inference_utils import caption_generator
from im2txt.inference_utils import vocabulary

checkpoint_dir = 'models/im2txt/cpt/'
sys.path.append(os.path.join(os.getcwd(), 'models/'))
```

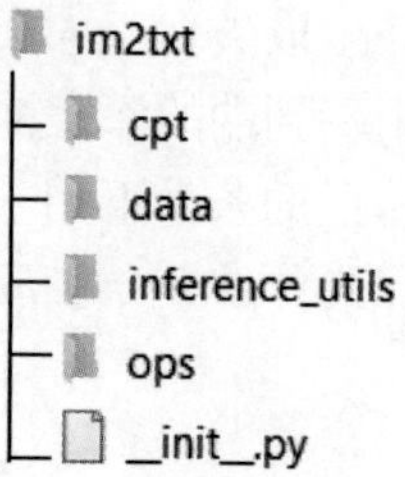

im2txt
cpt
data
inference_utils
ops
init.py

图 9-11

9.4.2 执行步骤

让我们基于 TensorFlow 框架使用预训练的 im2txt 模型来实现图像字幕，具体步骤如下。

1. 所下载的预训练权重检查点文件（model.ckpt-2000000）包含若干问题，这样很可能无法加载它。对于这种情况，解决的方法是：通过修改检查点文件并在 Models 文件夹内创建一个新的检查点文件。
2. 通过修改后的检查点文件构建推理图，然后加载 LSTM（一种可以学习长期依赖关系的特殊类型的 RNN）的词汇表：

```
checkpoint_path = checkpoint_dir + 'model2.ckpt-2000000'
vocab_file = checkpoint_dir + 'word_counts.txt'

g = tf.Graph()
with g.as_default():
    model = inference_wrapper.InferenceWrapper()
    restore_fn = model.build_graph_from_config\
                (configuration.ModelConfig(), checkpoint_path)
```

```
g.finalize()

vocab = vocabulary.Vocabulary(vocab_file)
```

3. 利用 restore_fn() 函数从模型检查点文件加载预训练模型。使用预训练的模型参数来初始化字幕生成器。在这里，实例将使用 beam_search() 函数的默认参数（如果想要进行尝试，总是可以显式指定参数值）。忽略开头和结尾词（句子的开头和结尾标记），并输出所生成的字幕：

```
filenames = glob('images/captioning/*.png')
tf.logging.info("Running caption generation on %d files matching
%s", len(filenames), filenames)
with tf.Session(graph=g) as sess:
    restore_fn(sess)
    generator = caption_generator.CaptionGenerator(model, vocab)
    for filename in filenames:
        with tf.gfile.GFile(filename, "rb") as f: image = f.read()
        captions = generator.beam_search(sess, image)
        print("Captions for image %s:" % \
                os.path.basename(filename))
        for i, caption in enumerate(captions):
            sentence = " ".join([vocab.id_to_word(w) for w in \
                                 caption.sentence[1:-1]])
            print(" %d) %s (p=%f)" % (i, sentence, \
                             math.exp(caption.logprob)))
```

如果基于 images/captioning 文件夹内的输入图像运行上述代码，则将生成图 9-12 所示的字幕。

可以看到，所生成的字幕大多数相当好，并且准确。

9.4.3 工作原理

build_graph_from_config() 函数的作用是：从配置对象生成推理图。该函数接收两个参数：一个参数是包含用于构建模型配置的模型配置（config）对象；另一个参数是包含检查点（checkpoint）文件的检查点路径。该函数会返回一个函数，用以从检查点文件加载模型变量。

beam_search() 函数的作用是：在单个图像上运行并完成字幕生成。该函数接收 TensorFlow 会话对象和 CNN 模型编码的图像字符串作为输入，并返回按递减分数排序的字幕列表。

有关可用的 beam_search() 函数参数的说明参见文件 caption_generator.py。

图 9-12

9.5 使用 GAN 生成图像

生成对抗网络（Generative Adversarial Network，GAN）是定义对抗网络框架的生成模型，该网络由两个模型组成，即生成器模型和鉴别器模型（两个模型通常都是 CNN）。GAN 的目标是：在给定一组训练图像的情况下，生成新的真实图像。这两个模型是相互对立的：生成器学习生成看上去像真实图像的新的假图像（从随机噪声开始），而鉴别器学习确定样本图像是**真实**图像，还是**假**图像。

生成器扮演设法制造假图像并欺骗鉴别器的伪造者角色，而鉴别器则扮演设法检测鉴别器生成的假图像的警察角色。可以把两者间的互动看作是一场两人比赛，在该比赛中的竞争促使游戏双方改进各自的方法，直到假图像与真实图像无法区分为止（例如，鉴别器和生成器两对手之间的纳什均衡）。训练结束后，只需在生成器上运行正向传播即可生成新的样本图像（类似于真实图像）。两种 CNN 模型都试图在**零和**博弈中优化对立目标（损失）函数。图 9-13 描述了基本的 GAN 框架以及 GAN 是如何训练的（此处为在人脸数据集上训练 GAN）。

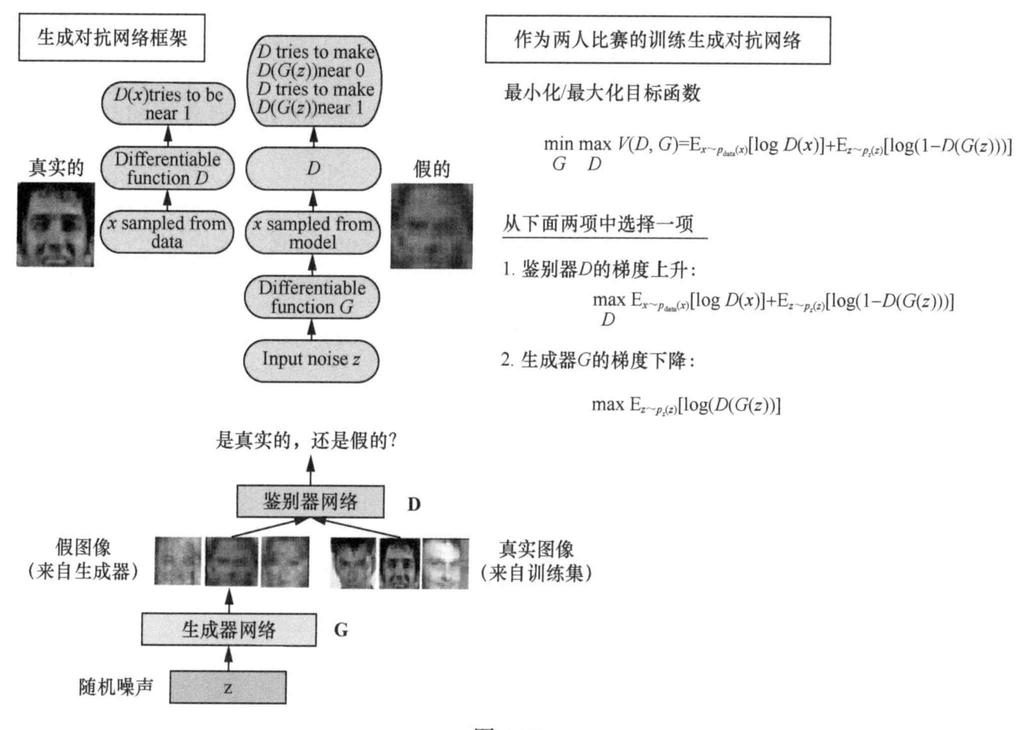

图 9-13

在本实例中，我们将介绍如何使用 PyTorch 库来训练 GAN，以便在给定一组真实人脸图像的情况下，生成逼真的人脸图像。由于训练 GAN 可能需要相当长的时间，因此强烈建议使用 GPU 来训练 GAN。

9.5.1 准备工作

首先，我们登录 Kaggle 官方网站，下载动画人脸数据集，并将图像提取到 `images` 目录的 anime 子目录中（目前有 63565 幅图像），然后使用以下代码导入所有必需的包：

```
import numpy as np
from PIL import Image
import matplotlib.pylab as plt
import pickle as pkl
import torch
import torch.nn as nn
from torchvision import datasets
from torchvision import transforms
from torch.utils.data.sampler import SubsetRandomSampler
import torch.nn.functional as F
import torch.optim as optim
```

9.5.2 执行步骤

我们使用 PyTorch 库在动画人脸数据集上训练 GAN，并生成新的逼真的动画人脸图像，具体步骤如下。

1. 定义函数 get_data_loader()，应用 transform 包内函数来调整来自给定目录中的给定批量大小的图像的大小，然后使用 Python 生成器来返回 PyTorch 数据加载器：

```
def get_data_loader(batch_size, image_size, data_dir='anime/'):
    image_transforms = transforms.Compose(\
                        [transforms.Resize(image_size), \
                        transforms.ToTensor(), ])
    indices = np.random.choice(63565, 50000) # get 50k random
                  samples
    data_loader = torch.utils.data.DataLoader( \
                        datasets.ImageFolder(data_dir, \
                        transform=image_transforms), \
                        sampler=SubsetRandomSampler(indices),
                        batch_size=batch_size)
    return data_loader

batch_size = 128
image_size = 32
anime_train_loader = get_data_loader(batch_size, image_size)

images, _ = iter(anime_train_loader).next()
```

如果使用 matplotlib 包绘制一些实例的输入图像，则将获得图 9-14 所示的输出。

图 9-14

2. 使用 CNN 来定义与鉴别器（D）相对应的 Python 类，应用以下代码：

```
class Discriminator(nn.Module):

 def __init__(self, conv_dim):
  super(Discriminator, self).__init__()
  self.conv_dim = conv_dim
  self.conv1 = nn.Conv2d(3, conv_dim, kernel_size=4, stride=2, \
               padding=1, bias=False)
  self.batch_norm1 = nn.BatchNorm2d(conv_dim)
  self.conv2 = nn.Conv2d(conv_dim, conv_dim*2,kernel_size=4, \
               stride=2, padding=1, bias=False)
  self.batch_norm2 = nn.BatchNorm2d(conv_dim*2)
  self.conv3 = nn.Conv2d(conv_dim*2, conv_dim*4, kernel_size=4, \
               stride=2, padding=1, bias=False)
  self.batch_norm3 = nn.BatchNorm2d(conv_dim*4)
  self.conv4 = nn.Conv2d(conv_dim*4, conv_dim*8, kernel_size=4, \
               stride=2, padding=1, bias=False)
  self.batch_norm4 = nn.BatchNorm2d(conv_dim*8)
  self.conv5 = nn.Conv2d(conv_dim*8, conv_dim*16, kernel_size=4, \
               stride=2, padding=1, bias=False)
  self.fc = nn.Linear(conv_dim*4*4, 1)

def forward(self, x):
 x = F.leaky_relu(self.batch_norm1(self.conv1(x)), 0.2)
 x = F.leaky_relu(self.batch_norm2(self.conv2(x)), 0.2)
 x = F.leaky_relu(self.batch_norm3(self.conv3(x)), 0.2)
 x = F.leaky_relu(self.batch_norm4(self.conv4(x)), 0.2)
 x = self.conv5(x)
 x = x.view(-1, self.conv_dim*4*4)
```

```
  x = F.sigmoid(self.fc(x))
  return x
```

3. 使用 CNN 来定义与生成器（G）相对应的 Python 类，应用以下代码：

```
class Generator(nn.Module):

  def __init__(self, z_size, conv_dim):
    super(Generator, self).__init__()
    self.conv_dim = conv_dim
    self.t_conv1=nn.ConvTranspose2d(conv_dim, conv_dim*8, \
              kernel_size=4,stride=2,padding=1, bias=False)
    self.batch_norm1 = nn.BatchNorm2d(conv_dim*8)
    self.t_conv2 = nn.ConvTranspose2d(conv_dim*8,conv_dim*4, \
              kernel_size=4, stride=2,padding=1, bias=False)
    self.batch_norm2 = nn.BatchNorm2d(conv_dim*4)
    self.t_conv3 = nn.ConvTranspose2d(conv_dim*4, conv_dim*2, \
              kernel_size=4,stride=2,padding=1,bias=False)
    self.batch_norm3 = nn.BatchNorm2d(conv_dim*2)
    self.t_conv4 = nn.ConvTranspose2d(conv_dim*2, 3, kernel_size=4, \
              stride=2, padding=1, bias=False)
    self.fc = nn.Linear(z_size, conv_dim*4)

  def forward(self, x):
    batch_s = x.shape[0]
    x = self.fc(x)
    x = x.view(batch_s, self.conv_dim, 2, 2)
    x = F.relu(self.batch_norm1(self.t_conv1(x)))
    x = F.relu(self.batch_norm2(self.t_conv2(x)))
    x = F.relu(self.batch_norm3(self.t_conv3(x)))
    x = self.t_conv4(x)
    x = F.tanh(x)
    return x
```

4. 将初始权重应用于卷积层和线性层，初始化模型权重，并使用以下代码来构建 GAN（使用给定维度下的鉴别器的 CNN 和生成器的 CNN）以获得鉴别器实例和生成器实例：

```
def init_weights_normal(m):
  classname = m.__class__.__name__
  if hasattr(m, 'weight') and (classname.find('Conv') != -1 or \
            classname.find('Linear') != -1):
  nn.init.normal_(m.weight.data, 0.0, 0.02)

  if hasattr(m.bias, 'data'):
  nn.init.constant_(m.bias.data, 0.0)
```

```
def build_GAN(d_conv_dim, g_conv_dim, z_size):
 D = Discriminator(d_conv_dim)
 G = Generator(z_size=z_size, conv_dim=g_conv_dim)
 D.apply(init_weights_normal)
 G.apply(init_weights_normal)
 return D, G

# define model hyperparams
d_conv_dim = 32
g_conv_dim = 32
z_size = 100

D, G = build_GAN(d_conv_dim, g_conv_dim, z_size)
```

5. 定义 `real_loss()` 和 `fake_loss()` 损失函数来训练鉴别器网络和生成器网络：

```
def real_loss(D_out, smooth=False):
 batch_size = D_out.size(0)
 if smooth: # smooth, real labels = 0.9
    labels = torch.ones(batch_size)*0.9
 else: # real labels = 1
    labels = torch.ones(batch_size)
 if train_on_gpu: labels = labels.cuda()
 criterion = nn.BCELoss()
 loss = criterion(D_out.squeeze(), labels)
 return loss

def fake_loss(D_out):
 batch_size = D_out.size(0)
 labels = torch.zeros(batch_size)
 if train_on_gpu: labels = labels.cuda()
 criterion = nn.BCELoss()
 loss = criterion(D_out.squeeze(), labels)
 return loss
```

6. 初始化应用于鉴别器和生成器的优化器（`Adam`）。定义训练 GAN 的函数：

```
train_on_gpu = torch.cuda.is_available()
lr = 0.0005
g_optimizer = optim.Adam(G.parameters(), lr=lr, betas=(0.3, 0.999))
d_optimizer = optim.Adam(D.parameters(), lr=lr, betas=(0.3, 0.999))

def train(D, G, n_epochs, print_every=50):
if train_on_gpu:
  D.cuda()
  G.cuda()
samples = []
```

```
losses = []
```

7. 获取一些固定数据（均匀随机噪声）进行采样。保持这些图像在整个训练过程中不变，以便我们检查模型的性能。使用批量输入图像来训练鉴别器和生成器，并以给定的轮次迭代训练过程：

```
sample_size=36
fixed_z = np.random.uniform(-1, 1, size=(sample_size, z_size))
fixed_z = torch.from_numpy(fixed_z).float()
if train_on_gpu:
 fixed_z = fixed_z.cuda()

for epoch in range(n_epochs):
 for batch_i, (real_images, _) in enumerate(anime_train_loader):
 batch_size = real_images.size(0)
 real_images = scale(real_images)
```

8. 使用数据中的真实图像以及生成器所生成的假图像来训练鉴别器，以达到区分假图像和真实图像的目的：

```
if train_on_gpu: real_images = real_images.cuda()
   d_optimizer.zero_grad()
   D_real = D(real_images)
   d_real_loss = real_loss(D_real)
   z_flex = np.random.uniform(-1, 1, size=(batch_size, z_size))
   z_flex = torch.from_numpy(z_flex).float()
   if train_on_gpu: z_flex = z_flex.cuda()
   fake_images = G(z_flex)
   D_fake = D(fake_images)
   d_fake_loss = fake_loss(D_fake)
   d_loss = d_real_loss + d_fake_loss
   d_loss.backward()
   d_optimizer.step()
```

9. 使用对抗性损失来训练生成器，以生成更逼真的图像来欺骗鉴别器：

```
g_optimizer.zero_grad()
z_flex = np.random.uniform(-1, 1, size=(batch_size, z_size))
z_flex = torch.from_numpy(z_flex).float()
if train_on_gpu: z_flex = z_flex.cuda()
fake_images = G(z_flex)
D_fake = D(fake_images)

  g_loss = real_loss(D_fake, True) # use real loss to flip labels
  g_loss.backward()
  g_optimizer.step()
```

10. 在每个轮次结束时，生成器都会切换到 eval 模式，并通过在生成器 CNN 上运行正向传播来生成新图像，然后再次切换到 train 模式：

```
G.eval() # switch to eval mode for generating samples
samples_z = G(fixed_z)
samples.append(samples_z)
G.train() # switch back to training mode
```

图 9-15 显示了生成器在进行 10 个轮次后所生成的假图像。注意，它们看起来像是真实的动画人脸图像。

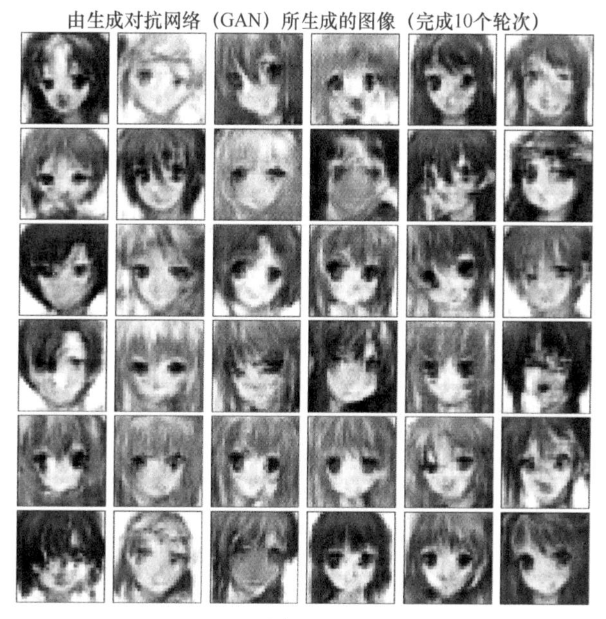

由生成对抗网络（GAN）所生成的图像（完成10个轮次）

图 9-15

9.5.3 工作原理

生成器生成新的图像实例，而鉴别器则评估这些图像实例的真实性。

对抗训练聚焦于系统的弱点，迫使彼此随着时间的推移做出改进（生成器会生成更加逼真的图像，而鉴别器则会更准确地区分真、假图像），直到生成器所生成的假图像与真实图像无法区分，并且鉴别器无法区分假图像和真实图像为止（此时，生成器已经学会了如何生成好的图像）。

鉴别器只是一个二值分类器，它获取两批图像作为输入（来自真实训练数据和生成器），并判断图像是真还是假。

鉴别器优化损失（loss）函数，其中，该函数的值由 real_loss() 函数和 fake_loss() 函数所分别实现的真实损失和虚假损失之和组成。

生成器通过使得所生成的图像看起来越来越像真实图像（从随机噪声开始）来优化真实损失，以欺骗鉴别器。

调用 `build_GAN()` 函数来创建并初始化鉴别器网络和生成器网络。

9.5.4 更多实践

读者可以自行下载 CelebFaces Attributes（CelebA）数据集。例如，下载对齐的人脸，并尝试使用 GAN 生成人脸图像。

9.6 使用变分自编码器重建并生成图像

变分自编码器（**VAE**）是一种生成模型，它使用贝叶斯推理并尝试对图像的潜在空间概率分布进行建模，以便从该分布中采样新的图像。就像普通的自编码器一样，它由两部分组成：一个编码器和一个解码器。VAE 和普通自编码器的区别在于：VAE 不会将输入层映射到潜变量（“瓶颈向量”），而是将输入映射到分布，然后从分布中提取随机样本并将其馈送到解码器。

由于 VAE 不能通过采样节点运行反向传播及推送梯度，因此要应用重新参数化技巧，通过将随机部分放在一边，使用反向传播来学习图像的平均值和标准偏差向量。VAE 的目标是变分下界。此外，它还要确保所学到的分布与正常标准相差不远。VAE 尝试使用变分（贝叶斯）推理来估计真实的后验概率（$p\theta(z|x)$）。图 9-16 列出了前述步骤。

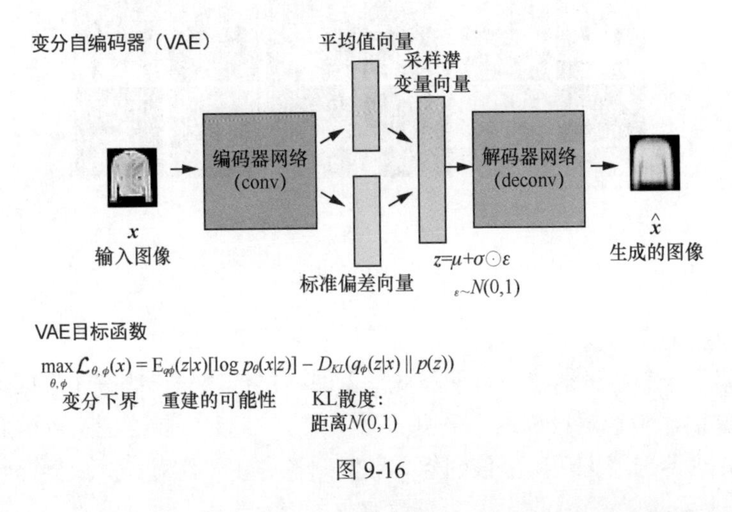

图 9-16

此处，$p\theta(x|z)$、z 和 $q\varphi(z|x)$ 分别表示解码器网络、潜变量和编码器网络。在本实例中，我们将使用图像分类数据集（fashion MNIST）执行训练，然后使用 VAE 生成新的图像（在 PyTorch 库中实现该实例）。

9.6.1 准备工作

让我们使用以下代码导入所有所需的 Python 包：

```
import gzip, os, sys
import numpy as np
from scipy.stats import multivariate_normal
from urllib.request import urlretrieve
import matplotlib.pyplot as plt
import torch
import torch.utils.data
from torch import nn, optim
from torch.autograd import Variable
from torch.nn import functional as F
from torchvision import datasets, transforms
from torchvision.utils import save_image
from torch.utils.data import DataLoader
```

9.6.2 执行步骤

下面我们执行基于 DeepLab V3 模型的语义分割，具体步骤如下。

1. 在本实例中，我们将使用图像分类数据集图像作为输入。为了将训练图像和测试图像以及将真实标签加载到内存，需要定义以下函数：

```
def download(filename,
source='http://fashion-mnist.s3-website.eu-central-1.amazonaws.com/'):
 print("Downloading %s" % filename)
 urlretrieve(source + filename, filename)

def load_fashion_mnist_images(filename):
 if not os.path.exists(filename): download(filename)
 with gzip.open(filename, 'rb') as f:
    data = np.frombuffer(f.read(), np.uint8, offset=16)
 data = data.reshape(-1,784)
 return data

def load_fashion_mnist_labels(filename):
 if not os.path.exists(filename): download(filename)
 with gzip.open(filename, 'rb') as f:
    data = np.frombuffer(f.read(), np.uint8, offset=8)
 return data
```

2. 使用以下代码以及前面代码中所定义的函数来加载训练图像和测试图像以及相应的标签。注意：所有图像的大小均为 28×28(每个图像都被展平为大小为 784的向量)。数据集中包括 60000 幅训练图像和 10000 幅测试图像：

```
train_data = load_fashion_mnist_images('train-images-idx3-
ubyte.gz')
train_labels = load_fashion_mnist_labels('train-labels-idx1-
ubyte.gz')
test_data = load_fashion_mnist_images('t10k-images-idx3-ubyte.gz')
test_labels = load_fashion_mnist_labels('t10k-labels-idx1-
ubyte.gz')
print(train_data.shape)
# (60000, 784) ## 60k 28x28 handwritten digits
print(test_data.shape)
# (10000, 784) ## 10k 2bx28 handwritten digits
```

从训练数据集中绘制一些随机选择的训练图像，将得到图 9-17 所示的输出。

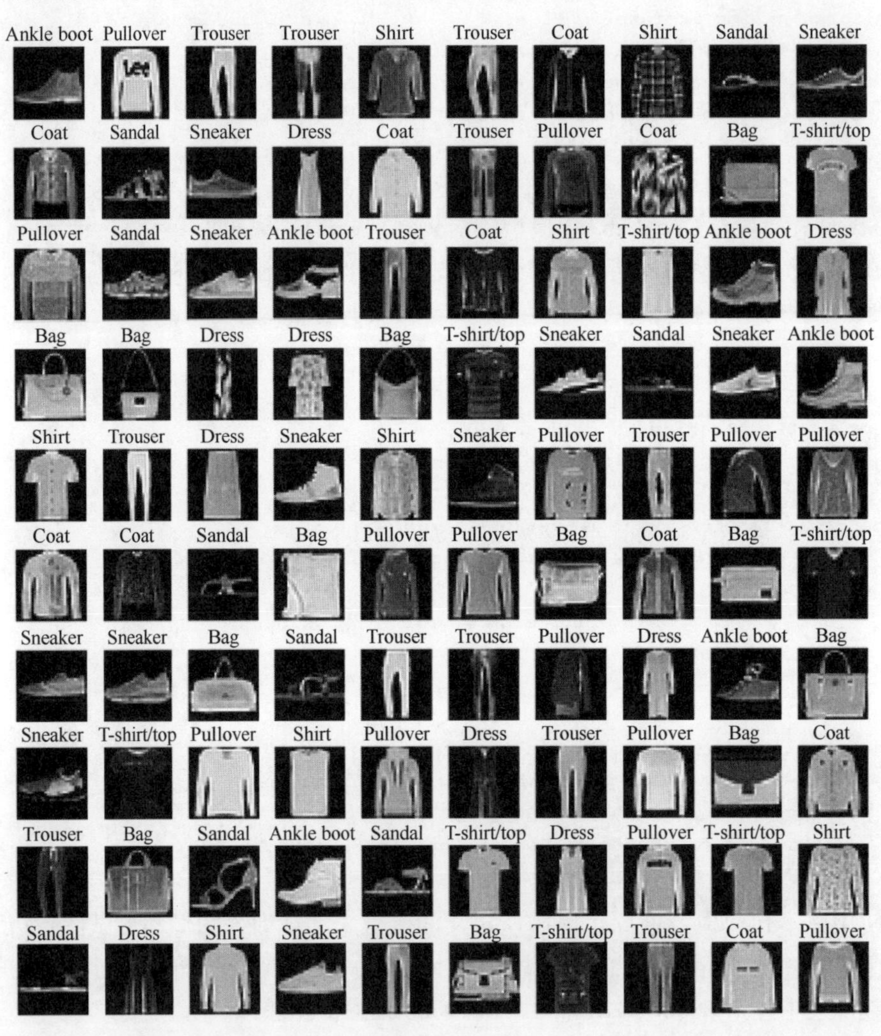

图 9-17

3. 通过实现 VAE 来定义 VAE 类——该类具有 encode()、reparameterize()、decode()、forward() 等方法，具体如以下代码所示：

```
z_dim = 32 # latent variable dimesion

class VAE(nn.Module):

 def __init__(self):
  super(VAE, self).__init__()

  self.fc1 = nn.Linear(n*n, 512)
  self.fc21 = nn.Linear(512, z_dim) # mu
  self.fc22 = nn.Linear(512, z_dim) # sigma
  self.fc3 = nn.Linear(z_dim, 512)
  self.fc4 = nn.Linear(512, n*n)

def encode(self, x):
 h1 = F.relu(self.fc1(x))
 return self.fc21(h1), self.fc22(h1)

def reparameterize(self, mu, logvar):
 std = torch.exp(0.5*logvar)
 eps = torch.randn_like(std)
 return mu + eps*std

def decode(self, z):
 h3 = F.relu(self.fc3(z))
 return torch.sigmoid(self.fc4(h3))

def forward(self, x):
 mu, logvar = self.encode(x.view(-1, n*n))
 z = self.reparameterize(mu, logvar)
 return self.decode(z), mu, logvar
```

4. 实例化 VAE 类，然后实例化训练（train）数据加载器（train_loader）和测试（test）数据加载器（test_loader），并将优化器（optimizer）初始化为 Adam：

```
torch.manual_seed(1)
cuda = torch.cuda.is_available()
batch_size, log_interval = 128, 20
epochs, n = 50, 28
device = torch.device("cuda" if cuda else "cpu")
kwargs = {'num_workers': 1, 'pin_memory': True} if cuda else {}
train_loader = DataLoader(np.reshape(X_train, (-1, 1, n, \
                n)).astype(np.float32), batch_size=batch_size, \
                shuffle=True)
```

```
test_loader = DataLoader(np.reshape(X_test, (-1, 1, n, \
                n)).astype(np.float32), batch_size=batch_size, \
                shuffle=True)
model = VAE().to(device)
optimizer = optim.Adam(model.parameters(), lr=1e-3)
#weight_decay=1e-4
```

5. 实现 VAE 的损失函数为所有元素和批次的重建和 KL 散度损失的总和：

```
def loss_function(recon_x, x, mu, logvar):
 BCE = F.binary_cross_entropy(recon_x, x.view(-1, n*n), \

       reduction='sum')
 KLD = -0.5 * torch.sum(1 + logvar - mu.pow(2) - logvar.exp())
 return BCE + KLD
```

6. 实现 `train()` 函数：

```
def train(epoch):
 model.train()
 batch_idx = 0
 train_loss = 0
 losses = []
 for data in train_loader:
  data = data.to(device)
  optimizer.zero_grad()
  recon_batch, mu, logvar = model(data)
  loss = loss_function(recon_batch, data, mu, logvar)
  loss.backward()
  train_loss += loss.item()
  optimizer.step()
  if batch_idx % log_interval == 0:
    print('Train Epoch: {} [{}/{} ({:.0f}%)]\tLoss: {:.6f}'.format(
    epoch, batch_idx * len(data), len(train_loader.dataset),
    100. * batch_idx / len(train_loader), loss.item() / len(data)))
batch_idx += 1
print('====> Epoch: {} Average loss: {:.4f}'.format(epoch, \
      train_loss / len(train_loader.dataset)))
```

7. 实现 `test()` 函数：

```
def test(epoch):
 model.eval()
 test_loss = 0
 i = 0
 with torch.no_grad():
  for data in test_loader:
```

```
        data = data.to(device)
        recon_batch, mu, logvar = model(data)
        test_loss += loss_function(recon_batch, data, mu, logvar).item()
        if i == 0: N = min(data.size(0), 8)
        comparison = torch.cat([data[:N], recon_batch.view(batch_size, \
                     1, n, n)[:N]])
        i += 1
    test_loss /= len(test_loader.dataset)
    print('====> Test set loss: {:.4f}'.format(test_loss))
```

8. 训练模型 50 个轮次。当每个轮次结束时，在测试数据中评估模型，然后使用截至这一步所训练的 VAE 来生成图像，最后使用截至这一步所学到的均值、标准偏差向量以及一些随机高斯噪声，具体代码如下：

```
epochs = 50
for epoch in range(1, epochs + 1):
    train(epoch)
    test(epoch)
    with torch.no_grad():
        sample = torch.randn(64, 32).to(device)
        sample = model.decode(sample).cpu()
```

如果在所有轮次结束时都绘制 VAE 所生成的图像，并绘制使用模型所重建的测试图像（在前 20 个轮次中训练，按顺序可视化测试图像），则将得到图 9-18 所示的输出。

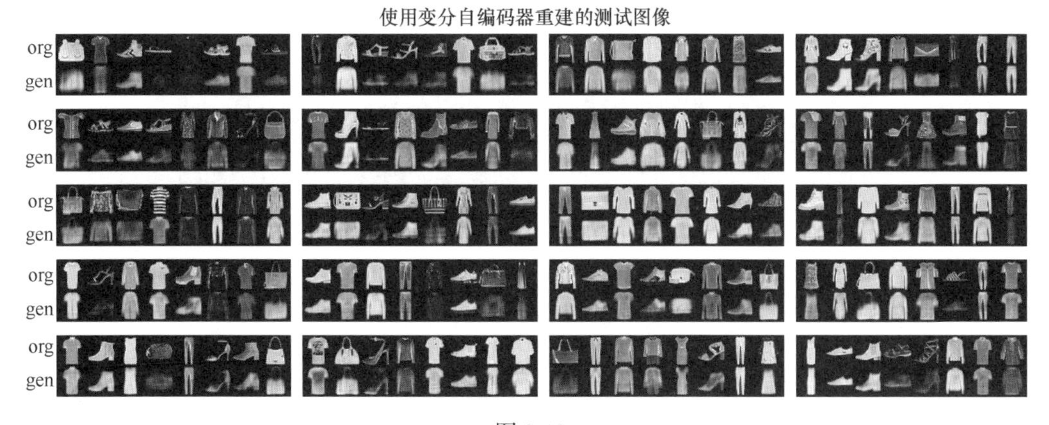

图 9-18

可以看到，随着模型训练次数的增加，测试图像的重建质量会变得更好。

此外，绘制 VAE 在前 20 个轮次结束时所生成的图像，将得到图 9-19 所示的输出。

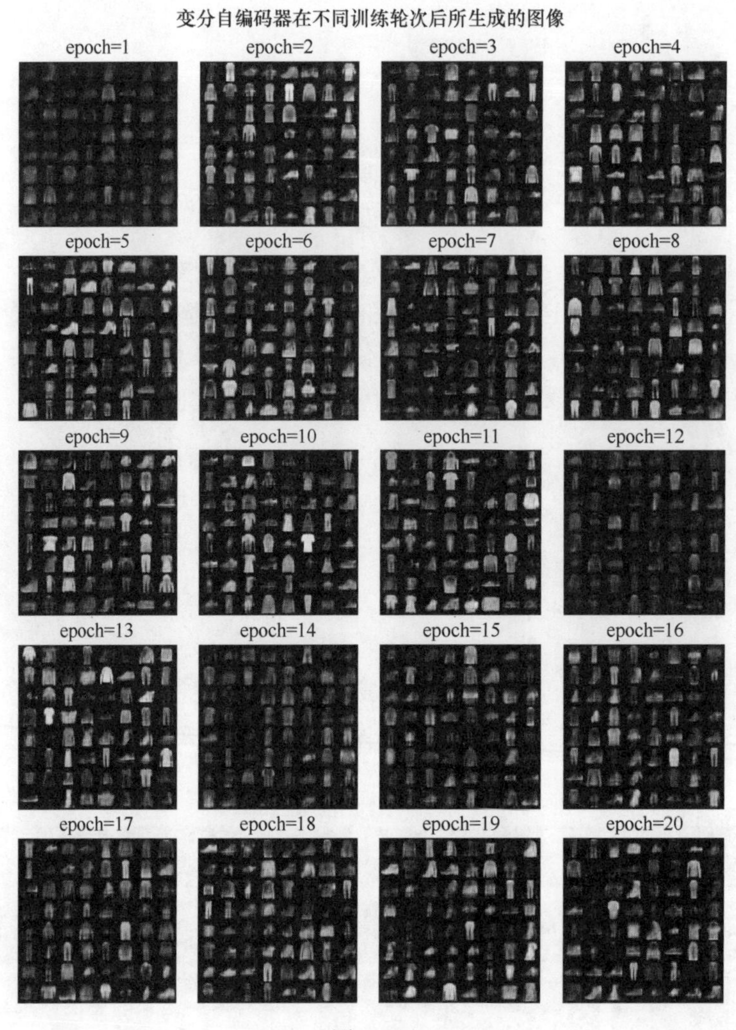

图 9-19

注意所生成的图像的质量在训练过程中是如何变化的。

9.6.3 更多实践

如果将潜变量维度设置为 2（而不是 32），则得到的是一个二维的 VAE。我们可以使用 VAE 来预测测试数据集，并在二维潜在空间中可视化 10 种分类图像数据集产品的预测（带有颜色代码），如图 9-20 所示。

可以看到，相同的产品是如何聚集在一起的。代码留给读者作为练习。此外，如果在更改潜变量时，使用解码器对潜变量空间中的图像进行可视化处理，则将获得一个平滑变化的空间。在该空间中，每个产品都转换为另一个产品，如图 9-21 所示（代码仍留给读者作为练习）。

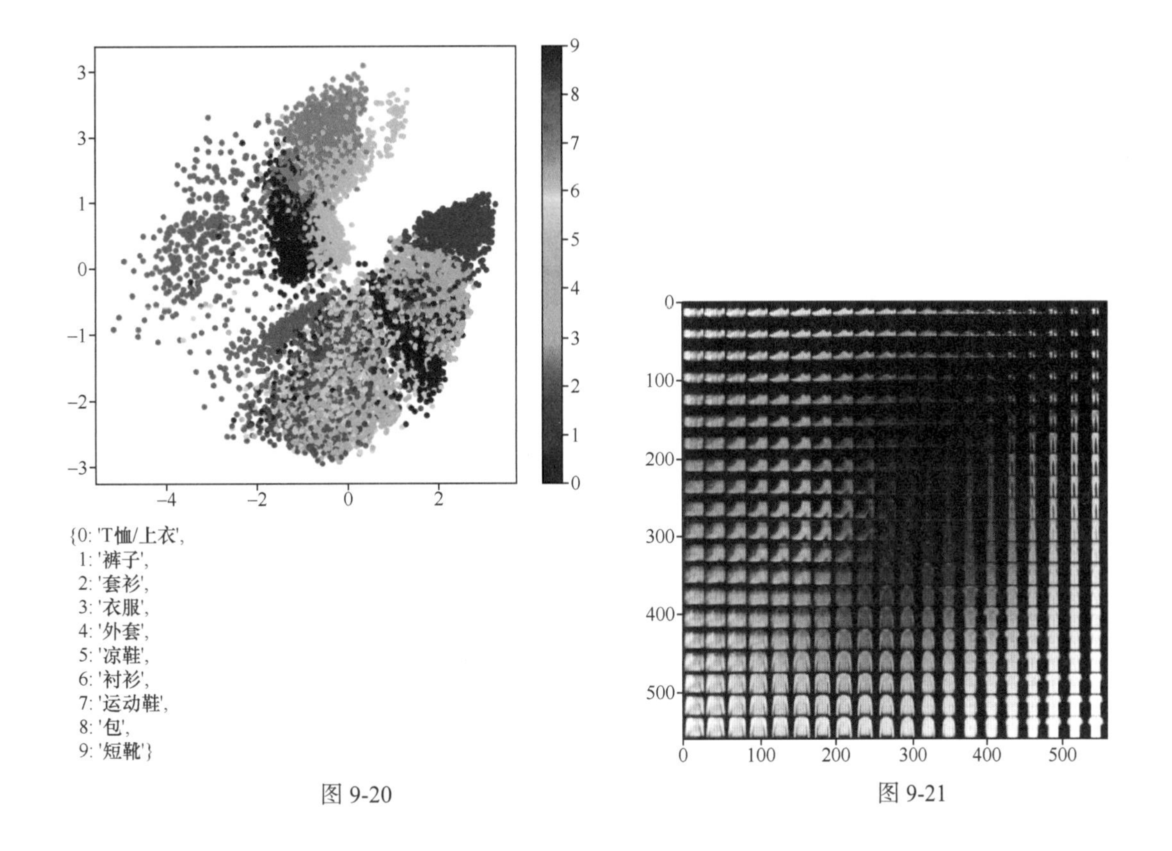
{0: 'T恤/上衣',
1: '裤子',
2: '套衫',
3: '衣服',
4: '外套',
5: '凉鞋',
6: '衬衫',
7: '运动鞋',
8: '包',
9: '短靴'}

图 9-20

图 9-21

9.7 使用受限玻耳兹曼机重建孟加拉语 MNIST 图像

受限玻耳兹曼机（RBM）是一种无监督模型。作为一个具有两层（可见层和隐藏层）的无向图模型，学习带有隐藏层的输入数据的不同表示形式非常有用。RBM 是第一个深度学习结构性搭建块，尤其是在无法获得用于学习带有反向传播的深度神经网络的计算资源时（改用栈式 RBM）。RBM 会限制网络的连接（仅允许在隐藏层节点集和可见层节点集之间连接的二分图）以便于推理。这是一个基于能量的模型，联合分布通过使用能量函数来进行建模。为了推断最可能的观测结果，需要选择具有最小能量的观测结果。该模型通常在二值图像上进行训练。尽管条件分布很容易进行计算和采样（由于全条件分布分解），但计算可见层和隐藏层的联合分布却是困难的（因为配分函数 Z 很难计算）。将**对比散度**（CD）算法用于训练 RBM 和最小化平均负对数似然。对于每个训练实例 $x(t)$，基于 k **步对比散度**（CD-k）算法，从 $x(t)$ 开始，使用 k 步 Gibbs 采样来生成负样本。

首先，使用 Gibbs 采样获得点估计值，然后更新参数 W、b 和 c。基本数学描述如图 9-22 所示。

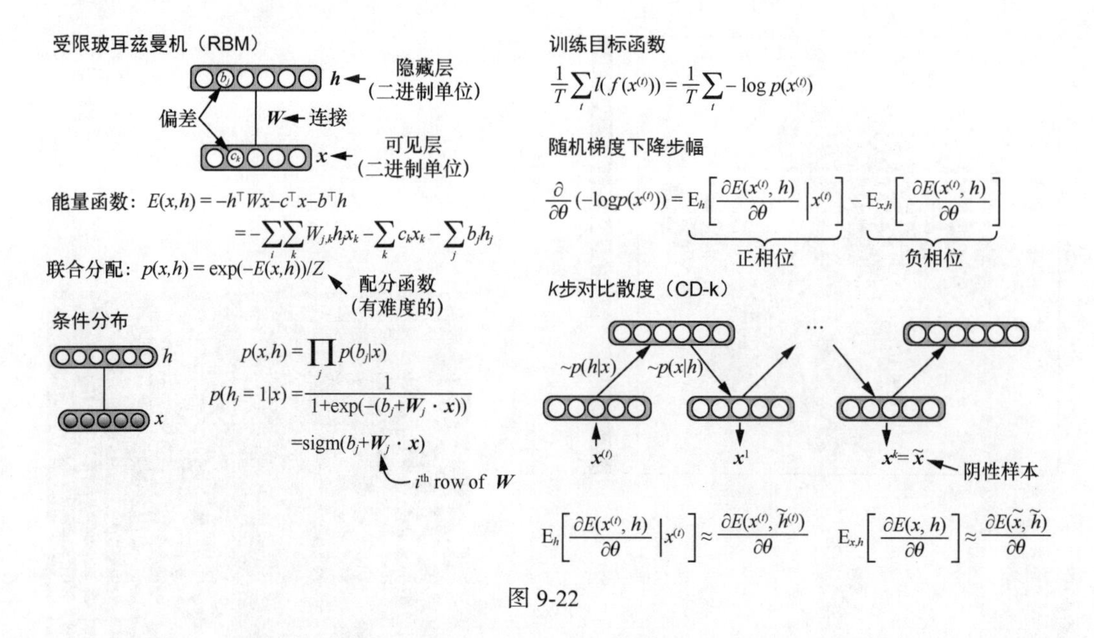

图 9-22

在本实例中，我们将使用 Numta 数据集（一个孟加拉语手写数字数据集）来实现 RBM，并基于 PyTorch 库从隐藏表示中生成数字。

9.7.1 准备工作

首先，下载 `Numta` 数据集。导入基于 PyTorch 实现 RBM 所需的库：

```
import os
from glob import glob
import pandas as pd
import numpy as np
import torch
import torch.utils.data
import torch.nn as nn
import torch.nn.functional as F
import torch.optim as optim
from torch.autograd import Variable
from torchvision import datasets, transforms
from torchvision.utils import make_grid , save_image
from torch.utils.data import DataLoader
```

9.7.2 执行步骤

使用 PyTorch 库来实现 RBM，使用 Numta 图像数据集运行推理，具体步骤如下。

1. 使用以下代码来读取训练图像和测试图像：

```
n = 28
df = pd.read_csv('images/Numta/training-e.csv')
X_train = np.zeros((df.shape[0], n*n))
for i in range(df.shape[0]):
 img = rgb2gray(imread('images/Numta/training-e/' + \
              df.iloc[i]['filename']))
 img = resize(img, (n,n))
 X_train[i,:] = np.array([np.ravel(img)])

test_images = glob('images/Numta/testing-e/*.png')
X_test = np.zeros((len(test_images), n*n))
for i in range(len(test_images)):
 img = rgb2gray(imread(test_images[i]))
 img = resize(img, (n,n))
 X_test[i,:] = np.array([np.ravel(img)])
```

如果从训练数据集中绘制随机选择的一些训练图像，则将得到图 9-23 所示的输出。

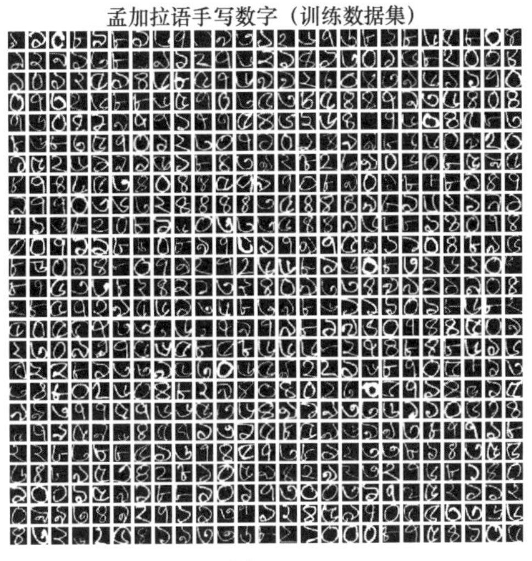

图 9-23

2. 实现 RBM 类，定义类的 `sample_from_p()`、`v_to_h()`、`h_to_v()` 和 `forward()` 方法来实现 k 步对比散度算法。使用 `free_energy()` 计算 RBM 的能量：

```
class RBM(nn.Module):
 def __init__(self, n_vis=784, n_hin=500, k=5):
  super(RBM, self).__init__()
  self.W = nn.Parameter(torch.randn(n_hin,n_vis)*1e-2)
  self.v_bias = nn.Parameter(torch.zeros(n_vis))
```

```
        self.h_bias = nn.Parameter(torch.zeros(n_hin))
        self.k = k

    def sample_from_p(self,p):
        return F.relu(torch.sign(p - Variable(torch.rand(p.size()))))

    def v_to_h(self,v):
        p_h = F.sigmoid(F.linear(v,self.W,self.h_bias))
        sample_h = self.sample_from_p(p_h)
        return p_h,sample_h

    def h_to_v(self,h):
        p_v = F.sigmoid(F.linear(h,self.W.t(),self.v_bias))
        sample_v = self.sample_from_p(p_v)
        return p_v,sample_v

    def forward(self,v):
        pre_h1,h1 = self.v_to_h(v)
        h_ = h1
        for _ in range(self.k):
            pre_v_,v_ = self.h_to_v(h_)
            pre_h_,h_ = self.v_to_h(v_)
        return v,v_

    def free_energy(self,v):
        vbias_term = v.mv(self.v_bias)
        wx_b = F.linear(v,self.W,self.h_bias)
        hidden_term = wx_b.exp().add(1).log().sum(1)
        return (-hidden_term - vbias_term).mean()
```

如果绘制 PyTorch 模型，则将得到图 9-24 所示的 RBM 架构的输出。

3．训练 RBM，并使用所学到的模型重建具有低维表示和隐藏单元的图像，具体操作如以下代码所示：

```
batch_size = 256 #64
train_loader = DataLoader(np.reshape(X_train, (-1, 28, \
               28)).astype(np.float32), batch_size=batch_size,
               shuffle=True)
test_loader = DataLoader(np.reshape(X_test, (-1, 28, \
               28)).astype(np.float32), batch_size=batch_size,
               shuffle=True)
rbm = RBM(k=1)
train_op = optim.SGD(rbm.parameters(), 0.1) #, weight_decay=1e-4)
for epoch in range(20):
    loss_ = []
```

```
for data in train_loader:
  data = Variable(data.view(-1,784))
  sample_data = data.bernoulli()
  v,v1 = rbm(sample_data)
  loss = rbm.free_energy(v) - rbm.free_energy(v1)
  loss_.append(loss.item())
  train_op.zero_grad()
  loss.backward()
  train_op.step()
```

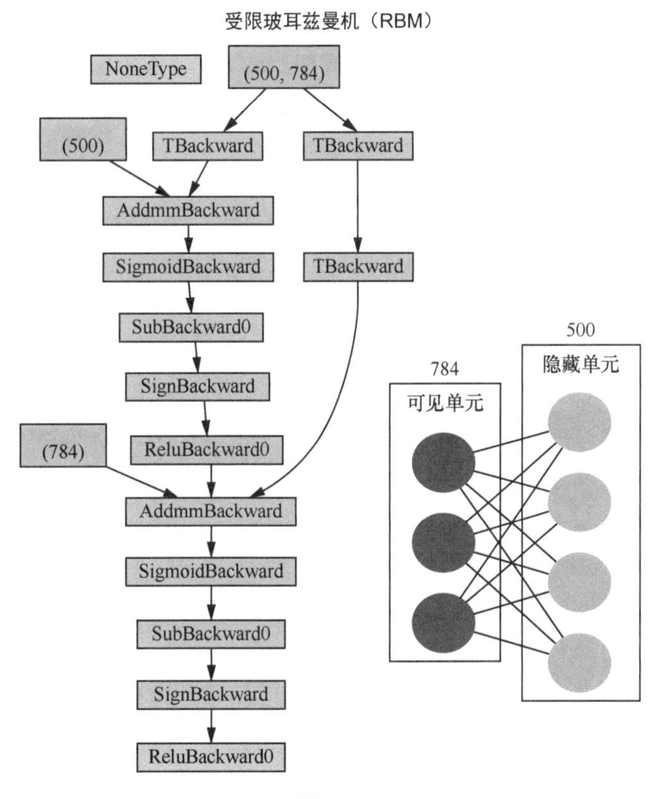

图 9-24

如果使用 RBM 绘制 20 个轮次后的原始数字图像和重建后图像，则将得到图 9-25 所示的输出。

随着对模型进行更多轮次的训练，所生成的数字看起来也更像原始数字。图 9-26 显示了作为权重所学习的特征在隐藏层中的样子。如果绘制在几个隐藏层中所学习到的特征，可能会发现这些非常有趣的特征在某种程度上代表了绘制数字时的笔画。

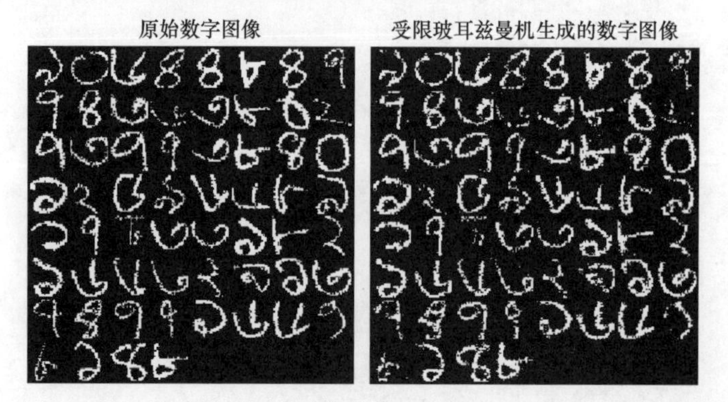
使用受限玻耳兹曼机生成图像（完成20个轮次）
原始数字图像
受限玻耳兹曼机生成的数字图像

图 9-25

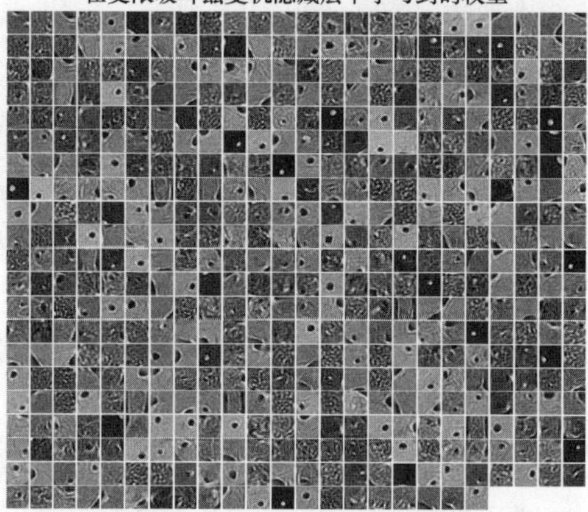
在受限玻耳兹曼机隐藏层中学习到的权重

图 9-26